TABLEAU ÉLÉMENTAIRE

DE

BOTANIQUE.

DE L'IMPRIMERIE D'A. EGRON,

RUE DES NOYERS, N°. 24.

TABLEAU ÉLÉMENTAIRE

DE

BOTANIQUE,

dans lequel toutes les parties qui constituent les Végétaux sont expliquées et mises à la portée de tout le monde ; où l'on trouve les systèmes de TOURNEFORT, de LINNÉ, et les familles naturelles de JUSSIEU ;

PAR SÉBASTIEN GÉRARDIN (de Mirecourt,)

EX - PROFESSEUR D'HISTOIRE NATURELLE A L'ÉCOLE CENTRALE DES VOSGES,

ATTACHÉ AU MUSÉUM D'HISTOIRE NATURELLE DE PARIS.

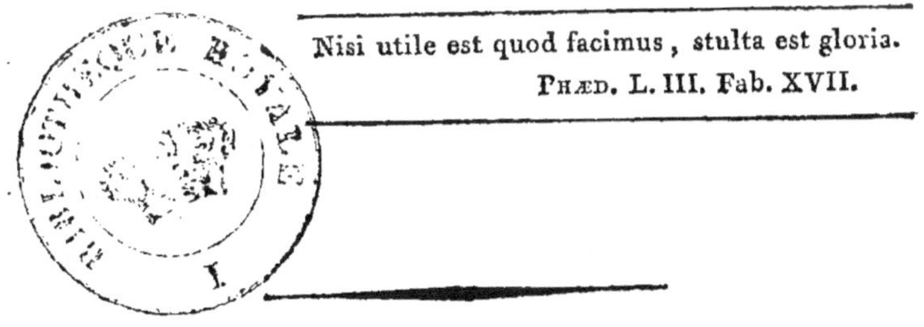

Nisi utile est quod facimus, stulta est gloria.
PHÆD. L. III. Fab. XVII.

A PARIS,

Chez {
PERLET, Libraire, rue de Tournon, n°. 1133.
L'AUTEUR, rue Saint-Victor, n°. 82.

1805.

ÉPÎTRE DÉDICATOIRE

A SON EXCELLENCE

M^{gneur}. François de NEUFCHATEAU,

Président du Sénat-Conservateur, Grand-Officier de la Légion-d'Honneur, Titulaire de la Sénatorerie de Dijon, l'un des quarante de la Classe de la Langue et de la Littérature françaises de l'Institut-National; etc., etc.

MONSEIGNEUR,

La reconnoissance des bienfaits est, pour le cœur qui la publie, de toutes les jouissances la plus pure, la plus douce, la plus satisfaisante.

En empruntant ici le témoignage de tous les amis des Sciences, des Lettres et des Arts, dont votre ministère encouragea si puissamment les travaux et le zèle, je craindrois que mes sentimens particuliers de gratitude ne se perdissent dans la foule, et ne vous fussent inconnus. Qu'il me soit donc permis de vous les exprimer pour mon compte particulier. Je puis le faire avec d'autant plus de sécurité, qu'il est impossible qu'on me soupçonne une autre ambition que celle de mériter votre estime.

Livré, dès ma plus tendre enfance, à l'étude de l'Histoire Naturelle, je passois, en 1777, dans la retraite et le silence de la campagne, les momens les plus délicieux de ma jeunesse à étudier particulièrement l'*Entomologie* de la ci-devant Lorraine. Vous étiez à la tête d'un grand siége de Magistrature, mais toujours fidèle aux Muses, vous voulûtes bien encourager et ranimer mon ardeur, quand les difficultés la rebutoient quelquefois.

Ce fut sous vos auspices, lorsque vous remplissiez, en l'an IV, le ministère public près de l'Administration du département des Vosges, que je fus appelé, par le concours, à la chaire d'Histoire Naturelle de l'Ecole Centrale de ce Département : je repris alors mon travail avec un nouveau zèle.

C'est surtout durant vos deux ministères de l'intérieur que j'ai été soutenu par vos exhortations, et guidé, par vos conseils particuliers, dans l'étude des secrets de la Nature, et dans la recherche des moyens d'en rendre les résultats plus utiles. C'est enfin à vous seul que je suis redevable des foibles succès que j'ai pu obtenir dans l'enseignement de l'Histoire Naturelle : c'est votre suffrage qui m'a valu l'accueil protecteur des illustres Professeurs du Muséum d'Histoire Naturelle, le premier établisement du monde en ce genre.

C'est donc aussi à VOTRE EXCELLENCE que je dois adresser cet Ouvrage, destiné à faciliter aux commençans l'étude de la Botanique. En me permettant de vous le dédier, vous mettez le sceau d'une recommandation flatteuse aux vues qui m'ont dirigé en le composant. L'instruction élémentaire dans tous les genres a été l'un des objets que vous avez le plus efficacement encouragés; je ne pouvois donc offrir à VOTRE EXCELLENCE un hommage plus conforme à ses vues de bien public, et je désire qu'il soit un témoignage de ma vive reconnoissance et de mon profond respect.

GÉRARDIN.

AVANT-PROPOS.

L'étude de l'Histoire Naturelle, en général, et celle de la *Botanique*, en particulier, a fait, depuis un demi-siècle, les progrès les plus rapides et les plus étonnans. Une foule de Botanistes distingués, aussi infatigables dans leurs travaux que courageux dans leurs entreprises, se sont répandus sur toutes les parties du globe ; et mus par le sentiment généreux d'un intérêt sans bornes pour cette science, tous se sont empressés d'offrir au monde savant le résultat de leurs méditations profondes, comme celui de leurs découvertes utiles.

Aux efforts de ces hommes estimables, dont les noms révérés vivront à jamais dans nos cœurs reconnoissans et dans celui de la postérité la plus reculée, s'étoit joint le zèle ardent de presque tous les professeurs de cette belle et intéressante partie de l'histoire naturelle, dans les écoles centrales.

A peine aussi ces écoles datoient — elles de deux années de leur existence, que la *Botanique*, cette science si aimable, commença à fixer, d'une manière utile, et sur tous les points du sol français, l'attention, non-seulement des jeunes élèves qui fréquentoient ces écoles, mais encore celle des hommes instruits, auxquels il n'avoit manqué, pour reculer les bornes de leurs connoissances, que d'être guidés dans le chemin qui aboutit au sanctuaire de cette branche des sciences de la nature. L'ardeur avec laquelle on se livra, de toute part, à cette belle étude, prouva, mieux que tout ce que je pourrois en dire ici, combien la *Botanique* est intéressante pour les savans comme pour les hommes de lettres, et, en général, pour toutes les personnes dont l'es-

prit droit et le génie élevé se complaisent dans l'examen
approfondi des végétaux, lorsque surtout elles ont l'intention
pure et louable de le tourner au profit de la société.

Le triomphe de cette science, si précieuse à l'humanité et si avantageuse aux arts, n'eut, pour-ainsi-dire,
qu'une existence éphémère : les professeurs qui avoient tout
quitté pour se livrer à l'enseignement, et qui avoient fait
de grands sacrifices, furent frappés tout à coup comme
d'une sorte d'anathème, au moment où la chose étoit en
pleine activité, où les dépenses étoient faites, et où l'instruction se trouvoit répandue sur tous les points de ce vaste
empire.

Les vrais savans en furent affligés ; mais un seul fit entendre sa voix avec ce noble désintéressement qui honore
autant sa philosophie, qu'il fait l'éloge de la bonté de son
cœur.

« Après de longs malheurs et de grandes pertes, dit M. Fau-
» jas de Saint-Fond, un ordre plus tranquille règne ; la
» reconnoissance publique en a senti tout le prix, et a dû en
» faire hommage à celui qui a retiré la France de l'abîme
» dans lequel des monstres l'avoient précipitée ; mais,
» comme au milieu de tant de travaux réparateurs, la plu-
» part des détails qui tiennent au développement de tant
» de grandes vues et de si belles conceptions, ne peuvent
» regarder que les autorités secondaires, le temps et l'ex-
» périence pourront seuls nous apprendre si les nouveaux
» changemens qu'on se propose d'opérer dans l'instruction
» publique, si souvent et si long-temps tourmentée, la
» régénèreront enfin, ou lui porteront quelque nouvelle
» atteinte.

» Mais, en attendant, il est à désirer que l'autorité
» première sache, et elle ne pourra qu'en être affectée,

» que des savans et des hommes de lettres, recommanda-
» bles par de longs et honorables travaux, obligés par les
» circonstances de se déplacer et de se livrer à l'enseigne-
» ment dans les écoles centrales, vont se trouver une se-
» conde fois sans état, peut-être même sans moyens d'exis-
» tence, perspective douloureuse et même effrayante pour
» celui qui approche d'une longue carrière, et qui se voit
» séparé tout à coup de ses habitudes et de ses goûts les
» plus chéris. (1)

---

(1) Qu'il me soit permis de me citer ici comme un exemple, si non de ces savans ou de ces hommes de lettres recommandables dont parle M. *Faujas*, du moins comme un de ceux dont le zèle a été le plus actif pour l'instruction publique, et qui s'est trouvé une seconde fois sans état et presque sans moyens d'existence !

Jadis, au sein d'une famille estimée, je comptois, par mon bonheur, des jours les plus heureux avec un père, une mère octogénaires, et une sœur uniquement chérie ; je confondois, avec leur fortune honnête, les revenus d'un état que je regretterai toujours (celui de chanoine du ci-devant noble et insigne chapitre de Poussay, dans la ci-devant Lorraine.) Sans inquiétude, comme sans ambition, tous mes désirs étoient comblés, par cela seul que je pouvois alors consacrer du temps et de l'argent à l'étude de l'histoire naturelle, qui fut, dès ma plus tendre enfance, l'objet unique de mon application ; mais l'implacable révolution me dépouilla, comme tant d'autres, et ruina, par contre-coup, ma famille.

Notre unique ressource pour tous, dans un moment aussi critique, fut donc mes foibles talens, et l'organisation des écoles centrales nous ouvrit la route d'un nouveau moyen d'exister. (Que la jeunesse, à laquelle je consacre, par inclination, ce foible essai, apprenne, par mon exemple, à redouter les révolutions, et que, peu confiante en la fortune de ses pères, elle ne s'occupe qu'à se donner des talens, qui la mettront à l'abri de tous les événemens de la vie !)

Durant ces temps malheureux où rien n'étoit stable, je sacrifiai, par un zèle outré pour l'instruction, la plus grande partie de mes appointemens, à agrandir mon cabinet d'histoire naturelle et ma bibliothèque, et à faire différens voyages, soit dans nos montagnes, et toujours à mes frais, avec mes élèves, afin de leur faire connoître la nature dans ses majestueux laboratoires, soit seul à Paris, dans l'intention d'y reculer les bornes de mes foibles connoissances, au profit de la jeunesse qui étoit confiée à mes soins. L'avantage le plus précieux que j'en ai retiré, a été celui d'y mériter l'estime et la bienveillance de messieurs les administrateurs du Muséum, qui n'ont pas permis que ma famille et moi, qui ai servi ma patrie avec

» Vainement lui donnera-t-on l'espérance d'obtenir de
» l'emploi dans le nouveau mode d'enseignement : plus il
» aura d'expérience et de savoir, moins il aura de confiance
» à de telles promesses ; la chose dont il sera le plus cer-
» tain, c'est que le mérite éminent est modeste, et que la
» médiocrité, toujours active, ambitionne tout, envahit tout.
     » Depuis long-temps l'on a dit que les républiques
» étoient ingrates ; mais s'il est de leur essence de n'être
» pas généreuses, il est de leur devoir, osons le dire, d'être
» justes et reconnoissantes envers des hommes paisibles et
» laborieux, qui ont consacré leurs veilles et leurs sueurs
» à adoucir les mœurs publiques par les bienfaits de l'ins-
» truction. » (M. FAUJAS, *Essais de Géologie*, Discours
préliminaire, Tom. Ier. pag. 137, l'an 1802.)

Quoiqu'on ait supprimé l'enseignement de la *Botanique*
dans le nouveau plan, cette étude n'en est pas moins une
occupation toujours accompagnée de charmes et d'at-
traits ; elle offre au cœur quelque chose de si doux et
de si sentimental, que pour qu'elle captive la jeunesse,
il ne s'agit, pour-ainsi-dire, que de savoir la lui présenter sous un point de vue séduisant. Aussi, peut-on
affirmer, sans crainte, que s'il existe encore quelque coin
de l'Empire Français où cette science ne se soit pas si-
gnalée par des conquêtes, c'est parce que ceux qui auroient
pu s'y livrer en ont voulu méconnoître les douceurs, ou
bien parce qu'ils ont été privés des moyens de s'en occuper
avec succès.

Pour inspirer encore aux jeunes-gens le goût de cette
agréable étude, il me suffira, sans doute, de leur don-

---

zèle, ressentissions les horreurs de la misère. Qu'ils trouvent bon
aussi, je les en supplie, que nos cœurs reconnoissans leur offrent
un tribut public d'une gratitude éternelle.

ner la certitude qu'elle est une passion douce et tranquille qui ne laissa jamais, après elle, ni de regrets ni
de remords. Elle ne doit pas même manquer d'intérêt pour
les pères de famille, lorsqu'ils seront eonvaincus qu'elle est
surtout un antidote contre une foule de passions fougueuses
qui assiégent la jeunesse, et dont il est si important de la
détourner à cette époque dangereuse.

Cette étude, fondée sur un examen scrupuleux et
souvent réitéré des objets, sur leur connoissance intime,
sur leur analyse et sur leur classification méthodique,
suppose un véritable amour de cette science qui fait naître,
à chaque pas, des jouissances nouvelles : elle accroît le domaine de nos connoissances ; elle élève enfin notre âme,
et la rend digne de mieux apprécier la toute - puissance
et la majesté suprème de l'être immortel qui commande,
avec bonté, à la nature entière.

Mu par l'unique et honorable désir d'être encore utile,
et cédant aux instances de mes amis, il ne m'a pas été
difficile de me laisser entraîner, par l'inclination de mon
cœur, à servir ceux de mes jeunes concitoyens que le
hasard d'une fortune ingrate, et trop souvent injuste dans
la distribution de ses faveurs, auroit privés de toute espèce
de moyens d'instruction en ce genre.

C'est donc pour eux particulièrement que je me suis
occupé, avec une sorte de jouissance bien sentie, de la
rédaction de ce *Tableau Elémentaire de Botanique ;* c'est
pour eux que je l'ai tracé avec toute l'exactitude dont
j'ai pu être susceptible, et que j'y ai employé le style
qui m'a paru le plus à leur portée ; c'est pour eux que
j'ai eu soin d'esquisser, avec le plus de précision qu'il
m'a été possible, la description de chacune des parties
des plantes; de celles, surtout, sur lesquelles sont établies les trois méthodes de TOURNEFORT, de LINNÉ

et de JUSSIEU. C'est dans les vues de leur faciliter l'intelligence des systèmes de ces trois Botanistes immortels, que j'ai eu l'attention la plus scrupuleuse de ne leur jamais citer d'exemples qui ne fussent tirés de la classe des plantes les plus vulgairement connues ; c'est pour leur applanir les difficultés, enfin, que, dans la série de celles que j'ai indiquées pour chaque *ordre* des *classes* de LINNÉ, j'ai cru devoir désigner leurs *classes* respectives, par des chiffres romains, suivant la méthode de TOURNEFORT.

On s'apercevra, sans beaucoup de peine, que je n'ai pas eu la téméraire intention d'écrire pour des savans; je sens combien l'entreprise eût été au - dessus de mes forces : j'ai voulu seulement présenter à la jeunesse un moyen d'employer utilement les instans de loisir qui sont à sa disposition, en lui offrant une sorte d'occupation aussi agréable qu'elle est propre à opposer une barrière à l'empire de quelques habitudes, qui pourroient lui devenir funestes dans la suite. Aussi, on voudra bien me pardonner, je l'espère, d'avoir été quelquefois trop succinct dans certains détails que j'aurois pu étendre davantage, si je n'avois craint que mon ouvrage, devenant par - là trop volumineux, ne fût une acquisition trop disproportionnée avec la fortune de la plupart des jeunes-gens que j'y ai eu plus particulièrement en vue. Tous ceux d'ailleurs qui désireront acquérir des connoissances plus vastes en *Botanique*, y parviendront facilement en étudiant les auteurs recommandables qui m'ont fourni les matériaux de mes différens cours, dont ce *Tableau Elémentaire*, n'est, en quelque sorte, qu'un extrait. Ceux de ces auteurs les plus profonds sont, sans contredit MM. de JUSSIEU, DESFONTAINES et DELAMARCK, professeurs au Muséum d'His-

toire Naturelle de Paris ; mais il seroit difficile à des com-
mençans d'étudier les ouvrages de ces grands hommes, s'ils n'étoient déjà initiés dans les principes fondamentaux de cette science.

Convaincu que les planches qui représentent les objets d'histoire naturelle, en facilitent singulièrement l'intelligence, j'en ai dessiné et fait graver plusieurs, dont l'explication particulière m'a paru ne rien laisser à désirer sur chacune des parties des végétaux.

Pour faciliter aussi la formation d'un jardin de *Botanique*, j'ai fait de même graver le plan de celui que j'avois établi dans les Vosges, ainsi que la manière dont j'ai disposé mon Herbier, que des savans distingués ont jugée propre à l'instruction.

Notre premier intérêt étant de connoître les secours que nous pouvons attendre des plantes dans les maux qui nous affligent, ou dans les besoins qui nous pressent, j'ai cru qu'il n'étoit pas hors de propos de donner, à la fin de cet Ouvrage, un tableau alphabétique des vertus et des propriétés des végétaux : ce travail n'est point le fruit de mes observations particulières ; je l'ai emprunté des *Démonstrations de Botanique* de GILIBERT, de la *Médecine Domestique* de BUCHAN, ou bien enfin du *Dictionnaire Encyclopédique*, par ordre de matières.

Puisse ce foible essai, dont le sujet a occupé si agréablement quelques-uns de mes loisirs obtenir quelques succès ! Ils seroient pour mon cœur une conviction nouvelle qu'il n'est point de gloire plus flatteuse, ni de plus solidement acquise, que celle qui est fondée sur les services que l'on a été assez heureux de pouvoir rendre à ses concitoyens.

S'il étoit accueilli favorablement, parce qu'il auroit

atteint le but que je m'y suis proposé, je donnerois, sous peu de temps, la description particulière d'une espèce au moins de chacun des genres des plantes dont je parle dans cet Ouvrage : elles seroient toutes, et chacune en particulier, classées d'après les trois systèmes que j'y développe. Je les dessinerois d'après nature, et je les ferois graver; je donnerois même quelques exemplaires où elles seroient peintes avec soin; j'en expliquerois toutes les parties séparément, et j'ajouterois, après chaque espèce, ses vertus et propriétés, soit par rapport à la Médecine, soit relativement à l'Agriculture, aux Arts ou aux Métiers.

NOTICE SUCCINCTE

de l'état progressif de la Botanique, depuis son
origine jusqu'à nous, et idée de son utilité,
soit par rapport aux Arts et à la Médecine,
soit relativement à l'Agriculture.

L'étude des plantes réduite, dès son origine, à une
simple nomenclature, est devenue, de nos jours, une
science connue sous le nom de Botanique, qui présente
une multitude d'objets aussi utiles qu'ils sont agréablement
variés. La connoissance des simples ou végétaux semble
remonter à la plus haute antiquité : il paroît même que,
dans tous les siècles et chez toutes les nations, elle fut
une des sciences que l'on cultiva avec le plus de zèle.

Si nous consultons les anciens, il nous apprennent que
l'Egypte fut le berceau de la Botanique ; et d'après cette
opinion, peut-ou être étonné de ce qu'ils croient que
les Egyptiens furent les iuventeurs de la Médecine.

Quoi qu'il en soit, en ouvrant les livres Saints, il
nous est facile de nous convaincre que déjà les Hébreux
n'ignoroient pas les vertus des plantes ; car si Rachel de-
mandoit, avec tant d'empressement, de la Mandragore à
sa sœur, c'est parce qu'elle savoit que cette plante étoit
uu spécifique contre la stérilité. En lisant les écrits de
Moïse, nous voyous que, par les ordres de Dieu, ce pa-
triarche jeta dans les eaux de Mara, un certain bois qui
en adoucit l'amertume. Ailleurs il nous apprend que,
dès le temps de Jacob, les Egyptiens étoient dans l'usage
d'embaumer les corps avec des aromates, qui étoient des

plantes. L'ecclésiaste nous dit positivement que Salomon traita tous les arbres, depuis le Cèdre jusqu'à l'Hyssope; il seroit d'ailleurs facile de puiser dans l'Ecriture - Sainte une foule d'autres passages qui attesteroient, d'une manière non équivoque, que déjà les Hébreux avoient une connoissance, au moins imparfaite, des vertus des végétaux.

Si des auteurs sacrés nous passons anx auteurs profanes, *Virgile* nous apprend qu'une certaine Circé, épouse du roi des Sarmates, qu'elle empoisonna, passoit pour être la fille du Soleil, et en même temps pour une magicienne, parce qu'elle s'appliquoit à pénétrer les secrets de la nature dans l'étude des plantes.

Pline, qui vivoit long-temps avant Jésus-Christ, rapporte que *Cratevas* et *Métrodote*, dont les ouvrages ne sont pas parvenus jusqu'à nous, avoient, dès long-temps, publié des figures de plantes, avec leurs descriptions et celles de leurs vertus médicinales. Le même *Pline* fut un des auteurs romains qui acquit le plus de célébrité pour la Botanique, et cependant il ne fit que publier, en quinze livres, ce que ses prédécesseurs, *Théophraste* et *Dioscoride*, avoient dit des végétaux, qu'ils n'avoient considérés que d'après leurs qualités et leur grandeur.

Depuis *Pline* jusqu'à *Cuba* qui, en 1486, mit au jour la description de 509 espèces de plantes, sans ordre, et qu'il accompagna de mauvaises figures, on ne traita la Botanique que sous le rapport de la médecine. Ce fut *Bock* qui le premier, en 1532, distribua les plantes méthodiquement, d'après leur figure, leur taille, leur ensemble et leurs qualités respectives.

Dix-neuf ans après *Bock*, en 1551, *Adam Lonicer* publia l'histoire de 879 espèces de plantes, qu'il divisa en deux classes seulement, d'après leur grandeur et leurs qualités.

A la même époque à peu près , *Dodoens* fit paroître un ouvrage , partagé en trente livres , dans lequel il signala 840 plantes , qu'il classa d'après leurs qualités , leur grandeur , et d'après quelques-unes de leurs parties.

L'*Obel* et l'*Ecluse* mirent au jour le travail qu'ils avoient fait sur la Botanique ; le premier en 1570 et le second en 1576. L'ouvrage de l'*Obel* , partagé en sept classes , offre les définitions courtes de 2191 espèces de plantes , dont il a fait graver les figures et qu'il a divisées d'après leur grandeur seulement et leurs qualités. L'*Écluse* , en suivant le même ordre de distribution , donna les dessins de 1385 plantes , qu'il accompagna de fort bonnes descriptions partagées en dix livres.

Gesner , médecin suisse , fut le premier qui , en 1560 , avança qu'il falloit chercher les caractères classiques et génériques des plantes dans les fleurs , dans les fruits , comme dans les graines ; et cette opinion est d'autant plus juste que ces parties étant les seules qui concourent à la réproduction des végétaux , elles doivent être nécessairement les plus constantes.

Césalpin , professeur de Botanique à Pise , en 1583 , décrivit 840 plantes, dont il établit la division sur la fleur considérée par rapport à sa disposition et à sa situation ; sur le fruit , eu égard à l'enveloppe de ses graines , à la position de sa radicule et au nombre de ses cotylédons ; sur leur suc laiteux ; sur la couleur des fleurs , et enfin sur celle des feuilles et des racines. L'ouvrage de *Césalpin* est divisé en quinze classes , qui sont partagées en quarante-sept sections.

En 1587 , *Déléchamp* s'attacha à la grandeur , à la figure et aux qualités de 2731 plantes , qu'il divisa , d'après ces caractères , en dix-huit classes.

Nous avons de *Porta* un ouvrage sur la Botanique ,

qu'il publia en 1588, dans lequel cet auteur partage les plantes en sept classes, d'apres leur lieu natal, les rapports qu'elles ont avec les hommes ou avec les animaux ; comme aussi d'après la figure de quelques – unes de leurs parties ; d'après leur manière de croître, et enfin d'après les rapports qu'elles ont avec les astres.

En 1592, *Zaluzian* divisa les plantes dont il parle, et qui sont au nombre de 674, en vingt–deux classes, par la seule considération de leurs qualités ou de leur ensemble.

Enfin parut *Gaspard Bauhin*, qui, après avoir parcouru les plaines, les forêts ainsi que les montagnes avec ce zèle infatigable qu'inspire l'amour de cette science, signala 6000 plantes, de la manière la plus avantageuse aux progrès de la Botanique. Quoique cet auteur n'ait divisé les végétaux en douze livres que d'après leurs qualités et leur ensemble, son ouvrage, qui fut le fruit d'un travail assidu pendant quarante années, n'en est pas moins digne de notre reconnoissance par son exactitude.

Un an après la publication de l'ouvrage de *Gaspard Bauhin*, il en parut un de *Gérard*, dans lequel cet auteur décrivit 2842 espèces de plantes, avec leurs figures : cet ouvrage est divisé en deux grandes classes ; savoir, en Herbes et en Arbres.

Dupas donna, en 1607, les figures seulement de 325 plantes, qu'il partagea, suivant le temps de leur floraison, en Vernales, Estivales, Automnales et Hibernales.

En 1626, *Guillaume Lauremberg* divisa, de même que *Dupas*, les plantes, en herbes et en arbres, d'après leur grandeur, leur durée, leurs qualités, le lieu de leur naissance, leurs figures, leurs racines, leurs fleurs, leurs feuilles, leurs fruits et leurs sucs ; il les partagea en douze classes et il ne les considéra que comme Alimenteuses ou comme Sarmenteuses.

Hernandes donna , en 1628 , et en sept livres , 691 plantes du Mexique , dont il fit graver les figures. La division qu'il en a faite est tirée seulement de leurs qualités et de leur grandeur respectives.

Jean Bauhin , frère de *Gaspard* , publia , en 1650 , une histoire universelle des plantes, en 3 vol. in-folio, dans laquelle on trouve les figures de 3428 espèces de plantes, et la description de 5266 ; elles y sont distribuées en quarante livres, d'après quelques-unes de leurs parties, d'après leur durée , leur grandeur respective, et leurs qualités.

Il parut de *Junston* , en 1661 , un ouvrage dans lequel ce Botaniste divise les plantes en trente classes ; il les considère sous le point de vue de leur durée , de leur grandeur , de quelques-unes de leurs parties, ou enfin sous celui de leurs qualités.

Rheede, gouverneur du Malabar, publia, en 1678, 12 vol. in-folio, contenant 794 figures de plantes indiennes, distribuées en huit classes, d'après leur grandeur et leurs fruits.

Nous avons de *Morison* , célèbre Botaniste anglais, 3 vol. in-folio, contenant la description et la synonimie de 3505 espèces de plantes , dont il donna , en 1680 , les figures, et qu'il divisa en dix-huit classes : il emprunta leurs caractères soit de leur consistance , de leur grandeur ou de leur durée , soit de leur figure ou de leur port, soit enfin de la conformation de quelques - unes de leurs parties. Il est facile de juger , d'après cette marche , que *Morison* se proposoit déjà de suivre celle de la nature.

Dans les mêmes vues , *Ray* , qui étoit le contemporain de *Morison* , publia une histoire générale des plantes, en 3 vol. in-folio. Il cite dans cet ouvrage, qui parut en 1682 , environ 18655 espèces ou variétés de végétaux, qu'il divise en trente-trois classes , d'après la considération de leur port, de leur grandeur, de leur durée, du lieu où ils croissent ; d'après celle du nombre de leurs cotylédons, de leurs pétales, de leurs graines, de leurs capsules ; d'après la situation et la disposition de leurs fleurs, de leurs calices, de leurs feuilles, et enfin d'après la présence ou l'absence du calice et de la Corolle, ainsi que d'après la substance de leurs feuilles et de leurs fruits.

(La méthode de *Ray* a été adoptée et suivie, en 1707, par *Sloane*, qui donna l'histoire de la Jamaïque ; par *Pétivier*, dans son *Herbarium Britannicum*, qu'il publia en 1713 ; par *Dillen*, en 1724, dans son *Synopsis Stirpium Britannicum* ; et enfin par *Martin*, dans son *Methodus Plantarum circà Cantabrigam*, qui parut en 1727.)

En 1687, *Christophe Knaut* publia un ouvrage dans lequel il divisa le petit nombre de plantes qui croissent aux environs de Hall en dix-sept classes, d'après leur grandeur et leur durée ; d'après la présence ou l'absence de leurs corolles ; la disposition de leurs fleurs ; la substance de leurs fruits ; le nombre de leurs capsules et de leurs graines ; d'après celui de leurs pétales, de leur figure ; et enfin d'après la présence ou l'absence de leur calice ou de leurs fleurs.

Magnol nous donna, en 1689, sous le titre de *Familiæ Plantarum per tabulas dispositæ*, une méthode judicieuse et excellente, dans laquelle cet auteur distribue les plantes en dix sections, d'après leurs racines, leurs tiges, leurs feuilles, leurs corolles et leurs étamines. Il les considère en outre ou comme Monopétales, ou comme Composées de quatre Pétales ; ou comme Polypétales ; ou enfin comme Monopétales disposées en Tête.

En 1690, *Rumfe*, dans son *Herbarium Ambonicum*, décrit environ 774 plantes indiennes qu'il divise en treize livres, d'après la durée de leur vie, leur grandeur et leur usage.

Dans le courant de la même année , *Paul Hermann*
publia , sous le titre de *Floræ Lugduno-Batavæ flores* ,
l'histoire de 5600 plantes qu'il connoissoit ; il partagea
cette flore en vingt-cinq classes, qu'il établit sur la grandeur respective des végétaux qui la composent ; sur l'absence ou la présence de la corolle et du calice ; sur le
nombre des graines ; sur celui des loges , du fruit ou des
capsules ; sur la situation et la disposition des fleurs , du
calice , des feuilles , et enfin sur la figure de leurs fruits.

En la même année , 1690 , *Rivin* donna un ouvrage
ayant pour titre : *Ordines Plantarum.* La division que cet
auteur fait des végétaux qu'il connoissoit, consiste en dix-
huit ordres , dont les caractères distinctifs sont tirés de
la figure parfaite ou imparfaite de leurs fleurs ; de la disposition ; de la régularité ou de l'irrégularité de leurs corolles et du nombre de leurs pétales.

En 1694 , le restaurateur de la Botanique , l'immortel
Tournefort, parut enfin pour y introduire l'ordre , la pu-
reté et la précision , en donnant les principes les plus
sages , les plus certains pour l'établissement des genres
et pour celui des espèces. Sa méthode , que l'on trouvera
ci-après détaillée dans tous ses points, est , sans contredit ,
la plus exacte, la plus facile , sinon de celles qui ont
paru depuis cet homme rare , du moins de toutes celles
qui l'avoient précédées. Néanmoins on connoissoit à peine ,
du temps de *Tournefort*, la moitié des plantes que l'on
a observées depuis , et que les savans, qui illustrent notre
siècle en l'immortalisant, découvrent encore tous les jours.
Il est probable que l'on ignoroit , du temps de *Tour-*
nefort , la distinction des Etamines et des Pistils , que
l'on ne considéroit que comme des organes excrétoires ; mais enfin l'élan du génie ne tarda pas à en dé-
couvrir l'usage , et plusieurs expériences prouvèrent que

les Anthères des Etamines renfermoient une poussière fécondante, qui étant reçue par le pistil, avec le secours
des stygmates, fertilisoit l'Ovaire et assuroit par là le
développement du fruit, pour opérer ensuite la réproduction de l'espèce. On reconnut donc l'Etamine pour l'organe mâle des fleurs, et le Pistil pour leur organe femelle.

Le célèbre *Linné* qui, quarante-trois ans après *Tournefort*, vint enrichir l'univers savant de ses connoissances
profondes, saisissant cette heureuse découverte, fit, en 1737,
du mariage des plantes la base fondamentale de son ingénieux système, en établissant ses divisions méthodiques
sur le nombre et sur la combinaison des parties sexuelles (1)
des végétaux. Bientôt le travail de *Linné* fut adopté et
suivi d'un pôle à l'autre, et *Bernard de Jussieu*, ce digne
héritier des connoissances et des rares talens de ses illustres
ancêtres, se livra à de nouvelles recherches, qui furent
couronnées des plus heureux succès pour l'établissement
de sa méthode naturelle. (2)

Si dans l'énumération succincte que je viens d'exposer
de quelques auteurs seulement qui ont écrit sur les plantes,
j'ai passé sous silence les noms de tant d'autres infiniment estimables, qui ont enrichi la science Botanique
de leurs lumières et du fruit de leurs travaux pénibles,
on me le pardonnera, sans doute, en faveur des bornes
que je me suis prescrites pour un ouvrage élémentaire,
dans lequel il m'a paru suffisant de faire apercevoir,

---

(1) On nomme, en Botanique, *parties sexuelles* des végétaux,
les étamines et les pistils ; les étamines en sont les mâles, et les pistils les femelles.

(2) Cette savante découverte, fruit du travail d'un génie sublime,
en immortalisant son auteur, acquiert chaque jour un nouveau degré
de gloire dans le mérite rare de son illustre descendant.

aux jeunes élèves , les progrès que cette science a faits.
depuis son origine jusqu'à nous , et de leur avoir esquissé
la marche qu'elle a suivie , et dont ils pourront juger par
la liste de quelques auteurs anciens , dont j'ai analysé
brièvement les travaux.

La Botanique seroit une science tout au moins superflue, si elle ne tendoit à un but d'utilité réelle : or ce but
renferme deux objets principaux , dont le premier est la
connoissance parfaite de l'organisation des plantes : (c'est
ce que nous apprendrons dans le cours de cet ouvrage);
le second , qui n'est pas moins intéressant, est celui de
leurs propriétés , soit par rapport à la médecine , soit relativement aux arts et à l'agriculture.

Depuis que la Chimie , qui , du temps de nos ancêtres ,
étoit tout-à-fait ignorée, ou du moins imparfaitement
connue, a fait, dans ce dernier siècle surtout, des progrès.
si rapides et des découvertes si utiles à l'humanité, la
médecine , éclairée de cet art divin , a puisé dans les
plantes des remèdes dont l'efficacité est d'autant plus
certaine, que les substances végétales semblent avoir plus
d'analogie avec les nôtres , que celles que l'on extrait des
minéraux : ces dernières peuvent bien , à la vérité , avoir
une plus grande activité ; mais les secours que l'on tire
des plantes ont nécessairement plus d'homogénéité avec
nos humeurs, et ils sont conséquemment plus susceptibles
d'être adaptés aux différens maux qui nous affligent dans
les divers périodes de notre vie.

C'est par le secours de la chimie que l'on a découvert
que le suc laiteux qui découle de la tige du Binjoin , et
qui se convertit en une résine sechè et suave , pouvoit être
employé par la médecine dans les affections nerveuses ; c'est
par elle que l'on a appris que l'*Astragalus Tragacantha* ,
qui fournit la gomme adragante , étoit adoucissante et cal-

mante. Deux espèces d'Accacia produisent la gomme arabique, que la chimie a indiquées être d'une grande utilité dans la médecine et dans les arts. C'est d'après les résultats de la chimie que l'on sait que la résine du *Therebinthus Lentiscus*, que l'on nomme Mastic, est un remède calmant et anti-septique ; que l'*Amyris Elemifera* fournit la résine *Elemy*, qui est fondante et calmante ; que le Sagou, extrait de la moëlle du Palmier, *Sagus Sarinifera*, donne un aliment doux et sain qui convient aux poitrines délicates ; que l'*Heva Guianensis* est le végétal dont le suc laiteux se convertit en une gomme utile dans les arts, où elle est connue sous le nom de Gomme Elastique ; que c'est une espèce de *Thuia* de Barbarie, qui produit la résine Sandaraque que l'on emploie dans les vernis ; que le Bois de Rhode, dont l'odeur de rose est très-agréable, sert dans la parfumerie ; et qu'enfin l'Amyris est un Balsamier qui fournit l'Encens, comme le *Dracæna Draco* produit la résine Sang-Dragon.

L'Indigo, le Pastel ou la Guède, de même que le Tournesol, fournissent aux arts une teinture bleue. On extrait un beau jaune de la Gaude, du Genêt des Teinturiers, de l'Epine-Vinette, du Fusin et de ses semences, des baies du *Rhamnus infectorius*, connues sous le nom vulgaire de Graines d'Avignon, comme on tire cette couleur des pistils du Safran et du bois du Fustet. Les baies du Nerprun, ainsi que les fleurs d'Iris teignent en vert. Les racines de la Garance, l'Oseille, le Rocou, le Bois du Brésil et celui de Fernambouc donnent une couleur rouge. On en obtient une noire de la Noix-de-Galle, du Brou de la Noix, ainsi que du Bois-de-Campêche.

C'est en étudiant les plantes, que l'on a découvert que le Coton, le Lin, le Chanvre, les Spartes *Ligeum Spartium* et le *Stypa Tenacissima*, le Palmier-Nain, la

Grande-Ortie, l'Agave fétide, le Bananier, le Mûrier-à-Papier, le Bois-à-Dentelle et plusieurs autres écorces d'arbres, pouvoient devenir pour les filatures et pour les corderies un aliment inépuisable, et produire au commerce des trésors incalculables.

Ce sont les végétaux qui fournissent aux papeteries les chiffons de Lin, de Chanvre, de Coton, de Mûrier-à-Papier, le Bambou, le Souchet-à-Papier, ainsi que diverses autres espèces d'écorces d'arbres ou de plantes.

C'est parmi les végétaux que l'on tire le Chêne, le Châtaignier, les Sapins, les Pins, les Mélèzes, les Cèdres, les Peupliers, etc., si utiles à la charpente, comme le Frêne, l'Orme, l'Erable, le Charme, le Hêtre, etc., le sont au charronnage.

La menuiserie et l'ébénisterie trouvent une ressource précieuse, pour exercer leur art, dans le Chêne, les Pins, les Sapins, les Mélèzes, le Hêtre, l'Orme, le Tilleul, le Peuplier, le Noyer, l'Erable, le Pommier, le Poirier, le Prunier, le Cerisier, le Prunelier, le Buis, le Fusin, le Sureau, le Ciste, l'Acajou, le Gayac, le Campêche, le Bois-de-Rose, celui d'Aigle, le Palixandre, l'Ebène, le Fernambouc, etc.

On extrait des semences ou graines des plantes des huiles dont les unes sont propres à brûler et les autres servent d'aliment, ou sont employées dans les arts ou dans la médecine. On tire des fleurs, des tiges, des feuilles, des graines, des écorces, de la racine et même du bois de certains végétaux des huiles essentielles.

On fabrique des brosses et des vergettes avec les racines de l'*Andropogon Ischænum*; c'est de l'écorce du Chêne commun que l'on tire le tan, comme l'on extrait le liége de l'écorce du Chêne vert et de celle du Houx on fabrique la glu. L'Agaric est converti en amadoue; les

Saules, le Troëne, ainsi que le Noisetier prennent, sous la main industrieuse du vannier, des formes aussi agréables qu'elles nous sont utiles. Je ne tarirois pas si je voulois entrer dans tous les détails d'utilité et d'intérêt que les végétaux offrent à la société : sans leur secours la plus grande partie des arts, réduits à une stagnation forcée, languiroient dans un besoin pénible : c'est donc la Botanique qui, en les éclairant de son flambeau, les conduit, comme par la main, au sein des richesses immenses qu'elle renferme et les invite à s'en rendre les propriétaires.

Si des arts nous passons à l'agriculture, notre âme ne peut se refuser au doux sentiment d'une admiration profonde à la vue des avantages incalculables que retire de la Botanique cette mère nourricière, l'unique soutien des sociétés policées. Sans parler ici des plantes cé.éales introduites en France de temps immémorial, n'avons-nous pas vu la Pomme-de-Terre, cette racine tubereuse, le pain précieux de l'indigence dans plusieurs de nos départemens, venir, de nos jours, se naturaliser parmi nous, malgré les préjugés ; enrichir notre sol et y devenir une ressource inépuisable aux besoins de l'indigence ! Que de prairies artificielles, en faisant disparoître et en remplaçant les jachères, n'ont-elles pas doublé, depuis quelques années, les richesses de l'Etat ? Ne voit-on pas de toute part des arbres fruitiers qui, en fertilisant nos campagnes, qui naguères étoient stériles, y procurent l'aisance et en font l'ornement ? De nouveaux légumes sont cultivés partout et avec soin sur la surface du sol de notre Empire ; ils font les délices de nos tables et ils affermissent notre santé en flattant notre goût.

Cependant la postérité le croira-t-elle jamais ? l'agriculture, qui fut constamment respectée et estimée des peuples

tranquilles et sédentaires , comme l'état le plus honorable ,
étoit , il y a peu de temps , tombée dans une espèce de mépris et d'avilissement en Europe, et surtout en France ;
mais aujourd'hui (mille actions de grâce en soient à jamais
rendues à la sagesse protectrice du chef de notre empire)
on a enfin reconnu que cet art , le premier de tous , étoit la
seule richesse d'un état , et qu'il méritoit au moins d'être
autant encouragé que le commerce , les sciences et les
arts. Aussi d'après les invitations et les encouragemens du
génie plus qu'humain qui nous gouverne aujourd'hui ,
avons-nous vu , et voyons-nous chaque jour ; des sociétés
d'agriculture se former de toute part , et s'empresser , à
l'envi , d'enrichir l'état de leurs découvertes utiles.

Heureux aussi , et mille fois heureux les citoyens aisés
qui , par amour de leur patrie , abandonnent le tumulte
et le fracas des villes pour vivre à la campagne , et y consacrer leur fortune à des essais et à des tentatives propices
à l'avancement de cette science et au bien-être de la société!

Puisse un tel exemple devenir un véhicule pour une
foule de désœuvrés des grandes villes , qu'une fortune
oisive ou bien le joug du luxe devroient nécessairement
fatiguer ; puissent-ils se transporter à la campagne , et là
devenir des cultivateurs ! C'est alors qu'un nombre effrayant
de bras , actuellement inactifs , feroit bientôt éclore des
richesses immenses ; c'est alors que nos côteaux arides , que
nos plaines stériles à défaut de bras qui les fécondent ,
deviendroient une source inépuisable de tous biens ; c'est
alors que du sein des sillons tracés par la charrue , on ver-
roit s'élever une génération aussi saine que nombreuse, et
qui , en agrandissant la force de l'Etat , en auroit bientôt
doublé les richesses !

PRÉCIS HISTORIQUE
DE TOURNEFORT, DE LINNÉ, ET DE JUSSIEU.

JOSEPH PITTON DE TOURNEFORT naquit à Aix, dans la ci-devant Provence, aujourd'hui département des Bouches-du-Rhône, le 5 juin 1656. Issu d'une famille noble, à peine avoit-il reçu le jour, qu'il se sentit Botaniste, dit *Fontenelle*, aussitôt qu'il vit des plantes. On rapporte que, pour satisfaire au penchant irrésistible qui l'entraînoit vers la science qu'il cultiva dans la suite avec tant de gloire et de succès, il se déroboit à l'œil vigilant de ses instituteurs ; il manquoit à sa classe et s'égaroit souvent dans la campagne, afin de se livrer voluptueusement à l'étude enchanteresse des merveilles de la nature, au lieu de celle de la langue des anciens Romains. A peine avoit-il atteint l'âge heureux de l'adolescence, que ses parens, le destinant à l'état ecclésiastique, le circonscrirent dans un séminaire ; mais la mort de son père, arrivée en 1677, le laissa entièrement maître de suivre son inclination, et les sciences de la nature le réclamant, il obéit à leur voix, il en reprit aussitôt l'étude, et il parcourut, en 1678, les montagnes du Dauphiné et celles de la Savoie.

En 1679, il partit d'Aix pour Montpellier, où il se perfectionna beaucoup dans les connoissances de l'anatomie et de la médecine ; néanmoins il n'y négligea pas son étude chérie : un jardin de Botanique, établi par Henri IV dans cette ville , lui fut d'un aussi grand secours que les campagnes qui l'environnoient, là il y trouva un vaste champ pour ses recherches et ses observations. Après avoir épuisé la Botanique de Montpellier et celle de ses environs, il passa aux Pyrénées pour trouver un nouvel aliment à ses goûts. Il y fut deux fois dépouillé par les miquelets espagnols, sans que ces accidens diminuassent son ardeur. Les rochers affreux et presque inaccessibles qui, de toute part, menacoient sa tête, lui paroissoient changés en une magnifique bibliothèque, dans laquelle il avoit la satisfaction de trouver tout ce qui stimuloit sa curiosité. Son amour pour l'étude qui faisoit les délices de sa vie étoit si ardent, qu'aucun événement, quelque facheux qu'il fût, n'étoit point capable de le ralentir ; et on en sera convaincu lorsqu'on saura qu'un jour, une cabane délabrée où il couchoit, tomba tout à coup et l'ensevelit, pendant deux heures, sous ses ruines ; il y seroit péri infailliblement, si on eut tardé encore quelque temps à l'en retirer. Il revint à Montpellier à la fin de 1681, et de là il retourna à Aix, sa patrie, où il s'occupa à ranger dans son herbier, toutes les plantes qu'il avoit ramassées, soit en Provence, en Catalogne, en Languedoc, en Dauphiné, soit sur les Alpes ou sur les Pyrénées.

En 1683, *Fagon*, premier médecin de la reine, l'appela à Paris, et lui procura la chaire de professeur en Botanique au Jardin royal des Plantes, établie par Louis XIII, pour l'instruction de jeunes étudians en médecine. *Tournefort* remplit cette place avec infiniment d'honneur ; mais son goût dominant pour les voyages lui fit entreprendre celui d'Espagne, où, en parcourant les forêts de l'Andalousie, il se proposoit de surprendre les Palmiers dans leurs amours ; mais il ne put rien apprendre de certain sur ces amours si anciennes, et qui sont encore mystérieuses. De là il passa en Portugal, et successivement en Hollande, en Angleterre, et partout il rencontra des amis et des admirateurs, dont il gagna facilement l'estime et l'amitié.

Hermann, professeur de Botanique à Leyde, voulut lui résigner sa place, et pour la lui faire accepter, il lui fit entrevoir une pension de 4000 liv. qui devoit lui être fournie par les Etats-Généraux. Mais *Tournefort* préféra sa patrie à des offres si flatteuses : la France ne fut point ingrate, et ce fut à cette époque, en 1692, que l'académie des sciences lui ouvrit son sein pour l'y recevoir.

En 1700, le roi l'envoya en Grèce et en Asie, non-seulement pour y chercher des plantes, mais encore pour y recueillir des observations qui ne pouvoient qu'être intéressantes sur l'histoire naturelle, sur la géographie ancienne et moderne, et même sur les mœurs, la religion et le commerce des peuples; la relation de ce voyage fut une preuve authentique de son érudition profonde.

Notre illustre voyageur voulut aller en Afrique, mais la peste, ce fléau dévastateur qui entassoit alors en Egypte des monceaux de victimes, le fit revenir de Smyrne en France au bout de deux années. A cette époque ses courses et ses travaux avoient beaucoup altéré sa santé, il reçut d'ailleurs, dans la poitrine, et par accident, un coup fort violent du timon d'une voiture qui le heurta, dans la rue Saint-Victor, au moment qu'il sortoit d'une des séances de l'académie; il mourut donc des suites de ce coup, le 28 décembre 1708, après avoir légué, par son testament, son cabinet de curiosités naturelles au roi, pour l'usage des savans, et les livres de sa bibliothèque à l'abbé *Bignon ;* ce qui étoit deux présens considérables. Oh mort ! mort implacable ! pourquoi donc ta fureur n'eut-elle aucun égard aux intérêts de la science ? comment ton glaive assassin osa-t-il s'appesantir sur une tête aussi précieuse, et trancher, sans pitié pour les humains, le fil des jours de ce génie immortel, dont la gloire ne s'éclipsera jamais ?

Tournefort étoit d'un tempérament vif, laborieux et robuste ; un grand fond de gaîté naturelle le soutenoit dans le travail ; et son corps, comme son esprit, avoit été formé pour la Botanique.

Ses principaux ouvrages sont, 1°, ses *Elémens de Botanique, ou Méthode pour connoître les Plantes.* Cet ouvrage, en trois vol. in-8°., parut en 1694. A peine fut-il mis au jour que *Jean Ray*, Botaniste anglais, l'attaqua sur plusieurs points. *Tournefort*, bien loin de s'en irriter, n'en rendit pas moins justice à ce savant, dont il fit plusieurs fois l'éloge. En 1700 il donna, en latin, une édition plus complète de son ouvrage, sous le titre d'*Institutiones rei Herbariæ.* Ce second ouvrage, qui parut en trois vol. in-4°., avec trente-cinq planches de plus que dans le premier, a été augmenté de plusieurs genres nouveaux. 2°. Son *Corollarium institutionum rei Herbariæ :* dans ce traité, que l'auteur publia en 1703, il fait part au public de ses découvertes sur les plantes qu'il recueillit dans son voyage en Orient. 3°. Son *Voyage du Levant,* qu'il publia en 1717, en deux vol. in-4°. Ce livre curieux renferme non-seulement des découvertes intéressantes pour la Botanique, mais on y trouve encore des descriptions exactes, et la relation fidèle de tout ce qui a rapport aux mœurs des peuples, ainsi qu'une connoissance approfondie de l'histoire ancienne et moderne. 4°. L'*Histoire des Plantes des environs de Paris.* Ce livre, en deux vol. in-12, fut imprimé en 1725. Il est surtout utile par l'attention qu'a eu l'auteur d'y indiquer l'usage que l'on peut faire en médecine de chacune des plantes qui y sont signalées. 5°. Un

Traité de matière Médicale, qu'il publia en 1717, en deux vol. in-12.

Outre ces divers ouvrages, *Tournefort* a fourni à l'académie des sciences plusieurs mémoires insérés parmi ceux de cette savante compagnie. On lui doit surtout le renouvellement de l'hypothèse de la végétation des pierres, qui paroissoit oubliée depuis long-temps et qu'il a appuyée par de nouvelles preuves.

LINNÉ. (1)

CHARLES VON LINNÉ, naquit en 1707 dans la province de Smolande, en Suède, où dès sa plus tendre enfance il apprit à l'école de son père à aimer et chérir l'étude des plantes. A vingt-trois ans, professeur de Botanique dans l'université d'Upsal; l'un des premiers et des plus grands naturalistes du dix-septième siècle; chevalier de l'Étoile-Polaire, fondateur et premier président de l'académie de Stockolm, il fut membre de presque toutes les Académies de l'Europe. Mais avant qu'il parvint à obtenir ces distinctions, il eut à lutter contre le pédantisme et contre la misère.

Entraîné de bonne heure par son goût dominant pour la Botanique, qui lui rendoit insipide toute autre étude, il donna souvent lieu à des plaintes sur sa paresse et sur son incapacité; son inepte instituteur, nommé *Lanarius*, fut même assez stupide pour proposer à ses parens d'en faire un cordonnier, sous prétexte qu'il n'avoit aucune aptitude pour les lettres. Ses parens aigris, ne manquèrent

(1) Ce précis historique est extrait du *Dictionnaire des Hommes illustres*.

pas de contrarier ses goûts ; ils finirent même par l'abandonner à son propre sort.

Il eût été arrêté dans sa carrière, sans doute, si le médecin *Rothman*, et ensuite *Stobœus*, à Lunden, ne l'eussent accueilli chez eux et ne lui eussent fourni tous les *moyens d'instruction et de subsistance*. Livré à l'Entomologie, (1) il est sur le point de périr par la morsure de l'insecte, connu sous le nom de Furie Infernale, sans que cet accident soit capable de ralentir son ardeur. Le désir violent de se perfectionner l'attire à Upsal, où il manque, pendant longtemps, des choses de première nécessité. Le seul moyen de subsistance qu'il avoit trouvé dans ses cours particuliers de Botanique, lui est enlevé impitoyablement par un médecin en crédit. Il se porte à la dernière violence et jusqu'aux menaces contre ce persécuteur puissant, et il est forcé de s'expatrier.

Errant et obligé de se plier aux circonstances, il arrive en Hollande, dénué de tous secours, et il auroit, peut-être, succombé sans la protection de *Boërhaave*, qui lui obtint la direction du superbe jardin de Cliford.

Il revint ensuite dans sa patrie ; mais son nom, devenu déjà célèbre, excite les rumeurs et les intrigues de la médiocrité, et il s'en seroit éloigné pour jamais si le comte de *Tessin*, premier ministre, n'étoit parvenu à le connoître et à le recommander, en termes les plus honorables, au roi et à la reine de Suède. Toutes les distinctions et les dons de la fortune furent alors la digne récompense de la longue suite de ses revers et de ses peines. Il parcourut, en 1732, presque toute la Laponie,

---

(1) L'*Entomologie* est l'histoire des insectes.

pour y faire des recherches sur l'histoire naturelle, et dans cette savante course, il brava les horreurs des déserts, des précipices, de la faim, de la soif, du chaud et du froid. En 1736, il fit le voyage d'Angleterre, où il se lia d'amitié avec les plus célèbres physiciens et les plus habiles médecins de cette île.

Ce savant mourut le 10 janvier 1778, à l'âge de 71 ans. il a donné au public un très-grand nombre d'ouvrages, presque tous écrits en latin, et qui feront vivre son nom aussi long-temps que l'on cultivera l'histoire naturelle.

Ses principaux ouvrages sont, 1°. son *Systema Naturæ*, qu'il publia à Leyde, en 1735 ; 2°. son *Bibliotheca Botanica*, en 1741 ; 3°. son *Hortus Cliffortianus*, en 1737 ; 4°. son *Cretica Botanica*, en 1737 ; 5°. son *Flora Laponica*, en 1737 ; 6°. son *Genera Plantarum*, en 1754 ; 7°. son *Fauna Suecica*, en 1746 ; 8°, son *Flora Zeylanica*, en 1747 ; 9°. son *Materia Medica*, etc.

Le but de ce génie rare étant plutôt de former des naturalistes que d'amuser une foule d'oisifs, on pourroit lui reprocher, peut-être, d'être trop laconique dans son style ; ce n'étoit cependant pas qu'il ne pût l'embellir de toutes les fleurs de l'éloquence ; car il suffit, pour s'en convaincre, de lire son *Flora Laponica*, dans laquelle il trace ses descriptions et y peint les plantes, ainsi que les Lapons et leurs mœurs, avec le pinceau de l'érudition la plus séduisante.

Linné, qui jouissoit, et jouira toujours aux yeux de tous les savans, d'une estime générale, étoit d'une petite taille ; mais il avoit l'œil vif et perçant ; sa mémoire, qui étoit excellente, s'affoiblit un peu dans les derniers jours de sa vie. Il joignoit une grande sensibilité à un caractère très-agréable : il se mettoit aisément en colère et s'appaisoit aussi subitement. Son âme ferme et courageuse lui fit soutenir de longs travaux et des voyages pénibles.

BERNARD DE JUSSIEU.

LYON, cette ville autant fameuse par ses arts et ses manufactures , que par le nombre des hommes de génie auxquels elle a donné le jour , se glorifie d'avoir vu naître dans son sein les *Jussieux*. *Bernard* y respira pour la première fois l'air pur de ses illustres ancêtres , le 17 août 1699. Ce savant, qui bientôt se distingua , comme son frère *Antoine* , dans la pratique de la médecine, ainsi que par ses connoissances en Botanique, l'accompagna en Espagne et en Portugal. Son goût pour l'étude des plantes se développa surtout dans ces deux voyages , et quoique son génie fut également propre à toutes les autres sciences, néanmoins il préféra la Botanique , à laquelle il se livra d'une manière toute particulière.

De retour à Lyon , il observa les plantes qui croissent aux environs de cette grande cité ; il visita une partie de celles que les Alpes produisent, et de là il se rendit à Montpellier , dans l'intention d'y continuer ses cours de médecine, mais son âme trop sensible , se refusa bientôt au spectacle déchirant des maux qui affligent l'humanité, et auxquels il cherchoit à appliquer des remèdes ; il renonça donc à la pratique de cet art , pour s'adonner exclusivement à l'étude de la Botanique. Ses rares talens et les connoissances profondes qu'il avoit acquises dans cette partie, lui méritèrent , à Paris, la chaire de démonstrateur des plantes du Jardin du Roi, vacante par la mort de *Vaillant*.

Digne du choix qui honoroit ses talens, *Bernard* de *Jussieu* ne tarda pas à chercher les moyens de recueillir de toutes parts les premiers matériaux qui devoient servir de base fondamentale au cabinet d'histoire naturelle du Jardin des Plantes, qui, par les soins des *Réaumur*, des *Buffon*, des *d'Aubenton* et d'une foule de savans, leurs dignes successeurs, dont notre siècle se glorifie, est devenu aujourd'hui la collection la plus précieuse et la plus complète de l'univers. Il semble que toutes les productions de la nature soient venues se ranger là, comme d'elles-mêmes, dans l'ordre le plus méthodiquement régulier.

Les connoissances profondes de *Bernard* de *Jussieu* ne se bornèrent pas seulement à l'étude des plantes, qu'il cultivoit lui-même dans le jardin du Roi, et qu'il distribuoit dans les serres, en indiquant les précautions nécessaires pour les y conserver, mais elles s'étendirent à toute l'histoire naturelle en général.

Ce savant a peu écrit, mais il a beaucoup parlé, et d'autres ont profité de ce qu'il a dit pour écrire. Cependant nous avons de lui l'édition de l'*Histoire des Plantes qui naissent aux environs de Paris*, par *Tournefort*, 1725. On regrette que l'ouvrage qu'il avoit fait pour l'instruction de ses élèves, et qui contenoit les vertus avérées des végétaux, soit resté manuscrit.

En 1725, *Bernard* de *Jussieu* fut reçu à l'académie des sciences de Paris; il étoit également membre de plusieurs autres sociétés littéraires de l'Europe. Il présenta à la même académie divers mémoires, parmi lesquels on distingue sa savante dissertation sur la *Pillulaire*; une autre sur le *Lemma*, plantes dont la fructification étoit restée in-

connue jusqu'à lui. C'est encore à *Jussieu* que l'on est
redevable de la connoissance et de la classification du
Littorella Lacustris, dont il a découvert aussi la fructification, et que les anciens avoient regardé comme une
espèce de Plantin.

L'histoire naturelle doit aux expériences et aux observations de ce savant distingué la découverte de l'origine des Coraux et des Madrépores, que les naturalistes
anciens avoient successivement placés dans les trois règnes
de la nature. C'est lui qui nous a gratifié de ce magnifique
Cèdre du Liban qui manquoit au Jardin des Plantes, et
qui aujourd'hui en fait l'ornement : *Jussieu* a eu le
plaisir de voir cet arbre , qu'il rapporta d'Angleterre
dans son chapeau, croître sous ses yeux et élever sa cîme
altière dans les nues.

Bernard de *Jussieu* fut appelé par Louis XV , en 1759,
pour disposer l'arrangement du Jardin des Plantes de Trianon. Il eut de fréquens entretiens avec le monarque, qui
goûtoit également son savoir, sa simplicité et sa candeur ;
mais il ne retira de cette espèce de commerce que le
plaisir d'avoir vu de près un homme de qui dépendoit
le sort de vingt millions de citoyens. Il ne demanda rien
et on ne lui donna rien , pas même le remboursement des
dépenses que ses fréquens voyages avoient nécessitées. Cependant le roi ne l'avoit pas oublié, et quoiqu'au bout
de quelques années , il cessât de le mander à Trianon,
où sa présence ne sembloit plus utile, néanmoins il par-
loit souvent de lui avec une sorte d'intérêt.

La modestie de *Jussieu* étoit extrême ; souvent il ré-
pondit aux questions qu'on lui proposoit, *je ne sais pas*,
et cette réponse embarrassoit quelquefois les consultans ,

honteux alors de s'être crus plus savans que lui. Il haïs-
soit le charlatanisme, et cependant il pardonnoit aux
charlatans.

Une gaîté douce et des plaisanteries sans fiel, que sa
bonhommie rendoit piquantes, assaisonnoient les conversa-
tions qu'il avoit sur ce sujet avec ses amis ; c'étoit alors
qu'il faisoit à certaines opinions une guerre innocente,
dans laquelle jamais le nom de leurs auteurs n'étoit
prononcé.

Le célèbre *Linné* étant venu en France, assista à une
de ses herborisations. Les élèves de *Jussieu*, voulant
éprouver la sagacité de leur maître, lui présentèrent plus
d'une fois des plantes qu'ils avoient mutilées exprès, pour
déguiser leurs caractères ; mais jamais *Jussieu* ne man-
qua de reconnoître l'artifice, et il nomma toujours la
plante, le lieu où elle croissoit naturellement, les caractères qu'on en avoit ou effacés ou déguisés. A cette
séance les élèves de *Jussieu* voulurent tenter la même
plaisanterie avec *Linné : Il n'y a*, leur dit ce savant,
que Dieu ou votre Maître qui puisse vous répondre.

Cet excellent Botaniste fut enlevé à la science, à ses
élèves et à l'académie, le 6 novembre 1777, dans sa
soixante-dix-neuvième année. La mort, en ravissant à
l'univers savant un génie aussi sublime, ne le priva point
pour cela des lumières et des découvertes de ce grand
homme : quelque temps avant qu'il ne fermât la pau-
pière, ce respectable vieillard avoit appelé près de lui
M. *Antoine-Laurent de Jussieu*, s n neveu, né aussi
à Lyon, l'an 1748, et aujourd'hui professeur de Botanique
au jardin des Plantes de Paris.

Que ce savant distingué daigne pardonner à la foiblesse

de mon pinceau le tableau, que je m'avoue incapable de
tracer, des vertus et des talens dont il fut le digne héritier
de son oncle! qu'il veuille seulement accueillir avec sa
bonté naturelle, je l'en supplie, l'hommage de mon
respect profond et celui de ma sincère reconnoissance!
qu'il veuille me permettre d'informer la jeunesse, à laquelle je consacre ce foible essai, que ce fut en 1789
qu'il publia l'ouvrage dans lequel il développe, avec la
précision du génie qui les a conçues, non-seulement toutes
les affinités que les végétaux ont entr'eux, mais aussi
tous les degrés de rapprochement qui paroissent le plus
conformes à la marche de la nature! qu'il trouve bon
que j'instruise cette même jeunesse que la méthode,
qui s'occupe uniquement de l'ensemble, compare la plante
au berceau avec la plante adulte; qu'elle donne à juger,
d'après la manière dont son enfance est nourrie, ce qu'elle
sera lors de son développement; et que l'ordre progressif
des productions de la nature qu'on y remarque est le
plus parfait, mais qu'il n'exige pas moins, pour être
saisi, une étude approfondie de l'organisation de toutes
les espèces de plantes! Aussi devons-nous conclure
qu'elle est la plus difficile de toutes, et qu'elle n'est
point faite pour des hommes vulgaires, pour ceux surtout qui n'ont que de la mémoire; qu'on ne doit enfin
s'en occuper qu'après avoir étudié toutes les autres.

Par la raison contraire, la méthode de *Tournefort*, qui
se borne à un petit nombre de détails, et qui n'envisage,
dans les plantes, que ce qu'elles offrent de plus beau et
de plus séduisant, leur corolle, doit être celle par laquelle
un jeune élève doit commencer l'étude de la Botanique,
s'il craint surtout de se rebuter à l'aspect des difficultés
qu'il rencontreroit sûrement dans celle de **M.** de *Jussieu*.

C'est aussi d'après ces considérations que j'exposerai, en premier lieu, la Méthode de *Tournefort*, qui sera, pour la jeunesse, comme la clef de celle de *Linné*; et l'une et l'autre formeront l'introduction à celle de M. de *Jussieu.*

TABLEAU

TABLEAU ÉLÉMENTAIRE

DE

BOTANIQUE.

INTRODUCTION.

Le spectacle le plus majestueux aux yeux de l'homme qui veut étudier la nature, est, sans contredit, cet ensemble et cette harmonie qui règnent parmi les êtres qui sont disséminés sur la surface du globe. Le premier sentiment aussi que son âme éprouve à la vue de tant de merveilles, est un respect profond envers l'être éternel qui les créa, et dont la toute puissante bonté veille à leur conservation.

Mais si, de l'admiration, on passe au désir de connoître chacune de ces productions avec l'intérêt qu'elles inspirent, alors le plaisir qu'on avoit d'abord éprouvé, se change en une sorte de dégoût, parce qu'on se croit incapable de saisir jamais tous les rapports qui les lient entr'elles, et parce qu'on n'y aperçoit plus que ténèbres et confusion.

En effet, quand on compare la Mitte avec l'Elé-

culté non moins effrayante que la première par son étendue. Aussi, on n'a pas manqué de reprocher aux botanistes, surtout, de l'avoir trop multipliée, et d'avoir hérissé cette science, la plus aimable de toutes, de mots presque barbares, qui devoient nécessairement en retarder les progrès. Mais pouvoit-on faire autrement, puisque les objets qne la Botanique renferme sont infinis, et que, comme le dit *J. J. Rousseau*, « admettre la Botanique d'un côté, et en rejeter » la Nomenclature de l'autre, ce seroit tomber dans » la plus absurde des contradictions. » Comment d'ailleurs la postérité auroit-elle pu profiter des découvertes importantes des hommes de génie qui l'ont précédée, s'ils ne les lui avoient transmises au moyen de la Nomenclature? On doit donc regarder la Nomenclature comme une partie inséparable, et en même temps nécessaire, de l'étude de l'histoire naturelle en général, et de celle de la Botanique en particulier.

CHAPITRE PREMIER.

Définition de la Botanique et des Végétaux.

La *Botanique*, que l'on appelle aussi *Phythologie*, est le nom que l'on donne à cette belle et intéressante partie de l'histoire naturelle, qui a pour objet la connoissance parfaite des Végétaux.

Cette science ne consiste pas seulement dans des mots, ou dans des détails qui pourroient paroître inutiles, ou tout au moins minutieux ; son but principal est de rechercher, dans les plantes, les caractères particuliers que chacune d'elles peut fournir ; d'examiner attentivement leur organisation intime ; d'en étudier la nature ; de connoître la forme de leurs parties constituantes, et de les suivre dans leur naissance, leur développement, et dans la manière dont chacune d'elles se reproduit.

Les *Plantes* ou *Végétaux* sont des corps vivans et organisés, qui, cependant, sont privés de sentiment, ainsi que de la faculté de changer de place à volonté, comme le font les animaux. La plupart des Plantes sont fixées à la terre ; il s'en trouve cependant quelques-unes qui adhèrent à d'autres végétaux, aux dépens desquels elles vivent et se nourrissent : on nomme celles-ci Plantes parasites. (1)

____

(1.) Parmi les Plantes parasites, il en est, telles que les Mousses, les Lichens, les Champignons, etc., qui ont des

Il n'existe aucune Plante qui n'ait été produite originairement d'une graine. Toutes s'accroissent en prenant leur nourriture par *intus-susception*, (1) au moyen de leurs racines, que l'on doit considérer comme autant de bouches qui vont chercher parmi les substances inorganiques, celles qui doivent les alimenter ; et c'est ainsi qu'elles croissent, se développent, et qu'elles acquièrent des organes sexuels, au moyen desquels elles se reproduisent.

Quoique les Plantes se nourrissent par Intus-Susception, comme les animaux, elles diffèrent néanmoins de ceux-ci à beaucoup d'égards. D'abord, les racines, ou les organes de la nutrition (2) des Plantes, sont externes ; ceux des animaux sont internes. Les animaux, outre qu'ils sont susceptibles de mouvemens spontanés ou volontaires, pouvant, au gré de

---

racines qu'elles enfoncent dans la substance même de quelques végétaux, d'autres qui, quoiqu'elles paroissent dépourvues de racines, comme le Gui, s'attachent néanmoins aux branches d'arbres et s'y développent. Il en est enfin qui, pourvues de petites racines, comme la Cuscute, croissent sur d'autres plantes.

(1) On entend par *intus-susception* la faculté que la nature a donnée aux plantes de s'approprier leur nourriture par des organes intérieurs, comme le font les animaux, et non de s'accroître par des couches extérieures et successives, qui viennent se placer les unes sur les autres, comme dans les minéraux.

(2) La nutrition des plantes ou des animaux est une fonction de la nature, par laquelle le suc nourricier se convertit en leur propre substance.

leurs désirs, se transporter d'un lieu dans un autre, c'est qu'ils éprouvent encore de la sensibilité, tandis que les Plantes, toujours fixées au sol qui les vit naître, ne peuvent d'elles-mêmes, comme nous venons déjà de le dire, changer de place et de situation, et elles sont incapables de donner aucun signe de sensibilité.

CHAPITRE II.

De la Graine ou Semence, et de la Plante, considérée depuis la graine qui la renferme jusqu'à sa germination.

Tous les végétaux, en général, qui croissent sur la surface du globe, et qui en font l'ornement, qui fournissent à nos besoins, ainsi qu'à ceux des animaux, auxquelles nous devons nos vêtemens comme nos habitations, notre nourriture, les remèdes qui nous soulagent dans nos maux, naissent, comme nous l'avons déjà dit plus haut, d'une Graine qui a beaucoup d'analogie avec l'œuf qui produit l'animal ovipare. (1) Cette Graine, que l'on nomme aussi Semence, est la partie essentielle du fruit; elle ren-

---

(1) On appelle Ovipares les animaux qui se reproduisent par des œufs, comme les Oiseaux.

ferme le germe, le principe d'une plante nouvelle, qui, dans la suite, doit être parfaitement semblable à celle qui lui a donné naissance.

Pour se former une juste idée de la Semence, il faut d'abord la considérer à l'extérieur, et ensuite en examiner l'organisation interne. Toutes les Semences, de quelqu'espèce qu'elles soient sont recouvertes d'une première enveloppe qu'on nomme le *testa* ; elles ne présentent à l'extérieur qu'une seule ouverture qui correspond à l'ombilic. (1)

Les Semences varient infiniment entr'elles, soit dans leur forme et leur surface, soit dans leurs accessoires, leur nombre, leur grandeur ou leur couleur.

Il est des Semences Globuleuses (d'une forme sphérique); Arrondies (qui approchent de la forme sphérique); Orbiculaires (qui sont à peu près rondes); Ovoïdes (dont la forme approche de celle d'un œuf); Oblongues (qui sont plus longues que larges); Scobiformes (semblables à de la limaille de fer); Cylindriques (arrondies sans angles dans toute leur longueur); Claviformes (en massue); Anguleuses (qui ont des angles dans leur contour); Cordiformes (de

---

(1) On a donné le nom d'Ombilic à cette espèce de petite cicatrice qui paroît imprimée sur l'enveloppe extérieure de toutes les graines, mais qui est bien plus sensible dans les pois, les fèves et les lupins. De cette cicatricule, le cordon ombilical communique avec l'embryon dans l'intérieur de la graine, et lui porte la nourriture nécessaire pour son développement.

forme ovoïde, échancrées à leur base); Réniformes
(en forme de rein); Planes (lorsque les deux surfaces sont aplaties et parallèles dans leur étendue);
Turbinées (lorsqu'elles ressemblent à une toupie);
Comprimées (plus ou moins aplaties sur les côtés);
Echancrées (marquées, sur leurs bords, d'une entaille
profonde); Filiformes (grèles et alongées comme un
fil); Acuminées (terminées par une pointe aiguë);
Obtuses (terminées par une pointe mousse); Nues
(qui ne sont poiut contenues dans un péricarpe);
Couronnées (lorsqu'elle sont chargées du calice propre de la fleur); Aîlées (munies, sur leurs côtés,
d'une membrane saillante); Aigrettées (surmontées
d'une espèce de panache ou de plumet); Marginées
(lorsque leur bord et garni d'échancrures peu profondes); Chevelues (tapissées de nombreuses petites
fibres.)

La surface extérieure de la Graine, que l'on nomme
l'Epiderme, varie aussi suivant les espèces différentes :
on la dit Luisante (lorsqu'elle est lustrée et comme
vernissée); Glabre (lorsqu'elle n'a ni poils, ni glandes,
ni aucune espèce d'excroissances); Echinée (quand
elle est couverte de piquans); Scabre (lorsque sa
surface, semée de tubercules, est rude au toucher);
Ridée ou Rugeuse (lorsqu'elle est garnie d'espèces de
ramifications saillantes); Striée (quand elle est chargée longitudinalement ou transversalement de stries
membraneuses); Sillonnée (si elle est creusée par des
excavations longitudinales); Hérissée (munie de poils
rudes plus ou moins nombreux); Vêtue (recouverte
de poils mous); Laineuse (lorsqu'au toucher elle a

(10)

de l'analogie avec de la laine.) (1) (*Voyez* la pl. Iere.
fig. I.)

Le nombre des Semences paroît assez constamment le même, dans les même espèces de plantes.
Il est des végétaux qui n'en produisent jamais qu'une
seule ; d'autres toujours deux ; ceux-ci quatre, ceux-
là plusieurs, et enfin d'autres en fournissent un très-
grand nombre. Mais il y a une différence sensible
dans leur grandeur respective, considérée depuis
l'amande du Cocotier, par exemple, jusqu'aux graines
du Politric.

La couleur des Semences est aussi très - différente,
suivant les disverses espèces de plantes qui les portent.
Il en est de blanches, de rouges, de vertes, de bleues,
de jaunes, de brunes, de noires, etc., et plusieurs
sont encore agréablement variées par des nuances de
ces diverses couleurs.

Au-dessous de la première membrane, ou de la
membrane extérieure de la Semence, la nature en a
placé une seconde, qui paroît n'être autre chose que
l'épanouissement du cordon ombilical : c'est dans
l'intérieur, et sous cette seconde enveloppe, qu'est
contenue une substance de nature farineuse, à laquelle

---

(1) Ce que je viens de dire des Graines, soit par rapport
à leur forme, soit relativement à leur surface ou à leurs accessoires, pouvant s'apliquer à la plupart des racines, des
feuilles, des étamines, des pistils, etc., je me dispenserai
de le répéter, lorsque je traiterai ces différentes parties ; je
les noterai seulement d'un astérique, qui indiquera qu'on
doit recourir au chapitre des *Semences.*

(11)

les botanistes ont donné le nom d'*Albumen* ou de *Périsperme*: elle est destinée à servir de première nourriture à l'enfance de l'Embryon, qu'elle environne ordinairement de toutes parts.

L'Embryon (1), que l'on peut comparer au fœtus des animaux, est composé de trois parties principales; savoir, de la Radicule, de la Plumule et des Cotylédons, lorsque la Graine doit produire une plante à plusieurs Cotylédons; car si la Semence est mono-cotylédone, alors elle ne produit qu'un seul lobe séminal, ou un seul Cotylédon.

La Radicule est le rudiment des petites racines de l'Embryon, destinées à aller puiser, dans le sein de la terre les sucs propres à la nourriture et au développement du végétal. La Radicule est diamètralement opposée à la Plumule; c'est elle qui s'échappe la première des enveloppes de la Graine. Sa forme approche de celle d'un petit bec qui sort des lobes et qui est toujours couché sur la ligne qui les unit.

La Plumule, qui est la partie supérieure de l'Embryon, est destinée à sortir de terre et à s'élever vers le ciel : c'est un groupe, un assemblage en miniature de la tige et des feuilles, qui, en se développant successivement, formeront avec le temps un végétal souvent d'une étendue considérable. La Plumule se termine par un petit rameau semblable à une plume.

---

(1) Il est des Embryons, tels que ceux du Seigle, qui sont susceptibles de germer après cent ans, tandis que ceux de l'Angélique peuvent devenir inféconds par le seul contact de la main qui les recueille.

(12)

Les Cotylédons, ou Lobes séminaux, sont deux
corps, extérieurement convexes, appliqués l'un sur
l'autre par leur surface interne : ils n'adhèrent entre
eux que par un point commun; ils tiennent toujours
à l'Embryon d'une manière étroite, et en font une
partie intégrante; ce sont eux qui en entretiennent
et en augmentent les principes de la vie végétale.
(*Voyez* en la forme, planche 1ere., fig. I, II, III
et IV.)

Quand une chaleur douce vient s'amalgamer avec
une suffisante quantité d'air et d'eau, une première impulsion donne un premier mouvement, réveille, pour
ainsi dire, l'Embryon, jusqu'alors inactif dans la
Graine, et dès ce moment la Plantule (1) commence
à jouir d'une vie active, et la germination a lieu.
L'enveloppe de la Graine se gonfle bientôt; elle se dilate, et l'humidité, la chaleur et l'air, pénétrant, au
moyen de l'Ombilic, dans son intérieur, en délayent
la substance farineuse qu'ils convertissent en une espèce de bouillie laiteuse qui doit servir de première
nourriture à la jeune plante, et concourir à son développement. C'est alors que les Cotylédons, plus particulièrement imbibés de cette même bouillie, deviennent, pour la jeune plante, ce qu'est la mamelle pour
les jeunes animaux.

Peu de temps après, la Radicule, imbue de ce
même fluide nutritif, croît, s'alonge, et va chercher,
parmi les substances inorganiques, les sucs analogues
à la nourriture qui lui conviennent. Devenue plus

---

(1) La Plantule et l'Embryon sont deux mots synonymes.

vigoureuse, elle transmet à la Plantule des alimens plus abondans qui hâtent son développement, et en font une petite tige déjà garnie de feuilles ; et c'est ordinairement à l'époque de l'apparition des feuilles que les Cotylédons , après avoir satisfait aux vœux de la nature, qui les avoit destinés aux fonctions de première nourrice de la Plantule naissante , se flétrissent, tombent, se dessèchent et meurent.

CHAPITRE III.

De la Racine et de la Tige.

L A *Racine* , première production de la Semence, est cet organe qui est situé à l'extrémité de la plante, qui croît en sens inverse de la tige, et qui s'alonge toujours le plus dans les commencemens de la végétation.

Les Racines, que la nature a destinées à pomper l'humidité de la terre, et à recueillir, dans ses entrailles, les fluides nécessaires à l'accroissement des végétaux, sont douées d'une si grande force de succion, qu'il n'est pas rare de les voir s'alonger à travers un mauvais terrain, et souvent l'outre-passer, pour aller chercher au-delà une nourriture plus substantielle. On a vu plus d'une fois des Racines franchir un fossé, pénétrer même à travers d'une muraille solide, lorsque, de l'autre côté de ces obstacles, qui ne sont apparens que pour nous , il se trouvoit des sucs plus nutritifs (1). On conçoit que les Racines s'étendent d'autant plus, qu'elles sont situées dans un terrain plus meuble, et conséquemment plus facile à pénétrer.

Ce n'est point par le corps que les Racines pompent les sucs de la terre ; c'est toujours par les dernières ramifications de leur chevelu, dont l'extrémité de chaque brin est munie de succoirs, en forme de petites bouches. Quoique privées de sentiment et de mouvement volontaire, néanmoins les Racines des plantes évitent toujours un terrain ingrat et stérile, pour en chercher un plus gras et plus humide.

Les Racines ne sont pas seulement les organes de la nutrition des végétaux, mais elles sont encore ceux de leurs excrétions et de leur chaleur vitale. Placées dans un milieu inaccessible au froid, elles font circuler sans cesse, dans les tiges, la chaleur qu'elles empruntent des entrailles de la terre. Leurs

---

(1) Il n'est personne, sans doute, qui, ayant parcouru les montagnes, des Vosges, surtout, n'ait dû être frappé d'étonnement, en y voyant la prodigieuse quantité de sapins qui croissent sur les rochers de granit, sur lesquels leur tronc semble tout simplement placé, sans aucune apparence de terre ; mais en y regardant de plus près, on voit que cet arbre, qui a quelquefois un pied de diamètre sur cent d'élévation, n'est soutenu que par une seule racine, qui a traversé une fissure d'un pouce ou de deux de largeur, pour aller chercher, au-dessous du rocher qui lui sert de base, la terre végétale, des sucs de laquelle elle alimente ce tronc, et dans laquelle commencent ses premières ramifications, qui se divisent ensuite à l'infini.

excrétions sont souvent marquées, sur le sol qui les environne, par une couche qui paroît plus onctueuse, et par une couleur ordinairement plus foncée que partout ailleurs. Ce n'est pas là où se bornent les fonctions importantes des Racines, par rapport aux végétaux; elles leur servent encore de point d'appui et de tuteur contre la fureur des vents, qui, sans leur secours, ne manqueroient pas de les renverver.

Toutes les Racines n'ont ni la même durée, ni la même direction, ni la même forme, ni la même couleur. Les unes naissent et meurent dans la même année; (on nomme celle-ci *annuelles*) les autres subsistent deux ans; (on les appelle *bisannuelles*.) Il en est de *vicaces*, et ce sont celles qui, quoique leur tige périsse chaque année, se conservent néanmoins sous terre, et reproduisent, durant plusieurs années, de nouvelles tiges au printemps, qui disparoissent toujours aux approches de l'hiver; il en existe enfin de ligneuses, qui subsistent quelquefois pendant plusieurs siècles, et qui ne périssent qu'avec les vieux troncs d'arbres dont elle ont soutenu la cîme antique dans les nuës. (On a donné à ces dernières le nom de *fruticeuses*.)

Il est des Racines qui se dirigent, en pivotant, perpendiculairement dans la terre; d'autres y sont obliques; celles-ci sont horizontales, et celles - là sont rampantes ou traçantes. On voit des plantes dont les Racines, comme celles des Lichens et des Mousses, s'attachent aux corps les plus durs, tels que les pierres; d'autres, comme la Lenticule d'eau, nagent à sa surface, sans adhérer à la terre par leurs Racines; il en est d'autres enfin, qui, comme l'Eponge d'eau douce, semblent être absolument privées de Racines, tandis que la Truffe paroît en être totalement composée.

L'épiderme, qui recouvre les Racines, affecte diverses couleurs, suivant celles des sucs qu'il reçoit de l'écorce de la tige. Quoique le plus grand nombre des Racines soient blanches, on en voit cependant de jaunes, de rouges, de brunes, etc.

Les Botanistes distinguent trois espèces de Racines; savoir, la Bulbeuse, la Tubéreuse et la Fibreuse.

La Racine bulbeuse, que l'on appelle aussi Oignon ou Bulbe, est d'une substance tendre et succulente : elle affecte une forme arrondie ou ovale ; elle est composée de plusieurs tuniques placées en recouvrement les unes sur les autres, et se termine inférieurement par un bourrelet charnu, d'où part une multitude de petites racines fibreuses.

On distingue plusieurs espèces de Bulbes; les unes, que l'on nomme *solides*, sont d'une substance ferme et charnue, comme celles de la Tulipe; les autres, *écailleuses*, sont composées de membranes épaisses, comme dans le Lis. Celles que l'on appelle Tuniquées sont, en effet, formées par plusieurs tuniques qui s'emboîtent les unes dans les autres, comme celles de l'Oignon commun ou de l'Ail. D'autres, enfin, prennent la dénomination d'*articulées*, parce qu'effectivement elles sont composées de plusieurs portions charnues, comme celles de la Saxifrage granulée.

La Racine tubéreuse est un corps arrondi, solide et charnu, d'où partent de petites racines fibreuses, comme dans la Pomme-de-Terre.

Cette espèce de Racine prend des dénominations différentes, suivant la différence de ses formes. On la dit Globuleuse (lorsqu'elle est un peu sphérique, comme le Navet); Grumeleuse (lorsqu'elle est disposée par grumaux adhérens entr'eux, comme les Griffes de Renoncules); Noueuse (lorsqu'elle forme des nœuds réunis ensemble par des filets, comme celle de la Filipendule); Fasciculée (lorsqu'un grand nombre de ses portions partent d'un centre commun, et s'alongent, comme celle de l'Asphodèle jaune); Palmée (quand ses portions charnues se divisent en lobes, comme dans quelques espèces d'Orchis.)

La Racine fibreuse, enfin, est celle qui est composée de plusieurs jets longs, filamenteux et fibreux, comme dans le Plantin lancéolé.

Pour se faire une juste idée de la Racine fibreuse, il faut la considérer sous deux points de vue; savoir, quant à sa forme, et quant à sa direction.

Si on considère la Racine fibreuse, quant à sa forme, on la nommera Simple (lorsqu'elle ne présentera aucune division, comme celle du Lin); Rameuse (quand elle se partagera en plusieurs branches collatérales, comme celles des Arbres); Fusiforme (lorsqu'alongée, elle sera épaisse dans son sommet, et ira ensuite en diminuant insensiblement de grosseur vers son extrémité, comme la Carotte); Tronquée (lorsque son extrémité, au lieu de se terminer en pointe, paroîtra comme si elle étoit tronquée : telle est celle de la Scabieuse des bois.)

Si l'on fait attention à la direction de la Racine

(18)

fibreuse, on la nommera Pivotante (lorsqu'elle s'en-
foncera perpendiculairement dans la terre, comme la
Rave ou la Carotte); Rampante ou Traçante (lorsque, s'étendant dans une direction horizontale, comme
celle du Fraisier, elle jettera des brins de tous côtés);
enfin, Horizontale (quand, au lieu d'être enfoncée
perpendiculairement dans la terre, elle en suivra la
surface, comme celle de l'Iris.) (*Voyez*, sur les différentes espèces de Racines, la pl. 1re., fig. V, jusqu'à
la XXII.)

La Tige est cette partie du végétal qui part de sa
racine, repose immédiatement sur elle, et s'élève, en
sens contraire, au-dessus de la terre ; c'est elle qui
porte les branches, les feuilles, les fleurs et le fruit.
On distingue quatre espèces de Tiges ; savoir, la Tige,
proprement dite, le Tronc, la Hampe et le Chaume.

La Tige, proprement dite, est ligneuse ou herbacée. Celle qui est ligneuse, comme dans les arbustes
et les arbrisseaux, sans avoir la consistance et la fermeté du Tronc, est cependant composée d'une quantité de bois suffisante, pour avoir la force de vivre
pendant plusieurs années. La Tige herbacée, au contraire, est celle qui n'a que la consistance molle des
herbes, et qui ne subsiste guère que l'espace d'une ou
de deux années. (1) (*Voyez* la pl. 1re., fig. XXIII.)

Presque tous les végétaux herbacés ont des Tiges :

____

(1) On est quelquefois embarrassé, lorsqu'il s'agit de distinguer les arbres d'avec les arbrisseaux, parce que les uns et
les autres ont leur tronc ligneux ; mais nous pensons, avec un
savant Botaniste moderne, l'estimable *Mirbel*, que toutes les

cependant, il s'en trouve qui en sont dépourvus, et alors leurs feuilles et leurs fleurs partent immédiatement du collet (1) de la racine : on les nomme, pour cette raison, Sessiles, comme qui diroit assises immédiatement. (*Voyez* la pl. Ire., fig. XXIV.)

Le Tronc est cette Tige ligneuse, solidement forte, des grands arbres qui s'élèvent dans les nuës, y étendent leurs branches, et enfoncent profondément leurs Racines dans la terre, tels que le Cèdre, le Chène, le Hètre, etc. Le Tronc est ordinairement composé d'une épiderme, d'une écorce épaisse, qui se gerce et se sillonne dans la vieillesse, d'une couche corticale ou du Liber, de l'Aubier ou bois imparfait, et d'un bois parfait, au centre duquel est renfermée la moélle, comme dans une espèce d'étui. (*Voyez* la pl. Ire., fig. XXV.)

La Hampe est une Tige foible, une espèce de pédoncule (queue) perforé dans toute sa longueur, qui n'est garni de feuilles qu'à sa base ; c'est-à-dire, immédiatement au-dessus de sa Racine, et qui en est dépourvu dans toute sa longueur ; son sommet seul porte une fleur, comme dans le Pissenlit. (*Voyez* la pl. Ire., fig. XXVI.)

Le Chaume diffère de la Hampe en ce que, quoi-

plantes ligneuses, qui, généralement parlant, ne s'élèvent pas à la hauteur de vingt pieds, et dont l'écorce n'est pas très-épaisse et gercée, sont des arbrisseaux.

(1) On donne le nom de Collet à la séparation immédiate qui se trouve entre la racine et la tige, ou le tronc des végétaux ; il se fait souvent remarquer par une espèce d'étranglement ou de rebord.

qu'il soit creux comme elle, il est de plus garni, de distance en distance, de nœuds qui portent des feuilles, que l'on nomme Engaînantes; c'est-à-dire, des feuilles dont l'attache, que l'on pourroit ici considérer comme une espèce de pétiole, (la queue des feuilles) forme une gaîne qui entoure la tige; telles sont les feuilles et les tiges du Bled et de l'Avoine. (*Voyez* la pl. Ire., fig. XXVII.)

Toutes les espèces de Tiges, en général, reposent immédiatement sur le sommet de la Racine, et le lieu de l'insertion de l'une avec l'autre, se nomme le Collet, ainsi que nous venons de le dire.

Les Tiges varient entr'elles par la forme, la consistance; la nature, la composition, la direction, la couleur, la surface, etc. (1)

CHAPITRE IV.

De la disposition différente des Tiges et de leurs divers appendices.

Quoique la plupart des Tiges s'élèvent et se dirigent vers le ciel, en se soutenant, dans cette situation, par leur propre force, il s'en trouve cependant

---

(1) Pour ne point outre-passer les limites d'un livre élémentaire, je renvoie, avec inclination pour ces variétés des Tiges, à la *Nomenclature Méthodique*, ou savant *Dictionnaire de Botanique*, de *Ventenat*, qui est un ouvrage important, et même indispensable, pour un jeune élève, comme pour ceux qui sont déjà initiés dans la science.

qui rampent sur la terre , ou qui ne peuvent quitter cette humble posture, pour s'élever , qu'en s'entortillant autour des corps qui les avoisinent. De ces dernières, les unes se roulent constamment du même côté, de gauche à droite, par exemple, et les autres toujours de droite à gauche. On voit , parmi elles, d'autres espèces qui se contournent indifféremment, tantôt d'un côté et tantôt de l'autre. On a donné à ces sortes de plantes le nom de Volubiles. (*Voyez* pl. IIe., fig. Ire.)

D'autres encore, non moins foibles que celles - ci, n'ont pas, comme elles, la faculté de s'entortiller autour de ce qui les avoisine ; mais la nature les a pourvues d'espèces de petites racines qui garnissent leurs tiges et leurs rameaux, au moyen desquelles nous les voyons grimper et tapisser les rochers escarpés, les maisons, ainsi que le tronc crévassé des arbres antiques et sourcilleux. On a donné à ces espèces de racines le nom de Griffes : telles sont celles du Lierre grimpant.

Il s'en trouve d'autres, enfin , dont la foiblesse ne se soutient que par le secours de Mains ou de Vrilles, avec lesquelles elles embrassent les objets qui doivent leur servir de point d'appui. Ces Mains ou ces Vrilles sont des productions minces , filamenteuses et flexibles, qui partent de la tige ou bien des feuilles de certains végétaux, comme dans la vigne et dans quelques plantes légumineuses. Ces mêmes Mains saisissent les corps et s'attachent à ceux qui se trouvent à leur proximité, en s'entortillant autour d'eux. (*Voy*. la pl. IIe., fig. II , et son explication.)

Ce ne sont pas là les seuls appendices dont la nature a pourvu les végétaux ; elle leur en a départi d'autres encore, auxquels on a donné les noms de *poils*, de *glandes*, d'*aiguillons*, de *pointes* ou d'*épines*. (*Voyez* la pl. IIe., fig. III et IV.)

1°. Les *poils*. Les Poils sont, pour les plantes, des tuyaux excrétoires, d'où il suinte des liqueurs de nature différente ; les unes sont douces, et les autres sont acides. Celles-ci sont insipides, et celles-là sont corrosives. Il y en a d'incolores, et d'autres qui sont colorées ; il s'en trouve de limpides et de visqueuses, de chaudes et d'humides, etc.

C'est ordinairement sur la superficie de certaines parties des végétaux que sont placés les poils ; dans les uns, néanmoins, ils ne se trouvent que sur les feuilles ; dans les autres, ils sont seulement disséminés sur les pédoncules, (la queue des fleurs) ou sur les pétioles ; (celle des feuilles) dans quelques-uns, enfin, ils sont répandus sur la surface de toutes les parties de la plante.

Toutes ces différentes espèces de Poils sont plus ou moins longs, plus ou moins rudes, plus ou moins serrés les uns contre les autres. Il y en a qui se trouvent dans une direction perpendiculaire, tandis que d'autres sont placés horizontalement ; les uns sont cylindriques, et les autres subulés (linéaires à leur origine, et terminés, à leur sommet, par une pointe aiguë.) Tons ne sont pas sans divisions : il y en a bien, à la vérité, quelques-uns qui sont simples, mais il y en a d'autres aussi qui sont bifurqués, trifurqués, etc., (partagés en deux, en trois, etc.) dans leur longueur. Ceux-ci ont leur sommet crochu comme des hameçons, qui quelquefois sont simples, et d'autres fois doubles ; ceux - là , enfin , sont garnis , dans leur longueur , d'autres petits poils collatéraux, tantôt simples , et tantôt partagés en plusieurs parties.

Tous les Poils que l'on voit sur les diverses parties des végétaux, ne sont donc pas de même nature ; c'est pourquoi nous en distinguons de six espèces ; savoir, le Poil, proprement dit , le Crin , le Poil soyeux, la Laine , le Coton et le Duvet.

Le Poil, proprement dit, est celui qui a une certaine fermeté, une telle consistance, qu'il rend rude au toucher la plante, ou les parties de la plante qui en sont pourvues : tel est celui que l'on trouve sur la Buglosse et la Bourache.

Le Crin est un poil plus roide encore, quoique grêle, que l'on rencontre sur quelques espèces de plantes , telles que les Orties, et dont la fermeté approche de celle des soies de cochon.

Le Poil soyeux est ce duvet mol , serré et luisant comme de la soie, que l'on voit sur les feuilles de l'Argentine.

La Laine est cette espèce de coton , un peu rude au toucher cependant, qui est disséminé sur les feuilles du Bouillon-Blanc.

Le Coton est un duvet blanc , moëlleux, serré et doux au toucher, qui est répandu sur le Peuplier-Blanc.

Le Duvet, enfin, est ce poil doux et velouté, ordinairement très-court, plus moëlleux encore que le coton, et qui recouvre la peau de certains fruits, comme celle des Pêches.

2°. Les *glandes*. Ce sont des espèces de mamelons ovales ou arrondis, sessiles, (sans pétiole) ou stipités (avec un pétiole), des sortes de protubérances ou d'épanouissemens du tissu cellulaire, (1) qui sont autant d'organes secrétoires, (2) contenant ou des gommes, ou des résines, ou des huiles, ou enfin des sucs aromatiques de saveurs différentes. Les Glandes ne sont pas placées sur les feuilles seulement, il s'en trouve aussi sur le calice, et même sur les onglets des pétales, (feuilles colorées des fleurs.) Il y a des Glandes miliaires, des Glandes globulaires, de lenticulaires, de vésiculaires, d'utriculaires, de cyatiformes, etc.

Les Glandes miliaires sont ces petits points nombreux que l'on voit ramassés et serrés les uns contre les autres, sur les feuilles du Pin, du Sapin, du Cyprès, etc.

Les Glandes globulaires sont cette quantité innombrable de petits globules brillans et sphériques, que l'on aperçoit, surtout lorsque le soleil les frappe de ses rayons lumineux, sur plusieurs espèces de Sauges, sur les Arroches, etc.

Les Glandes lenticulaires sont ces foibles éléva-

---

(1) Le Tissu cellulaire est un réseau formé par des fibres qui, en se croisant en sens divers, laissent entre les mailles qu'elles produisent une série de vides ou de petites cellules.

(2) On a donné le nom de Secrétoires aux organes qui, dans les plantes comme dans les animaux, sont destinés par la nature à la filtration de certaines humeurs.

tions, ordinairement arrondies, en forme de petites lentilles, que l'on découvre sur certaines feuilles, telles que celles de l'Orme, et qui les rendent rudes au toucher.

Les Glandes vésiculaires sont ces petites vessies colorées, transparentes et plus ou moins saillantes, que l'on distingue, même à l'œil nu, sur les feuilles du Mille-Pertuis et sur celles de l'Oranger, dont elles semblent former une sorte de crible.

Les Glandes utriculaires sont ces apparences de petits glaçons lucides et diaphanes, qui sont placés en grand nombre sur les feuilles et surtout sur les tiges du Mésembryenthème glacial.

Les Glandes cyatiformes, ou en godet, sont celles qui sont ordinairement concaves en-dessus, et qui imitent assez bien une petite soucoupe, comme dans plusieurs plantes chicoracées.

On conçoit, sans doute, que l'œil nu ne peut que difficilement apercevoir la plupart de ces glandes, et que, plus difficilement encore, il peut en saisir le nombre, la figure, la situation et la différence : mais pour les distinguer et en saisir la forme, on a recours ou au microscope, ou au moins à une forte loupe.

3°. Les *Aiguillons*. Les Aiguillons, de même que les Pointes et les Epines, sont des productions aiguës qui prennent naissance sur les tiges, comme sur les branches, sur les feuilles et même sur le calice de plusieurs espèces de végétaux. Il y en a de simples et de composés, de solitaires (qui sont seuls), de géminés, de ternés, de quaternés (qui sont deux, trois ou quatre), de verticillés, etc., (qui sont disposés en forme d'anneau autour de la branche). La différence qui existe entre les Aiguillons et les Pointes, ou Epines, c'est que les premiers ne sont produits que par l'écorce seulement, sans adhérer au bois, en sorte qu'on peut facilement les enlever, sans pour cela blesser le végétal, comme on fait des Aiguillons du rosier. Les Pointes ou Epines, au contraire, tirent leur origine du bois même et font corps avec lui, de manière qu'il est impossible de les en extraire sans entamer l'arbre ou l'arbrisseau qui en est garni.

CHAPITRE V.

Des Branches ou Rameaux, et de leur correspondance avec les Racines.

LES branches ou rameaux ne sont autre chose que la division du tronc ou de la tige, dont elles ne diffèrent que parce qu'elles sont plus foibles. On pourroit, ce me semble, regarder les Branches comme des plantes particulières, dont les racines, au lieu d'être fixées dans la terre, le sont sur un sol ligneux, et qui doivent leur origine aux fluides qui pénètrent ce même sol intérieurement et les poussent hors de la tige sous une première forme, qui est le bouton.

Roger Schabol, cet observateur infatigable des opérations de la nature, distingue, dans sa *Pratique du Jardinage*, cinq espèces de Branches dans les arbres fruitiers; savoir : les Branches à bois, les Branches à fruit, les Branches à faux bois, les Branches gourmandes, et les Branches chifonnes.

Les Branches à bois sont celles qui ne produisent que du bois : on les distingue en ce que leur surface est lisse, et qu'elles ploient très-facilement sans se rompre.

Les Branches à fruit sont celles qui, contrairement aux précédentes, se rompent facilement lorsqu'on les ploie : ce sont elles qui donnent des fleurs et qui portent des fruits.

Les Branches à faux bois sont celles qui, quoique ressemblant, quant à leur extérieur, aux Branches à bois, en diffèrent néanmoins sensiblement, en ce que n'étant pas, comme elles, insérées dans le bois même, mais seulement dans l'écorce, leur existence ne peut être, et n'est jamais, en effet, de longue durée.

Les Branches gourmandes peuvent être rangées, à juste titre, parmi les plantes parasites, puisque ce n'est jamais qu'aux dépens des branches utiles qu'elles traînent une existence qui, heureusement, n'est jamais de longue date; car leurs racines, si je puis m'exprimer ainsi, ne sont jamais qu'implantées dans l'écorce, comme celles des Branches à faux bois. On ne doit donc point s'étonner de leur prompt accroissement, puisque leur base, qui s'appuie sur d'autres branches, y fait l'office d'une bouche énorme qui en absorbe toute la substance : c'est par ce moyen qu'elles épuisent, en peu de temps, toutes les ressources de leur existence, et que, bientôt, affamées elles-mêmes, elles périssent d'inanition.

Les Branches chifonnes enfin, sont celles qui,

quoiqu'aussi peu durables que les Gourmandes, ne laissent pas que d'être au moins inutiles aux arbres vigoureux, et très-nuisibles à ceux qui sont foibles, par la raison qu'elles attirent à elles, pour se les approprier aux dépens de l'arbre qui les nourrit, les sucs propres qui sont nécessaires pour son existence et son développement.

Ce seroit un paradoxe de nier la correspondance intime et réciproque qui existe entre le tronc et les tiges, les branches et les racines, puisque ce seroit douter que ces dernières eussent été destinées par la nature à aller fouiller dans le sein de le terre afin d'y puiser les sucs indispensablement nécessaires à la végétation, et qui, par leur secours, se distribuent d'abord dans le tronc ou la tige, et de là passent dans les branches ou rameaux, puis de ceux-ci ils sont introduits jusque dans les feuilles.

Mais ce qu'il y a de plus admirable dans cette Correspondance mutuelle entre toutes les parties du végétal, c'est que, depuis les savantes expériences plus d'une fois répétées par les *Halé*, les *Bonnet* et les *Duhamel*, aucun botaniste ne doute aujourd'hui que les feuilles ne soient des organes qui pompent et qui aspirent les vapeurs de l'atmosphère, pour les faire passer à toutes les parties de la plante, au moyen des branches, de la tige ou du tronc, jusque dans les Racines mêmes. Il est donc facile de concevoir, après cela, qu'il existe dans les végétaux une vraie circulation de sève qui est portée alternativement des racines aux branches et *vice versâ* des branches aux racines.

On peut donc conclure que les Racines dans la terre sont au tronc, à la tige, comme aux branches, ce que les feuilles, dans l'air et placées à leur sommet, sont aux uns et aux autres, et qu'il existe entre tous des rapports d'une correspondance intime: si on en exigeoit la preuve, il me suffiroit de renvoyer à l'expérience qui a appris que si l'on coupe quelques branches considérables d'un arbre, les racines qui y correspondent ne tardent pas à souffrir de cette opération, et qu'elles périssent le plus souvent. La même expérience a fait connoître aux agronomes que la chute ou le dépouillement prématurés des feuilles occasionnoient le dépérissement du chevelu des Racines, et réciproquement que celui des Racines opéroit celui des Feuilles.

Les Branches ou Rameaux prennent différentes dénominations, soit par rapport à leur situation, soit relativement à leur direction.

Quant à leur situation, on les nomme Alternes (lorsque placées l'une du côté d'une tige et l'autre du côté opposé, elles s'élèvent alternativement et forment des espèces de degrés); Opposées (lorsqu'elles sont placées vis-à-vis l'une de l'autre sur deux points diamétralement opposés); Eparses (lorsqu'elles sont situées çà et là sans ordre); entassées (lorsqu'il s'en trouve une grande quantité rapprochée l'une de l'autre par leur base); Distiques (lorsqu'elles sont disposées sur deux rangs seulement et qu'elles se rejettent sur les côtés); Verticillées. *

Les Branches, considérées relativement à leur direction, se nomment Droites (lorsqu'elles s'élèvent dans une direction perpendiculaire à l'horizon);

Courbées en dedans ou en dehors (lorsqu'elles se penchent d'un côté ou de l'autre et forment une espèce d'arc); Horizontales (lorsque, dans toute leur étendue, elles sont parallèles à l'horizon); Ouvertes (lorsqu'elles forment avec la tige un angle plus ou moins aigu); Ecartées (lorsqu'elles forment avec la tige un angle droit); Déclinées (lorsqu'étant un peu abaissées, elles se relèvent à leur extrémité et décrivent une espèce d'arc); Fastigiées (lorsqu'elles sont terminées par plusieurs rameaux égaux en hauteur); enfin Diffuses (lorsqu'elles sortent de tous côtés de la tige en s'étendant horizontalement.)

CHAPITRE VI.

Idée générale de l'organisation , soit extérieure , soit intérieure, des plantes herbacées et des plantes ligneuses.

LES tiges , les branches , comme les feuilles des herbes , sont formées , ainsi que leurs bractées leurs stipules, etc., de deux membranes, dont l'une est en dessus et l'autre en dessous. Ces membranes, que l'on nomme l'Epiderme, sont ordinairement lisses, polies et luisantes; elles contiennent intérieurement le Tissu herbacé, qui est une substance lâche , cellulaire et presque toujours verte ; je dis presque toujours, car dans certains végétaux elle affecte d'autres

couleurs. Ce Tissu, qui contient dans le plus grand
nombre des végétaux une substance résineuse, est
donc placé immédiatement dessous et entre les deux
Epidermes, qui lui servent comme de protecteurs,
en le mettant à l'abri des injures de l'air et en s'op-
posant, par là, à son desséchement.

Le tronc et les branches des plantes ligneuses sont
également revêtus d'une Epiderme et d'un Tissu herbacé; mais, comme ils sont, plus qu'aucune autre
partie, exposés à l'action continuellement variée de
l'air atmosphérique, le Tissu herbacé se dessèche
plus promptement, et bientôt il lui succède une autre
couche qui pousse la première à l'extérieur; celle-ci se
desséchant de même, est également repoussée par une
couche nouvelle, et c'est ainsi que se forme, dans les
arbres antiques surtout, cette écorce dure, déchirée
et raboteuse que nous remarquons sur leur tronc.

Le suc ou la sève des végétaux, qui arrive des
tiges ou du tronc dans le Tissu herbacé, paroît moins
y circuler que se déposer simplement dans ses cellules,
entre les deux membranes ou Epidermes, où il s'éla-
bore, prend de la consistance et s'y convertit en
résine, ou bien en huile, suivant la nature des espèces
de végétaux qui le contiennent.

Outre le Tissu herbacé, il y a le Parenchyme,
que la plupart des élèves en botanique, et même plusieurs amateurs de cette partie intéressante, confondent
assez souvent l'un avec l'autre. Je ne craindrai donc
pas de paroître fastidieux en leur répétant que le
Tissu herbacé est cette première substance, ordinairement verte, lâche et spongieuse qui se trouve

placée immédiatement sous l'Epiderme , et qui contient souvent une substance résineuse. Le Parenchyme, au contraire , quoique composé d'un tissu également cellulaire , ne renferme ni suc vert, ni huile , ni résine ; il ne contient que des sucs aqueux et incolores qui viennent y aboutir de toutes les parties de la plante, s'y élaborer, pour filtrer ensuite dans les cellules du Tissu herbacé, afin d'y entretenir la souplesse et la fraîcheur , si nécessaires pour hâter le développement des parties du végétal. C'est immédiatement sous le Tissu herbacé que se trouve le Parenchyme; il enveloppe les filets ligneux des tiges et des branches.

Au-dessous du Parenchyme, on trouve le Liber, ou Couches corticales, (1) qui sont en contact avec lui ; celui-ci donne insensiblement naissance à l'Aubier (2) ; il n'est point un organe parfait, puisqu'il se reproduit sans cesse, dans les plantes ligneuses, et à mesure qu'un arbre croît , soit dans son tronc , dans ses branches ou dans ses racines.

Le Liber doit son origine à la sève qui, chaque

---

(1) Liber et Couches corticales sont deux mots synonymes, ou qui signifient la même chose.

(2) Liber et Aubier sont encore, en quelque sorte, deux mots synonymes, du moins c'est la même substance , qui est communément blanche , et qui se trouve placée entre l'écorce et le bois, dans les arbres. La partie de cette substance qui approche le plus de l'écorce, et qui est la plus jeune , se nomme Liber ; l'autre partie, qui s'éloigne davantage de l'écorce, qui est la plus vieille et qui touche au bois, s'appelle Aubier.

année après avoir parcouru toute la superficie du corps ligneux , se transforme peu à peu, en un tissu organisé , dont les couches les plus intérieures se durcissent insensiblement et se changent en Aubier; puis l'Aubier, à mesure que ces couches se succèdent, se convertit en bois.

Les mêmes causes qui changent le Liber en Aubier transforment donc l'Aubier en Bois, et lorsqu'un végétal ligneux a passé ainsi successivement d'une extrême fluidité , par ces différens états , à une grande dureté , alors son Bois ne végète plus ; seulement il se recouvre , chaque année , de jeunes couches extérieures et concentriques, qui acquièrent une dureté d'autant plus grande , que ces couches approchent davantage du centre, par cette raison seule qu'elles sont les plus anciennes.

On fut long-temps persuadé et on croit encore aujourd'hui , comme il me l'a été plus d'une fois répété par des administrateurs forestiers, que l'on peut compter le nombre des années d'un arbre par celui de ses couches ligneuses concentriques. Mais ce moyen est d'autant plus fautif que, comme l'a très-bien observé le célèbre *Duhamel ,* il est un grand nombre d'arbres qui ne produisent pas une seule couche durant une année, tandis que d'autres, par des causes qui nous sont inconnues, en produisent plusieurs dans le même laps de temps.

Entre le Bois intérieur et la Moëlle , il se trouve une espèce de Liber, auquel les Botanistes ont donné le nom d'Etui tubulaire , dont le développement s'opère en sens inverse de celui du Liber extérieur;

il se dilate en s'élargissant toujours du centre vers la circonférence, tandis que le Tissu tubulaire se contracte et se ressère de la circonférence vers le centre.

Ce Liber intérieur renferme une substance composée d'un Tissu lâche à grandes cellules, dirigées, en tous sens, d'une forme cylindrique, à laquelle on a donné le nom de Moëlle. Cette Moëlle est ordinairement blanche : cependant elle est aussi quelquefois colorée, et son volume est beaucoup plus considérable dans certaines espèces d'arbres, que dans d'autres ; dans ceux-ci, elle n'existe que momentanément, et dans ceux-là elle subsiste toujours.

Quelques Botanistes ont pensé que la vie végétale des arbres dépendoit en partie de l'existence de leur Moëlle. Ils n'avoient donc pas vu, comme nous le voyons tous les jours, un grand nombre de Saules, de Chênes, etc., d'un diamètre quelquefois considérable, qui, non-seulement sont creux intérieurement, mais auxquels il ne reste souvent que la moitié ou le quart de leur tronc, et encore est-il d'une foible épaisseur, recouvert d'une écorce toute vermoulue, et néanmoins ils produisent, chaque année, des branches nouvelles, des feuilles et même des fruits ?

CHAPITRE VII.

Des Boutons, des Bulbes ou Oignons, et de la disposition des feuilles dans l'intérieur de ces corps.

On nomme Boutons certains petits corps d'une forme ordinairement conique, (semblables à un pain de sucre) qui sont composés de plusieurs écailles, placées en recouvrement les unes sur les autres, à peu près comme les ardoises d'un toit. Les Boutons se forment pendant l'été, dans les aisselles des feuilles des arbres et des arbrisseaux, et on les aperçoit, en hiver, sur leurs branches.

C'est dans l'intérieur des Boutons qu'est renfermé le germe des branches nouvelles, celui des feuilles et des fleurs, que les premiers rayons bienfaisans d'un soleil printanier font éclore et développer: ils sont, pour les uns comme pour les autres, des abris protecteurs contre la rigueur des frimas de l'hiver.

Les Boutons n'adhèrent aux branches que par un pédicule très-court, en forme de console, sur le renflement du rameau qui, l'été précédent, étoit l'attache de la feuille, dans l'insertion de laquelle, avec la branche, ils ont pris naissance.

On distingue trois espèces de Boutons; savoir: le Bouton à Bois ou à Feuilles, qui est ordinairement alongé , mince et pointu ; le Bouton à Fleurs ou à Fruits, qui est plus court et plus gros que le précédent ; et enfin le Bouton mixte , qui est celui qui produit des fleurs et en même temps des feuilles (1) (*Voyez* planc. II , fig. V.)

La forme , la disposition , la situation, comme les enveloppes des Boutons, sont différentes, suivant la différence des espèces de végétaux qui les portent.

Personne n'ignore que l'on peut détacher un Bouton d'un arbre, sans que celui-ci en éprouve la moindre incommodité ; qu'on peut même, au moyen de la greffe, le transférer sur un autre arbre, pourvu néanmoins qu'il se trouve entr'eux de l'analogie , et l'expérience journalière nous apprend que ce Bouton, ainsi transplanté sur une tige qui lui est étrangère, y végète et y produit les mêmes branches, les mêmes feuilles et les mêmes fruits que ceux de l'arbre d'où il a tiré son origine.

Les écailles qui forment les Boutons sont de petites membranes creusées en cuilleron , dont l'ensemble et

____

(1) Une observation importante de M. *Ramatuel*, qui nous a été transmise par M. *Ventenat*, dans son excellent *Dictionnaire de Botanique*, pag. 48 , nous a parù trop intéressante pour la passer sous silence. « Les plantes exotiques, » dit-il , qui ont des boutons écailleux aux aisselles des » feuilles, et qui en ont aussi au sommet des tiges , peu- » vent vivre en pleine terre, tandis que celles qui en ont » seulement aux aisselles des feuilles , périroient, si on ne » les élevoit dans des serres » J'ai tenté l'essai indiqué par ces auteurs , dans mon jardin, exposé à une température très-froide , et il m'a parfaitement bien réussi.

la réunion composent une espèce de petit logement, au centre duquel est placé le jeune bourgeon. Il y a des écailles extérieures et des écailles intérieures. Les premières sont ordinairemeut sèches et coriaces, elles ont cependant assez de fermeté pour résister à l'action de l'air , et pour protéger , contre ses nuisibles influences , les écailles intérieures , qui sont plus tendres et plus mollement délicates. Quelquefois les unes et les autres sont recouvertes d'un petit duvet fin et soyeux ; d'autres fois les écailles extérieures sont enduites d'une espèce de suc résineux , qui est très-sensible, surtout aux approches du développement du Bouton, dans le Maronnier d'Inde, dans le Baumier tachamaaca , etc. On conçoit que ce duvet , ainsi que ce suc résineux sont des moyeus conservateurs que la nature emploie en faveur des végétaux.

L'organisation intérieure des Boutons est semblable à celle de la plante dans la graine ou semence ; la Plumule du végétal dans celle-ci est le rameau dans ceux-là , et leur adhérence avec la tige ou la branche en est la Radicule. Plus les Boutons sont exposés à l'action de la lumière , plus vîte aussi leur développement s'opère.

Quoique les Bulbes ou Oignons ne naissent pas aux aisselles des feuilles, comme les Boutons des arbres, et que la plupart des auteurs les aient rangé parmi les racines, je suis assez de l'avis de quelques Botanistes modernes , qui pensent qu'on doit plutôt les considérer comme de vrais Boutons, que comme des Racines ; car , comme les Boutons, ils sont composés d'écailles ou de lames , de feuillets , plus charnus à la vérité, mais qui ne renferment pas moins, de même, dans leur centre, l'embryon d'une plante nouvelle, dont les tiges, les feuilles et les fleurs, ne subsistant qu'une année, ne peuvent conséquemment produire de Boutons à leurs aisselles. Les Bulbes ou Oignons sont composés d'un faisceau de feuilles qui partent du sommet de leur tige, et leur extrémité inférieure repose sur un collet ou bourrelet charnu d'où naît une multitude de racines fibreuses et perpendiculaires. (1)

Les feuilles, dans le Bouton, y sont disposées de manière que, pliées et roulées sur elles-mêmes, elles n'y occupent que le moins de place possible. Toutes les espèces de feuilles ne sont pas roulées de la même façon. Dans les individus de même espèce, elles ne varient jamais; mais dans les uns elles sont constamment roulées en dedans; dans les autres elles le sont en dehors; dans ceux-ci, elles le sont sur elles-mêmes; c'est-à-dire, que la moitié de l'une est roulée sur la moitié de l'autre, et réciproquement dans toute leur longueur; dans ceux-là, elles sont roulées en volute; c'est-à-dire, roulées en dedans, depuis leur base jusqu'à leur sommet. On distingue, dans le Bouton, non pas toujours à la vue simple, mais avec le secours du microscope, la Lame qui est la partie verte de la feuille, et le Pétiole, qui est le support de son attache à la branche, et que l'on nomme vulgairement la Queue des Feuilles.

---

(1) *Voyez* ce que j'ai dit ailleurs, ci-devant page 16, de la Racine bulbeuse.

CHAPITRE VIII.

Des Feuilles , des Stipules , des Pétioles, et de leurs formes différentes.

Les Feuilles sont des productions ordinairement aplaties et vertes , qui garnissent les tiges , les rameaux, et plus particulièrement les jeunes branches des végétaux. Les Feuilles ne paroissent être que l'épanouissement de l'écorce des plantes : leur forme est variée à l'infini , et ce sont leurs couleurs, leur nombre, et surtout la différence de leurs coupes, qui concourent à l'ornement des arbres. Elles nous préservent, durant l'été, des rayons brûlans de l'astre du jour, et semblent nous inviter à venir goûter, sous l'ombrage délicieux qu'elles procurent , un agréable repos ; elles sont , surtout, d'une nécessité indispensable pour la vie du végétal.

On distingue dans les Feuilles deux parties principales ; savoir, la Lame et le Pétiole. La Lame est , comme je viens de le dire plus haut, cette partie de la plante qui est ordinairement mince , plus ou moins longue , plus ou moins large , et presque toujours verte ; elle est souvent lisse, luisante, et quelquefois si brillante, qu'on la croiroit enduite d'un vernis. (*Voyez*, quant à la Lame , la pl. IIe., fig. VI. A.) Le Pétiole , ou la queue des feuilles, est leur attache immédiate sur les tiges ou sur les rameaux. (Pl. IIe., fig. VI. B.) Cependant, toutes les feuilles ne sont pas pourvues de Pétioles; il s'en trouve plusieurs dont la Lame naît immédiatement de la racine ou des rameaux, sans Pétiole, et dans ce cas on les nomme Sessiles. (*Voyez* la pl. IIe., fig. VI. C.)

Il n'est aucune feuille qui ne présente deux surfaces. L'une, que l'on nomme Supérieure, est celle qui regarde le ciel, et l'autre, que l'on appelle Inférieure, est tournée vers la terre. Sur la surface supérieure, on remarque des nervures qui, ordinairement, ne font point de saillies, mais qui sont seulement dessinées par un sillon, ou tracées par une nuance de couleur d'un vert différent de celui du fond de la feuille. C'est toujours cette surface supérieure qui est la plus lisse, la plus brillante et du plus beau vert. La surface inférieure, au contraire, est ordinairement d'un vert plus terne et moins foncé; quelquefois même elle est velue et comme chagrinée, mais toujours elle est inégale, à raison des nervures qui y sont en relief.

L'épiderme des Feuilles est percé d'une multitude infinie de trous qui sont plus lâches, et qui ont un plus grand diamètre sur leur surface inférieure que sur la supérieure. Ces trous, qui sont autant de pores, ne sont pas seulement des organes destinés à la transpiration du végétal, mais ils sont encore des espèces de racines, de bouches aériennes, par lesquelles la plante puise, dans l'atmosphère, les fluides qui concourent à son accroissement. On pourroit même dire que ces organes sont, aux végétaux, ce que les poumons sont aux animaux; car, dans les premiers, ils mettent la sève en contact avec l'air, comme ils exposent le sang des seconds à l'action de ce fluide.

Il existe une communication intime, une correspondance parfaite entre les parties dont les Feuilles sont composées, et celles qui constituent le corps de la tige : leurs nervures, par exemple, communiquent, au moyen de leurs grands vaisseaux, avec le tissu cellulaire extérieur de la tige, comme leur parenchyme le fait avec la couche du tissu cellulaire.

Les Feuilles, avons-nous déjà dit plus haut, varient infiniment entr'elles, soit à raison de leur arrangement, soit par rapport à leurs attaches, à leurs incisions, à leur forme, etc. Pour donc en donner une juste idée, je vais les considérer sous les différens points de vue sous lesquels la nature les offre à nos regards. (1)

1°. *Les* Feuilles, *considérées quant à leur substance.*

Toutes les Feuilles n'ont pas la même consistance ; il y en a de Membraneuses (c'est-à-dire, formées d'une substance sèche, qui paroît n'avoir point de pulpe, comme la Gesse des bois) ; de Cartilagineuses (c'est-à-dire, que leur substance semble tenir de la nature du cartilage, comme la Saxifrage cotylédone) ; de Scarieuses (c'est-à-dire, d'une substance aride et sonore au tact, comme du parchemin) ; d'Epaisses (c'est-à-dire, que leur substance est compacte, ferme

---

(1) Ce chapitre, extrêmement étendu, présente néanmoins trop d'intérêt relatif à la connoissance parfaite des végétaux, pour qu'il soit susceptible d'être abrégé.

et solide, comme dans les Aloés); de Succulentes (c'est-à-dire, outre qu'elles sont épaisses, elles sont encore remplies d'une substance tendre et succulente, comme dans l'Orpin.)

2°. *Les* Feuilles, *considérées quant à leur situation.*

Les Feuilles n'observent pas le même arrangement symétrique sur toutes les branches ou sur tous les rameaux qui en sont garnis ; il s'en trouve de Solitaires, de Géminées, de Ternées (c'est-à-dire, ou insérées seules sur la branche, ou attachées deux à deux, trois à trois, sur le même point ou sur le même pétiole); de Ramassées (lorsque leur nombre est si grand, que les rameaux ou les tiges en sont tout couverts, comme dans l'Euphorbe de Bohême); de Croisées (lorsqu'elles sont opposées alternativement sur les côtés de la tige, comme dans l'Hyssope à feuilles de Myrthe); d'Imbriquées (lorsque leur situation est telle, qu'elles se recouvrent en partie les unes sur les autres, comme les Ecailles de poissons); de Fasciculées (ce sont celles qui, comme dans le Mélèse, sortent plusieurs ensemble du même point, et forment un petit faisceau); d'Alternes, * d'Opposées, * de Verticillées, * d'Eparses * et de Dystiques. * (1) (*Voyez* la pl. II°., fig. VII, X.)

3°. *Quant à leur insertion ou à leur attache.*

L'insertion ou l'attache des Feuilles étant différente, suivant les diverses espèces de végétaux, et souvent

______

(1) Quant aux dénominations qui sont ici marquées d'un astérique, ce sont celles dont j'ai déjà donné la définition à l'article des Branches ou Rameaux, pag. 25 et 29.

dans le même individu, on a nommé, pour les distinguer, Radicales (celles qui naissent immédiatement du collet de la racine, comme le Grand Plantin); (*Voyez* pl. Ire., fig. XXIV.) Caulinaires (celles qui sont insérées immédiatement sur la tige, comme dans l'Héliotrope); (*Voyez* pl. IIe., fig. X. B.) Raméales (celles dont le pétiole est attaché sur un rameau, comme dans le Poirier); Florales (celles qui se trouvent placées dans le voisinage des fleurs, comme dans la Bugle); Pétiolées, qui est le contraire de Sessiles (celles qui tiennent à la tige par un pétiole ou queue, comme dans le Pommier); Peltées (celles dont le pétiole s'implante dans le milieu de la feuille, comme celle de la Capucine); Perfoliées (celles qui sont traversées par la tige, comme dans les Chèvrefeuilles); Confluentes (celles qui se joignent ensemble par leur base, comme les supérieures de la Potentile bifurquée); Amplexicaules (celles qui, étant sessiles, embrassent par leur base le tour de la tige, comme dans le Sceau-de-Salomon); Engaînantes (celles dont la base forme une espèce de tuyau qui entoure la tige en manière de gaîne, comme dans le Bled et l'Avoine); Connées (celles qui, étant opposées l'une à l'autre, sont néanmoins réunies par leur base, de sorte qu'elles paroissent ne faire qu'une seule et même feuille, comme dans le Chèvrefeuille des Jardins); Décurrentes (celles dont la base se prolonge sur et le long de la tige, comme dans le Bluet.)

4°. *Quant à leur direction.*

Toutes les Feuilles ne sont pas dirigées de la même

manière ; c'est pourquoi elles prennent des noms qui varient suivant leur direction différente. On les nomme Appliquées (lorsque, touchant la tige dans toute sa longueur, elles en suivent parallèlement la direction, comme dans la Protée-Prolifère); Réclinées (lorsqu'elles sont réfléchies, ensorte que leur sommet est plus bas que leur point d'insertion avec la tige, comme dans le Seneçon récliné) , Réfléchies (lorsqu'elles se renversent sur la tige sans aucune courbure, comme dans le Plantin des Indes) ; Renversées (lorsque la face supérieure regarde la terre, et que l'inférieure est dirigée vers le ciel) ; Roulées en dedans ou en dehors (lorsqu'elles sont roulées sur elles-mêmes, soit en dedans , soit en dehors) ; Obliques (lorsque le plan de chaque feuille coupe obliquement la tige, comme dans la Fritillaire de Perse) ; Submergées (lorsqu'elles sont entièrement plongées dans l'eau , comme la Renoncule aquatique); Flottantes (lorsqu'elles nagent sur l'eau, comme celles du Nénuphar); Emergées (lorsqu'elles s'élèvent à la surface de l'eau, comme la Sagittaire) ; Droites, *Ouvertes, * Horizontales , * Courbées en dedans ou en dehors. * (1)

5°. *Quant à leur circonscription.*

On trouve des Feuilles Ovales (ce sont celles qui sont plus longues que larges, arrondies à leur base et plus étroites à leur sommet, comme dans l'Apocin ooutte); de Lancéolées (ce sont celles qui,

---

(1) Ce que j'ai dit des branches ou rameaux, page 29, peut s'appliquer aux feuilles qui sont ici marquées d'un astérique.

étant oblongues, se rétrécissent insensiblement vers leur sommet, qui est pointu, et qui, en cela, imitent un fer de lance, comme celles de la Giroflée jaune); de Paraboliques (ce sont celles qui, étant plus longues que larges, vont en se rétrécissant vers leur sommet, qui est toujours arrondi, comme le Sumac des Corroyeurs); de Spatulées (ce sont celles qui, rétrécies à leur base, et élargies à leur sommet, se terminent par un bout arrondi, comme la Petite Paquerette); de Cunéiformes, ou en forme de coin (ce sont celles qui, plus longues que larges, se rétrécissent insensiblement du sommet vers la base, comme dans le Pourpier); de Linéaires (ce sont celles qui sont longues et également étroites dans toute leur longueur, comme dans le Gazon d'Espagne); de Subulées (ce sont celles qui, étant linéaires, se terminent en une pointe aiguë, comme dans le Genièvre commun); d'Acéreuses (ce sont celles qui, comme dans le Pin, sont linéaires, subulées et persistantes); de Sétacées (ce sont celles qui, comme dans l'Asperge, sont menues comme un cheveu) ; d'Orbiculaires, * d'Arrondies, * d'Ovées ou Ovoïdes, * d'Oblongues.* (1)

6°. *Quant à leurs bords.*

Les bords, de même que le corps des Feuilles, sont incisés différemment, suivant les différentes espèces de végétaux qui les portent : c'est pourquoi on dit des Feuilles qu'elles sont Entières (lorsque leurs bords ne présentent aucune dentelure, ni échancrure, comme

______

(1) *Voyez* page 8, la dénomination des Semences.

dans celles du Chèvrefeuille); Crénelées (lorsque leurs bords sont garnis de dents arrondies, comme dans la Spirée crénelée); Dentées (les unes sont dites Simplement Dentées, lorsque leurs bords sont divisés par des dents pointues, qui sont inclinées vers la base des Feuilles, comme dans l'Androsace majeure ; les autres sont appelées Dentées en Scie ou Serrées, lorsque leurs bords sont divisés par des dents aiguës, qui sont dirigées vers le sommet des Feuilles : telles sont celles du Pêcher); Ciliées (lorsque leurs bords sont garnis de poils parallèles, à peu près semblables aux cils des yeux : telles sont les Feuilles de la Bruyère de Saint-Léger); Épineuses (lorsque leurs bords sont garnis de pointes aiguës, dures et piquantes, comme celles du Houx); Cartilagineuses (lorsque la substance de leurs bords, plus ferme et plus sèche que celle de leur corps, semble tenir de la nature du cartilage, comme dans la Saxifrage des Alpes); Marginées (lorsque leurs bords sont creusés par des échancrures peu profondes, comme dans la Morelle marginée); Sinuées ou Festonnées (lorsque leurs bords sont découpés en festons arrondis, plus ou moins profonds, comme dans la Jusquiame noire); Déchirées, lorsque leurs bords paroissent avoir été déchirés, comme dans le Bec-de-Grue-Lacéré.)

7°. *Quant à leur sommet.*

Les Feuilles, considérées quant à leur sommet, se nomment Aiguës (si elles sont terminées par une pointe ou par un angle aigu, comme celles de la Patience à Feuilles pointues); Mucronées (si la pointe aiguë qui les termine, et qui forme une saillie, n'est point la suite du rétrécissement insensible du sommet de la Feuille , comme dans le Statice mucroné); Vrillées (si elles sont terminées par un filet que l'on appelle Vrille , et qui s'accroche , en s'entortillant autour des corps qui l'avoisinent, comme la Flagellaire); Emoussées (si leur sommet se termine brusquement en une pointe mousse, comme dans la Vesce cultivée); Tronquées (si leur sommet paroît coupé par une ligne transversale , comme dans le Tulipier de Virginie); Mordues (si leur sommet, étant obtus, se termine par des entailles inégales en forme de découpures ou de morsures , comme dans la Ketmie mordue); Acuminées, * Obtuses , * Echancrées. * (1)

8°. *Quant à leurs angles.*

On dit des Feuilles qu'elles sont entières ; * (2) Anguleuses (lorsque les angles qui sont à leur contour sont en nombre indéterminé , comme dans la Patte-d'Oie anguleuse); Triangulaires (lorsque leur circonférence est remarquable par trois angles saillans , comme dans celles du Bon-Henri); Deltoïdes (lorsque leur circonférence présente quatre angles, dont les deux latéraux sont plus près de la base que du Sommet, (3) comme dans le Peuplier noir); Rhomboïdes

---

(1) Ce que nous avons dit ci-devant, pag. 10, des Semences, peut ici s'appliquer au sommet des Feuilles.

(2) *Voyez* ce qui est dit ci-dessus du bord des Feuilles, page 45.

(3) On nomme Sommet des Feuilles l'extrémité opposée à leur pétiole ou queue.

(48)

(lorsqu'étant composées de quatre côtés parallèles,
qui forment quatre angles, il y en a deux d'aigus et
deux d'obtus, comme dans la Vulvaire); Trapézi-
formes (lorsqu'elles sont composées de quatre côtés
qui ne sont ni égaux, ni parallèles, comme dans le
Saule-Amandier.)

9°. *Quant à leurs sinus et à leurs lobes.*

Si on considère les Feuilles, quant à leurs sinus et
à leurs lobes, on les nomme Lunulées (quand elles
imitent un croissant ; c'est - à - dire, lorsqu'elles ont
quelque ressemblance avec la lune dans son premier
quartier, comme celles de l'Aristoloche - Bilobée);
Sagittées (lorsqu'elles sont échancrées et triangulaires
à leur base, (1) et qu'elles se terminent en pointe à
leur sommet : ce en quoi elles imitent un fer de
flèche, comme celles de la Flèche - d'Eau); Hastées
(lorsque leur base est triangulaire et échancrée, et
que les échancrures se rejettent un peu en dehors, ce
qui leur donne une sorte de ressemblance avec un fer
de pique, comme celles du Pied-de-Veau): Runcinées
(lorsqu'elles sont découpées latéralement en lobes (2)
écartés, profonds, pointus à leur sommet et recourbés
en arrière, comme dans le Pissenlit); Lyrées (lorsqu'étant oblongues et sinuées profondément, leurs
lobes inférieurs sont plus petits et plus écartés que

---

(1) On nomme la Base des Feuilles la partie qui tient ordinairement au pétiole, ou la queue.

(2) On appelle Lobes les parties saillantes du bord des
Feuilles.

(49)

les supérieurs, comme dans la Centaurée noire) ;
Penduriformes (lorsqu'elles sont à peu près conformées
comme un violon : telles sont celles de l'Euphorbe
hétérophylle) ; Sinuées (lorsque les côtés sont remarquables par plusieurs échancrures très - ouvertes et
arrondies , comme dans l'Onoporde Acanthe) ; Laciniées (lorsque les découpures des côtés sont en lanières
irrégulières et alongées , comme dans le Bec-de-Gruë
disséqué) ; Lobées (lorsque les découpures des côtés
sont fendues en plusieurs parties , dont les extrèmités
sont arrondies , comme dans le Sureau) ; Palmées
(lorsque leurs lobes profonds sont réunis par leurs
bases , et sont écartés l'un de l'autre par leurs sommets, de manière à imiter les doigts de la main ouverte ,
comme dans la Fleur de la Passion) ; Cordiformes, *
Réniformes. * (1)

10°. *Quant à leurs appendices.* (2)

Les Feuilles sont quelquefois accompagnées de productions membraneuses foliacées, placées sur les rameaux au point de leur insertion avec la Feuille, et on
a donné à ces espèces de follicules le nom de Stipules ;
lors donc que les Feuilles sont ainsi accompagnées, on
dit qu'elles sont Stipulacées, comme dans les plantes
Légumineuses. Si, au contraire, elles sont dépourvues
ou non accompagnées de ces sortes de productions ,

---

(1) *Voyez* l'article des Semences , pages 8 et 9.

(2) Ce que l'on nomme ici Appendices des Feuilles ; sont de
certaines productions foliacées qui les accompagnent.

(50)

comme dans le Cerisier, alors on dit que les Feuilles
sont Nues.

11°. *Quant à leur surface.* (1)

On a donné aux feuilles divers noms, suivant la
diversité de leur surface : on appelle Lisses (celles
dont la surface ne présente aucune espèce d'inéga-
lités, comme dans l'Epinard potager); Enerves (celles
dans la surface desquelles on n'aperçoit aucune ner-
vure, comme dans la Tulipe) ; Nervées (celles qui
ont des côtes saillantes qui se prolongent, sans se ramifier, de la base au sommet, comme dans le Plantin);
Trinervées (celles dont la surface est marquée de trois
nervures qui se réunissent à la base de la feuille, comme
dans le Soleil); Triplinervées (celles qui, ayant trois
nervures comme la précédente, en diffèrent cependant
en ce que ces nervures se réunissent au - dessus de la
base de la Feuille : telles sont celles de la Camphrée);
Pubescentes (celles dont la surface est chargée d'un
duvet très-fin, assez court et un peu serré, comme
dans le Sorbier); Soyeuses (celles qui montrent une
surface chargée de poils mous, couchés et luisans : ce
qui lui donne un aspect satiné, comme dans l'Argentine); Tomenteuses (celles dont la surface est couverte de poils tellement serrés les uns contre les autres,
qu'elle paroît cotoneuse, comme dans le Bouillon-
Blanc); Hérissonnées (celles qui offrent une surface
toute jonchée d'aiguillons roides, comme dans quelques espèces de Boulettes); Aiguillonnées (celles dont

---

(1) Par le mot Surface, on entend la partie la plus extérieure des Feuilles, dont une regarde le ciel et l'autre la terre.

la surface est chargée de petites pointes aiguës, piquantes et peu visibles, comme dans la Garence des Teinturiers); Visqueuses (celles qui ont leur surface enduite d'un suc glutineux et tenace, comme dans l'Aune); Colorées (celles sur la surface desquelles on distingue une couleur différente de la naturelle, comme dans l'Amaranthe tricolore ; (Crayonnées (celles dont la surface est marquée de nervures foibles, comme dans le Trèfle couché) ; Veinées (celles dont la surface est empreinte de très-petites nervures, mais extrêmement ramifiées, et qui se communiquent les unes aux autres, comme dans la Viorne cotoneuse); Ponctuées (celles dont la surface est parsemée d'un grand nombre de petits points concaves ou convexes, comme dans l'Alysson vivace des Montagnes); Mamelonnées (celles qui ont leur surface hérissée de petits mamelons charnus, comme dans le Lichen-Pullus); Vésiculaires ou Pustuleuses (celles dont la surface est couverte de points transparens et vésiculaires, comme dans la Glaciale); Glanduleuses (celles dont la surface présente des glandes, comme dans la Rose de Gueldre); Bullées ou Boursoufflées (celles dont la surface est couverte de rides concaves en dessous et convexes en dessus, comme dans le Basilic du Pérou); Luisantes, * Pubescentes, ** Velues, * Scabres, * Hérissées, * Striées, Sillonnées, * Rugueuses ou Ridées. * (1)

---

(1) *Voyez* ce qui a été dit de ces dénominations marquées d'un astérique, à l'article Semences, page 9.

** *Voyez* page 50.

12°. *Quant à leur expansion.*

On nomme Expansion des Feuilles le prolongement de leur surface : ainsi, on dit que leur surface est Canaliculée (s'il règne dans toute sa longueur un sillon ou une gouttière profonde, en forme de canal, comme dans la Jacinthe d'Orient); Concave (si le disque (1) de la Feuille est enfoncé, tandis que ses bords sont relevés, comme dans le Bec-de-Grue capuchonné); Convexe (si le disque est plus élevé que les bords, et paroît ainsi former une bosse); Capuchonnée (si les bords de la Feuille s'écartent vers son sommet, et se rapprochent vers sa base, comme dans le Bec - de - Grue cucullé); Ondée (si la circonférence de la feuille s'élève et s'abaisse alternativement, de manière à former, sur les bords, des replis obtus et ondoyans, comme dans l'Epi-d'Eau ondé); Plissée (si la surface de la feuille forme des plis remarquables, comme dans le Pied-de-Lion commun); Crépue (si les bords très-ondés de la feuille semblent chargés de rides rapprochées, comme dans la Mauve frisée); Plane. * (2)

13°. *Quant à leur corps.*

Le corps des Feuilles présente des incisions différentes, de même que leurs bords. Les uns se nomment Bifides (c'est-à-dire, que leur corps est partagé en deux parties égales, ou à peu près égales, jusque vers

---

(1) Disque et Surface, dans le cas présent, sont deux mots synonymes.

(2) Cette dénomination a été indiquée à l'art. des Semences, page 9.

la moitié de sa longueur); les autres s'appellent Trifides, Quadrifides, Quinquéfides ou Multifides (selon
que leur corps est partagé en trois, quatre, cinq, ou en
un plus grand nombre de parties); on dit aussi du corps
des feuilles qu'il est Lacinié (lorsque ses découpures,
étant étroites, sont alongées et irrégulières); Palmé
(quand ses divisions sont profondes, régulières, et
qu'elles ont quelque ressemblance avec les doigts d'une
main ouverte); Lobé (lorsque les divisions du sommet
de la feuille, étant plus ou moins profondes, sont découpées en rond); Auriculé (quand à la base des
feuilles, il se trouve de chaque côté des oreillettes.)

14°. *Quant à leur forme.*

Si l'on considère les Feuilles quant à leur forme,
on dit qu'elles sont Déprimées (lorsqu'elles sont aplaties de la base au sommet, comme celles de quelques
Ficoïdes) ; Gibbeuses (lorsqu'étant charnues, elles
sont plus épaisses dans leur milieu des deux côtés,
comme celles de l'Orpin brûlant) Gladiées (lorsqu'elles imitent un glaive ou une épée, telles sont
celles de plusieurs espèces d'Iris); Triquètres (lorsqu'elles ont trois faces et trois côtés longitudinalement
terminés par une pointe, comme celles de l'Asphodèle
jaune); Linguiformes (lorsqu'étant linéaires, elles
sont charnues et convexes en dessous, comme dans le
Ficoïde linguiforme du Cap) ; en Sabre (lorsqu'elles
sont alongées, comprimées et épaisses d'un côté, tandis
que de l'autre elles sont tranchantes, comme celles
du Ficoïde en Sabre); en Doloire, lorsque leur partie
inférieure est cylindrique, et que la supérieure est

large et épaisse d'un côté, et tranchante de l'autre : telles sont celles du Ficoïde dolobriforme du Cap); Comprimées, * Cylindriques. * (1)

15°. *Quant à leur durée.*

La durée des Feuilles n'est pas la même dans tous les végétaux : dans les uns elles tombent avant la maturité du fruit, ou tout au moins à la fin de l'été, et ces espèces de Feuilles se nomment Caduques : telles sont celles du Hêtre et du Chêne commun. Dans les autres elles tombent dans le courant de l'automne, et on nomme celles-ci Tombantes : telles sont celles du Tilleul. Dans ceux-ci, elles ne tombent point à la fin de l'année, mais elles durent pendant un et même plusieurs hivers, comme celles du Buis; et alors on les appelle Persistantes. Il en est enfin que l'on nomme Toujours Vertes, parce qu'effectivement elles conservent cette couleur l'hiver comme l'été : telles sont celles du Pin, du Sapin, etc.

16°. *Quant à leur composition.*

Lorsque l'on fait attention à la composition des Feuilles, c'est-à-dire, à leur nombre, à leur position et à leur insertion sur le même pétiole, on dit qu'elles sont Simples (si leur pétiole ne porte qu'une seule feuille, comme le Lierre); Composées (si leur pétiole porte plusieurs feuilles séparées les unes des autres, et que l'on nomme Folioles, comme dans le Marronnier

---

(1) Nous avons vu ces différentes formes à l'article des Semences, pages 8 et 9.

d'Inde); Articulées (si ces mêmes feuilles naissent successivement du sommet les unes des autres, comme dans le Cactier à Raquettes); Conjuguées (si leur pétiole porte sur les côtés deux folioles opposées, comme dans le Fabago); Binnées, Ternées, Quaternées, Quinnées, etc. (si le même pétiole porte à son sommet deux, trois, quatre, cinq, etc., folioles); Digitées (si plusieurs folioles, cinq au moins, tirent leur origine du même point du pétiole, et forment comme les doigts d'une main ouverte : telles sont les feuilles du Chanvre); Pédiaires (si le pétiole principal se divise en deux à son extrémité, et que plusieurs folioles naissent sur les côtés intérieurs de cette division, comme dans la Serpentaire); Ailées ou Pinnées (si, sur le pétiole commun, il se trouve plusieurs folioles qui y soient rangées des deux côtés, et en manière d'ailes, comme dans la Réglisse); Ailées avec impaire (si le pétiole qui porte plusieurs folioles est terminé par une foliole seule, comme dans le Noyer) ; Ailées sans impaire (si le pétiole commun est terminé par deux folioles opposées, sans avoir d'impaire, comme dans la Casse.)

17°. *Quant à leur recomposition.*

La dénomination de Recomposition s'applique ici aux pétioles plutôt qu'aux feuilles : ainsi, lorsqu'on dit des Feuilles recomposées, on n'entend parler que du pétiole, qui, au lieu d'être garni immédiatement de folioles, porte de chaque côté d'autres petits pétioles, auxquels seulement les folioles sont attachées, comme dans la Rue des Jardins. On nomme Feuilles Bigéminées (celles dont le pétiole, en se partageant en deux, offre à son sommet quatre folioles, comme dans l'Acacia épineux de la Jamaïque); Biternées (celles dont le pétiole commun se partage en trois autres pétioles, garnis chacun de trois folioles, comme dans le Chapeau-d'Evêque); Bipinnées (celles dont le pétiole commun porte d'autres pétioles particuliers, sur lesquels les folioles sont disposées en manière d'ailes, comme dans la Sensitive cendrée.

18°. Quant à leur surcomposition.

La Surcomposition des Feuilles consiste également, non dans la forme ou dans le nombre des folioles, mais bien dans la division de leur pétiole : ainsi, on dit d'une Feuille qu'elle est Surcomposée (lorsque les seconds pétioles qui partent déjà d'un pétiole commun, au lieu de porter les folioles, se divisent eux-mêmes en d'autres pétioles, auxquels seulement sont attachées les folioles, comme dans la Spirée-Barbe-de-Chèvre); Tergéminée (lorsque le pétiole commun, étant divisé en deux, chacune de ces divisions soutient à son sommet deux folioles, et lorsqu'il se trouve en outre, près de la bifurcation du pétiole commun, une foliole en dehors de chacune des folioles, comme dans l'Acacie tergéminée); Triternée (lorsque le pétiole commun se divise d'abord en trois, puis chacun de ces trois en trois autres pétioles, chargés chacun de trois folioles, comme dans la Paullinia-Triternata); Tripinnée (lorsqu'elle est trois fois ailée ; c'est-à-dire, lorsque son pétiole, d'abord divisé comme ci-dessus, porte, de chaque côté, en manière d'ailes, plusieurs folioles bipinnées, avec ou sans impaire, comme dans l'Aralie épineuse.)

Indépendamment de ces diverses dénominations que prennent les Feuilles, on les distingue encore en Feuilles simples et en Feuilles composées. Les Feuilles simples, abstraction faite de leur pétiole, sont celles qui sont formées d'une seule lame entière, sans aucune apparence de divisions, si ce n'est celles des sinus et des échancrures qui se trouvent sur leurs bords. Les Feuilles composées, au contraire, sont celles dont la lame se divise et se partage en plusieurs autres lames, souvent très-profondes ; et lorsqu'il arrive qu'une de ces lames de partage est elle - même divisée, alors on dit que la Feuille est Surcomposée. (*Voyez* les différentes espèces de Feuilles, pl. II°. et III°., et leur explication.)

On a donné le nom de Stipules à des productions foliacées et membraneuses, qui prennent naissance, soit à la base des pétioles, soit à celle des feuilles. (*Voyez* la pl. III°., fig. XI et XII.)

Les Stipules qui sont placées de chaque côté du pétiole, se nomment Latérales ; celles qui sont prolongées sur la tige s'appellent Décurrentes. On donne le nom d'Engaînantes à celles qui embrassent le pourtour de la tige ; d'Intermédiaires, à celles qui naissent auprès des feuilles opposées, et qui, étant opposées elles-mêmes, coupent la direction de ces feuilles en angle droit. On appelle Caduques celles qui tombent avant les feuilles ; Tombantes, celles qui tombent en même temps qu'elles ; Persistantes, celles qui existent encore après la chute des feuilles ; Solitaires , celles

(58)

qui sont seules et isolées ; Extrafoliacées, celles qui
sont insérées sur les tiges ou sur les rameaux , plus
bas que l'insertion des pétioles ; Intrafoliacées, celles
qui sont situées sur la feuille, ou bien sur son pétiole ;
Géminées , * Opposées aux Feuilles, * Sessiles, *
Adnées, * Subulées, * Epineuses , * Lancéolées, *
Sagittées, * Lunulées, * Droites, * Ouvertes, * Réfléchies , * Entières, * Ciliées, * Serrées, * Dentées,
Pinnatifides. * (1)

Le Pétiole est, comme nous l'avons déjà dit, le
support particulier, l'attache des feuilles avec la tige,
avec les branches ou avec les rameaux ; c'est ce que
le vulgaire nomme la Queue des Feuilles. (*Voyez*
la pl. IIe., fig. VI B, et fig. VII C. D.)

Il y a des Pétioles simples (c'est-à-dire, qui partent
immédiatement de la branche ou du rameau qui les
porte, et se terminent en un seul épanouissement ou
en une seule feuille, sans aucune espèce de division,
comme dans le Cerisier); de Composés (c'est-à-dire,
qui portent sur leurs côtés plusieurs autres petits pétioles servant d'attaches à autant de folioles, qui,
prises toutes ensemble, ne forment qu'une seule
feuille, comme dans le Robinier-faux-Acacia) ; de
Linéaires (c'est-à-dire, qui sont très menus et égaux
dans toute leur longueur, comme dans le Cabaret) ;
d'Ailés (c'est-à-dire, bordés de chaque côté d'une
membrane longitudinale, comme dans l'Oranger) ;

______

(1) Nous avons déjà vu ces diverses dénominations marquées
d'un astérique, dans les Feuilles. On peut d'autant mieux y
recourir, qu'elles sont susceptibles d'être appliquées aux
Stipules.

de Nus (c'est-à-dire, qui sont dépourvus de toutes espèces d'appendices, comme ceux du Pommier) ; de Glabres, * d'Aiguillonnés, * d'Articulés (c'est-à-dire, entrecoupés par des nœuds, de distance en distance.)

Certains végétaux ont leurs Pétioles terminés en Vrilles (ce sont ceux qui, à leur extrémité, se contournent en spirale, et s'attachent de même que les Vrilles, après les corps qui les avoisinent) ; d'autres sont Marginaux (c'est-à-dire, qu'ils s'insèrent sur le bord de la feuille) ; ceux-ci sont Centrals (c'est-à-dire, qu'ils sont implantés au centre même de la feuille) ; ceux-ci sont Décurrens (c'est-à-dire, que leur base se prolonge sur la tige ou sur les rameaux, en y formant une ou plusieurs saillies en manière d'ailes) ; et ceux-là sont Cohérens (c'est-à-dire que, dans une partie de leur longueur, ils s'appliquent sur la tige ou sur les rameaux) ; il y en a, enfin, d'Amplexicaules (c'est-à-dire, dont la base, en s'élargissant, embrasse et environne la tige.)

Le Pétiole varie aussi quant à sa forme : tantôt il est aplati de bas en haut du côté intérieur, tandis qu'il est arrondi extérieurement ; tantôt il est creusé en gouttière, dans toute sa longueur, en dessus ; d'autres fois il est aplati sur les côtés, mais le plus souvent il est cylindrique.

L'organisation intérieure du Pétiole a beaucoup d'analogie avec celle de la tige. Le parenchyme, ainsi que les filets dont il est composé, se ramifient et se dilatent pour former la lame de la feuille, dans laquelle ils se disposent en une espèce de réseau qui se remplit du tissu cellulaire.

CHAPITRE IX.

Des fonctions des Feuilles, de leur irritabilité et de leur chute.

Les Feuilles ne servent pas seulement d'ornement et de parure aux végétaux : la nature en les créant ne leur imprima pas cette forme agréable et mille fois variée, dans l'intention seule de frapper nos regards ou de reposer délicieusement notre vue : quand elle les arrangea symétriquement sur le rameau flexible qui les porte, ce ne fut pas uniquement pour plaire à l'homme qui les observe, mais elle leur réserva des fonctions d'autant plus importantes, qu'elles concourent à l'entretien et à la durée de la vie des plantes.

Les Feuilles sont donc un assemblage d'une multitude infinie de petites bouches, (1) toujours ouvertes pour aspirer et saisir les exhalaisons et les fluides nourriciers qui se répandent dans l'atmosphère, en

_____

(1) Si l'on fait attention à la surface supérieure, ainsi qu'à la surface inférieure des feuilles, on remarquera que l'une et l'autre sont parsemées d'une multitude infinie de pores, qui sont très-sensibles dans les feuilles de Mille-Pertuis. Ces pores sont de deux espèces ; les premiers, que l'on nomme Exhalans, servent à évacuer les sucs trop abondans, et les seconds, que l'on nomme Inhalans, aspirent les vapeurs qui s'exhalent du sein de la terre, ou qui circulent dans l'atmosphère, pour les transmettre dans l'intérieur de la plante, et jusque dans ses racines.

même temps qu'elles rejettent ceux qui leur deviennent inutiles, ou qui pourroient faire obstacle à leur accroissement. On doit donc regarder les pores de la superficie des Feuilles comme des Organes Aspirans, et en même temps comme des Organes Excrétoires. (1)

Tous les Physiologistes sont d'accord, et nous leur avons l'obligation de savoir, d'après les nombreuses expériences qu'ils ont faites, et qu'ils nous ont transmises, que, non-seulement la superficie poreuse des Feuilles, mais encore leurs nervures, leurs poils et leur duvet étoient autant de canaux que la nature avoit destinés aux fonctions importantes de l'Aspiration et de l'Excrétion. Nous pouvons donc conclure, d'après le célèbre *Bonnet*, que « les végétaux » sont plantés dans l'air à peu près comme ils le sont » dans la terre : que leurs Feuilles sont aux branches » ce que les chevelus sont aux racines, et qu'enfin » l'air est, par rapport aux Feuilles, un terrain fertile où elles puisent abondamment des nourritures » de toute espèce. »

Ce sont les mêmes Physiciens qui nous ont appris que les végétaux recevoient, durant le jour, par leur surface qui regarde le ciel, toute la chaleur des rayons bienfaisans du soleil, tandis que, durant la nuit, leur surface inférieure, plus poreuse, et ordinairement plus garnie de poils ou de duvet, arrêtoit les vapeurs qui s'exhalent continuellement de la terre

____

(1) On nomme Organes Excrétoires, ceux qui servent à filtrer et à pousser les liqueurs au dehors ; et on appelle Aspirans ceux qui attirent à eux certains fluides pour se les approprier.

pour les convertir au profit de la plante, en les lui transmettant, par l'épiderme, dans le tissu cellulaire, et de là dans les vaisseaux séveux, où, après s'être combinés avec les huiles, les gommes, etc., des feuilles ou des parties internes des végétaux, ils les nourrissoient, les développoient, et concouroient ainsi à leur accroissement comme à leur fructification.

La chaleur de l'atmosphère, ainsi que l'humidité de la terre, n'opèrent pas seulement la nourriture et l'accroissement des plantes par l'intermédiaire des Feuilles, mais ces fluides exercent, sur ces mêmes Feuilles, une action sensible d'Irritabilité (1) dans certaines espèces, et que l'on a désignée particulièrement sous le nom de Sommeil des Plantes.

Il y a certains végétaux dont les feuilles affectent un tel état de contraction, que leur physionomie en devient très-difficile à reconnoître. C'est particulièrement vers la fin du jour, ou bien lorsque le ciel est chargé de vapeurs, que cette contraction a lieu, et elle dure jusqu'au retour de la lumière, ou jusqu'à ce que le ciel ait repris sa sérénité. Il paroît que le but que la nature s'est proposé en donnant à certaines

---

(1) On nomme Irritabilité la propriété que la nature a donnée à certains corps de se contracter, surtout lorsqu'on les touche. Quoique la Sensitive soit susceptible d'une grande Irritabilité, on se tromperoit néanmoins si on la croyoit douée de sentiment. Le *Dionœa Muscipula*, nommé vulgairement Attrape-Mouche, est bien fait pour accroître l'illusion, lorsque l'on voit cette plante saisir toutes les mouches qui viennent se poser sur ses feuilles, comme le feroit un animal qui vit de proie.

Feuilles ce mouvement d'irritabilité et de contraction dont elles sont susceptibles, a été de mettre les jeunes fleurs et les tendres bourgeons à l'abri des injures de l'air atmosphérique.

Les feuilles de l'Arroche des Jardins, qui sont opposées, s'appliquent si étroitement, durant la nuit, par leur surface supérieure, qu'elles semblent ne plus former qu'une seule et même feuille. Celles de la Side abutilon, qui sont alternes, se rapprochent de la tige. Celles de la Mandragore, qui sont horizontales pendant le jour, se redressent pendant la nuit, et forment une espèce d'entonnoir qui environne la tige, afin d'abriter les boutons et les jeunes fleurs ; les feuilles de la Balsamine, *noli me tangere*, qui sont portées par de longs pétioles, s'abaissent pour former une espèce de voûte.

Les folioles du Baguenaudier se rapprochent par paires les unes des autres, et appliquent leur surface supérieure l'une contre l'autre. Celles du Lotier à quatre angles ne se rejoignent que par leur sommet, et forment entr'elles une espèce de cavité. Les folioles du Robinier-faux-Acacia sont pendantes et renversées ; celles du Mélilot d'Italie se rapprochent par la base et restent ouvertes par le sommet.

Les mouvemens d'oscillation, de contraction et d'épanouissement successifs de la Sensitive, qu'une secousse, une impulsion brusque, comme ls chaleur ou le froid, ou bien des odeurs fortes mettent en action, comme ils feroient des organes des animaux, sont un phénomène qui est bien digne des méditations d'un philosophe. Aussi devons-nous attendre, avec une entière confiance, des lumières des physiciens qui illustrent notre siècle, que bientôt elles remplaceront par des certitudes les hypothèses, à la vérité, fort ingénieuses, que l'on a imaginées jusqu'alors sur ce sujet.

Quelques physiciens ont attribué le mouvement d'Irritabilité des feuilles de certains végétaux à la seule action alternative du chaud et du froid; d'autres aux variations de l'atmosphère; il en est qui ont prétendu que les végétaux, quoique privés de sens, étoient néanmoins susceptibles d'Irritabilité, comme les animaux. Les limites de cet opuscule ne me permettent que de demander aux uns et aux autres comment et par quelle cause cela s'opère ainsi. Au reste attendons tout du temps et des lumières de ces grands hommes qui se complaisent à les employer si avantageusement au profit de leurs concitoyens !

L'époque de la Chute des Feuilles est celle où les organes des végétaux, ne recevant plus les rayons vivifians de la lumière et cette chaleur bienfaisante, si propice à l'entretien de leur vigueur, sont bientôt saisis par le froid qui en obstrue les pores respiratoires. Privés alors des vapeurs de l'atmosphère, altérés par la fraîcheur des nuits, leur parenchyme se dessèche, les sucs qu'il contenoit s'altèrent, se décomposent et restent dans l'inaction. C'est alors que les Feuilles changent de couleur, que les symptômes de la vieillesse et de la décrépitude se peignent sur leur physionomie, en y traçant des sillons qui sont les avant-coureurs d'une mort qui doit en hâter la chute. Disséminées sur la terre, c'est là que bientôt

les Feuilles, après avoir essuyé toutes les viscissi-
tudes des saisons, vont se réduire en pourriture, se
décomposer et s'amalgamer avec le sol sur lequel elles
reposent ; c'est là que leurs détritus, destinés à former
avec lui une terre nouvelle, alimenteront dans la
suite une génération future. On a donné à cette dé-
composition et à cette amalgame le nom de Terre
végétale.

Tous les végétaux cependant ne se dépouillent
pas de leurs Feuilles au même instant ni à la même
époque : les uns le font plutôt et les autres plus tard ;
on peut même dire que, généralement parlant, les
arbres qui sont les premiers à se couvrir d'une agréable verdure, sont aussi les premiers à s'en dépouiller ;
que ceux qui sont les plus jeunes conservent plus long-
temps leurs feuilles que ceux qui sont plus avancés
en âge. Il y a même de certaines espèces d'arbres qui
ne perdent jamais leurs Feuilles, et c'est pour cette
raison qu'on les a nommés Arbres toujours verts ; de ce
nombre sont les Pins, les Sapins, les Ifs, etc., dont les
sucs résineux préservent, sans doute, les Feuilles de
l'atteinte des causes désorganisatrices qui opèrent la
destruction de celles des autres espèces.

Il n'en est pas de même de la Chute des Feuilles
des plantes herbacées, comme de celle des Feuilles des
arbres. Lorsque celles-ci quittent leur verdure, ce
n'est ordinairement qu'à l'époque de leur destruction
entière ; la mort en frappe alors toutes les parties, mais
jamais leur tige, et cette dernière survit à la chute de
ces Feuilles ; ce qui est une preuve incontestable de
l'harmonie parfaite qui règne entre toutes ces parties.

Les plantes ligneuses (1) suivent le même ordre de foliation et d'exfoliation que celui des arbres.

~~~~~~~~~~~~~~~~~~~~~~~~~~~~~~~~~~~~

CHAPITRE X.

De quelques parties extérieures des végétaux, ainsi que de leurs diverses modifications qu'il importe de connoître. (1)

Les parties extérieures des végétaux dont je vais esquisser ici le signalement, sont le Pédoncule, les Bractées, l'Involucre, la Spathe, le Calice, le Spadice, le Chaton, le Cône, l'Epi, l'Axe, la Grappe, la Thyrse, la Panicule, le Corymbe, l'Ombelle, la Cime, le Verticille et les Fleurs en tête.

On a nommé Pédoncule la ramification des végétaux qui porte une ou plusieurs fleurs (comme dans l'œillet); c'est ce que le vulgaire appelle la Queue

____

(1) On nomme Plantes ligneuses celles qui sont de la nature du bois, telles que les arbrisseaux et les arbustes.

(2) Pour ne pas laisser ignorer aux jeunes élèves quelques parties importantes des végétaux, ou bien quelques — unes de leurs modifications particulières, j'ai préféré, avant de passer aux organes de leur reproduction, d'en faire ici un chapitre à part, plutôt que de les leur passer sous silence. Si, pour cela, j'ai interverti l'ordre que je m'étois d'abord proposé de suivre, on me le pardonnera, sans doute, en faveur de mon intention.
~~~~~~~~~~~~~~~~~~~~~~~~~~~~~~~~~~~~

des Fleurs (1). Le Pédoncule prend diverses dénominations, suivant sa situation , sa forme, ses divisions différentes , ou suivant le nombre des fleurs qu'il porte. (*Voyez* la planc. IV, fig. Iere.)

On dit donc que le Pédoncule est Radical (lorsqu'il sort immédiatement de la racine) ; Caulinaire (quand il part de la tige) ; Raméal (lorsqu'il tire son origine des Rameaux) ; Axillaires (lorsqu'il s'insère dans l'angle que forment les feuilles avec les tiges) ; Terminal (quand il prend naissance à l'extrémité des tiges ou des rameaux.)

Le Pédoncule est appelé Simple (quand il est sans aucune division) ; Composé (lorsqu'étant d'abord simple, il se ramifie dans le reste de sa longueur, et, dans ce cas, chacune de ses ramifications prend le nom de Pédoncule partiel, ou celui de Pédicelle) ; Commun (lorsque, sans se diviser , il porte plusieurs fleurs sessiles et rassemblées) ; Solitaire (lorsqu'il est seul et unique sur un même pied) ; Géminé (lorsqu'ils y sont deux à deux) ; on l'appelle Uniflore (quand il ne porte qu'une seule fleur) ; Biflore, Triflore, Multiflore (si à son extrémité il se trouve deux, trois ou un plus grand nombre de fleurs) ; Cylindrique (lorsqu'il est arrondi dans toute sa longueur) ; Triquètre

---

(1) Quelquefois les fleurs sont sessiles c'est-à-dire , posées immédiatement et sans pédoncule , soit sur les tiges, soit sur les rameaux , ou même sur les feuilles ; mais le plus ordinairement elles sont portées, de même que les fruits , sur une espèce de queue, à laquelle tous les Botanistes ont donné le nom de Pédoncule.

(lorsqu'il est à trois faces) ; Tétragone (lorsqu'il présente quatre côtés et quatre angles) ; Filiforme (quand il est d'égale grosseur dans toute son étendue, et que son épaisseur n'égale que celle d'un fil); Géniculé (lorsqu'étant articulé ou noueux, il se penche ou se plie à chacun de ses nœuds) ; Articulé (lorsqu'il est muni d'une seule articulation); Nu (lorsqu'il ne présente aucune espèce d'appendice) ; Écailleux (lorsqu'il est revêtu de petites écailles) ; Feuillé (lorsqu'il porte des bractées dans sa longueur).

Les Bractées sont ces espèces de petites feuilles qui sont colorées dans la plupart des plantes qui les portent, et qui sont toujours placées dans le voisinage de la fleur, comme dans la Toute-Bonne des prés. Elles diffèrent des feuilles proprement dites, et prennent diverses dénominations, qui leur sont communes avec celles des feuilles et des stipules, soit qu'on en considère l'attache ou la disposition, soit qu'on fasse attention à leur forme ou à leur consistance, et, dans ces différens cas, on leur a appliqué les épithètes que l'on emploie pour les feuilles ou pour les stipules, telles que celles de Colorées*, de Caduques*, de Tombantes*, de Persistantes*. (*Voyez* la planc. IV, fig. II.)

L'Involucre, que l'on nomme aussi Colerette, est un assemblage de plusieurs folioles placées à la base des rayons des fleurs en ombelle; (1) (comme dans l'Ami commun, le Persil, la Carotte, etc.)

Quelquefois l'Involucre ne consiste que dans une

---

(1) On appelle Fleurs en Ombelles celles qui ont, à l'extré-

(69)

seule foliole, et alors il se nomme Monophyle ; d'autrefois il est composé de plusieurs folioles et il s'appelle,
dans ce cas, Polyphile ; mais toujours il est placé à
la base des rayons de l'ombelle générale. (*Voyez* la
planc. IV, fig. III A.)

On a donné le nom d'Involucelle à une autre
espèce de petite Colerette, qui est aussi un assemblage
de plusieurs folioles placées au bas des petites ombelles qui forment l'ombelle générale. (*Voyez* la
planc. V, fig. III).

L'Involucelle, de même que l'Involucre n'est pas
toujours formé par l'assemblage de plusieurs petites
folioles ; dans quelques espèces de Fleurs en ombelles,
telles que l'Angélique et le Panais sauvage, elle ne
consiste que dans une seule.

La Spathe est cette espèce de gaîne ou d'enveloppe
membraneuse, foliacée, sèche et comme fanée, qui
entoure et renferme une ou plusieurs fleurs qui ne
paroissent que lorsque cette enveloppe s'est rompue,
comme dans les Jonquilles et plusieurs espèces d'Iris.
(*Voyez* la planche IV, fig. IV.)

Lorsque la Spathe ne renferme qu'une seule fleur,
on la nomme Uniflore ; si elle en contient deux, trois,
quatre ou un plus grand nombre, alors on l'appelle
Biflore, Triflore, Quadriflore ou Multiflore. On dit
encore que la Spathe est Tombante lorsqu'elle dis-

---

mité de leurs tiges, de petits rameaux nus ; c'est-à-dire, sans
feuilles, qui s'évasent en divergeant entr'eux, comme les rayons
ou les branches d'un parasol, et portent les fleurs ainsi que les
Semences : tels sont le Panais et le Cerfeuil.

paroît avec la fleur ; Persistante lorsqu'elle lui survit, et qu'elle accompagne le fruit jusqu'après sa
maturité.

On nomme Calice ou Périanthe l'enveloppe la
plus extérieure des parties de la fructification et en
même temps de la fleur. (*Voyez* la pl. IV, fig. V.)

. Le Calice n'est autre chose , suivant quelques
Botanistes célèbres , qu'une continuité , un prolongement de l'épiderme ou écorce du pédoncule. Quoique le Calice soit le plus communément vert , néanmoins il est assez souvent coloré , et même vivement. Il
est quelquefois d'une seule pièce, et alors on le nomme
Monophyse ; d'autres fois il est composé de deux pièces,
et dans ce cas, on l'appelle Diphylle. Il arrive aussi
qu'il est composé de plusieurs pièces et alors il prend
la dénomination de Polyphylle. On dit également du
Calice, comme de la Spathe , qu'il est tombant *,
ou Persistant. *

Le limbe (1) du Calice est quelquefois divisé , et
lorsque ses divisions ne s'étendent que jusqu'au milieu de sa longueur, alors on dit qu'il est Découpé ;
s'il se trouve deux divisions, on dit, dans ce cas,
qu'il est Bifide ; Trifide , s'il y en a trois : Quatrifide,
quatre ; et enfin Quinquefide, si on y compte cinq
divisions. Quand le limbe est divisé jusqu'à la base
du Calice, on dit qu'il est Partite, et d'après le nombre
de ces divisions, on le nomme Bipartite , Tripartite ,

____

(1) On appelle Limbe, dans le cas présent , le contour du
sommet du calice.

Quadripartite, etc., selon qu'il présente deux, trois, quatre, etc., divisions.

On distingue encore le Calice en Propre et en Commun. Le Calice propre est celui qui ne renferme qu'une seule fleur, comme dans l'Œillet; le Calice commun est celui qui contient plusieurs fleurs sur un même réceptacle, (1) comme dans la Scabieuse.

Le Spadice est un assemblage d'étamines et de pistils, (2) qui sont disposés sur et autour d'un récep·tacle commun qui leur sert d'axe, et ces organes ne sont le plus souvent environnés que d'une simple Spathe, comme dans la Calle d'Ethyopie et dans le Pied de Veau. (*Voyez* la planc. IV, fig. VI.)

Le Chaton consiste dans un axe plus ou moins long, mais toujours garni de bractées renfermant une fleur mâle ou une fleur femelle, comme dans le Saule, le Noisetier, etc. (*Voyez* la planc. IV , fig. VII.)

La seule différence qui se trouve entre le Cône et le Chaton, c'est que les bractées de celui-ci sont toujours foliacées, tandis que celles qui accompagnent l'axe du Cône sont ligneuses, et que la symétrie de leur arrangement imprime au cône la forme d'un pain de sucre ; tels sont les fruits du Cèdre, du Pin, du Sapin , etc. (*Voyez* la planc. IV, fig. VIII.)

L'Epi est un assemblage de fleurs sessiles, serrées les unes contre les autres sur et autour d'un axe com-

---

[(1) On a donné le nom de Réceptacle à la partie du calice sur laquelle repose immédiatement la fleur ou le fruit.

(2) On nomme Etamines les parties mâles des fleurs, et Pistils leurs parties femelles. Nous en parlerons plus bas.

mun qui traverse leur centre, comme dans le Blé,
le Seigle, etc. (*Voyez* la planc. 1ere., fig. XXVII. B.)

L'Epi prend la dénomination de Simple lorsque ses
fleurs sont solitaires dans toute l'étendue de l'axe,
comme dans le graminé, nommé par les Botanistes
Alopecurus; l'Epi se nomme Composé, lorsque son
axe porte de petits épis particuliers, que l'on appelle
Epillets, comme dans le Blé, l'Orge, etc.

On conçoit que l'axe qui traverse l'Epi dans son
milieu ne doit être autre chose, et n'est dans la réalité
que le prolongement du chaume sur lequel les fleurs
sont fixées, de même que l'axe qui traverse le Chaton
ainsi que le Cône est la continuité du rameau qui les
porte.

La Grappe diffère de l'épi en ce qu'outre qu'elle présente comme lui, un axe commun, c'est que cet
axe est encore garni, dans toute sa longueur, de
petits pédoncules simples, peu serrés entr'eux, et que
chacun de ces pédoncules porte une fleur ou un fruit
pendant, comme dans le Groselier à grappes, l'Epi-
nevinette, etc. (*Voyez* la planc. IV, fig. IX.)

On distingue la Grappe en Simple et en Composée;
la Grappe simple est celle dont les fleurs reposent sur
des pédoncules qui ne sont nullement divisés, comme
dans la Jacinthe d'Orient. La Grappe composée, au
contraire, est celle dont les Pédoncules sont divisés,
comme dans le raisin.

La Thyrse est bien formée d'un axe commun,
comme la grappe et l'épi; mais cet axe supporte,
dans toute sa longueur, des pédoncules ramifiés, et
dont l'ensemble des fleurs forme des groupes qui sont

redressés, comme dans le Lilas commun. (*Voyez* la planc. IV, fig. X.)

La Panicule est encore une autre espèce de ramification qui part également d'un axe commun, mais dont les pédoncules, divisés plusieurs fois et de différentes manières, s'élèvent inégalement entr'eux, comme dans le Riz. (*Voyez* la planc. IV, fig. XI.)

Quelquefois la Panicule est lâche et Ouverte, comme dans l'Agrostis *spica venti*; d'autrefois elle est resserrée, comme dans l'Agrostis des Forêts; tantôt elle porte ses pédoncules d'un seul côté, comme dans le Jonc étendu; tantôt elle les a diffus, comme dans le Paturin des Prés; quelquefois les pédoncules sont écartés comme dans l'Amourette, et d'autrefois ils sont ramassés en faisceaux, comme dans le Brôme rouge.

On a nommé Corymbe les fleurs dont les pédoncules en partant comme par hasard de différens points, s'élèvent néanmoins tous à la même hauteur, comme dans le Mille-Feuilles. (*Voyez* la pl. IV, fig. XII.)

L'Ombelle est la divergeance que forment entr'eux les pédoncules non-ramifiés de certaines plantes, à la manière à peu près des branches d'un parasol, comme dans le Persil commun, la Carotte, l'Angélique, etc.

On distingue deux sortes d'Ombelles; (*voyez* la planc. IV, fig. XIII) savoir, l'Ombelle générale et l'Ombelle partielle. L'Ombelle générale est celle qui présente plusieurs pédoncules partant d'un point unique; elle est presque toujours munie d'un involucre, et ses pédoncules s'élèvent à la même hauteur (AAA). Chacun de ces mêmes pédoncules, ou rayons, est terminé, à son extrémité supérieure, par d'autres petites Ombelles partielles, que l'on nomme Ombellules, et qui sont presque toujours garnies, aussi inférieurement, d'une Involucelle.

On a donné le nom de Cîme à la réunion de plusieurs pédoncules qui partent bien d'un seul et même point, comme dans l'Ombelle, mais dont chacun se divise ensuite en deux, trois, quatre, et même en un plus grand nombre de parties, en s'élévant à des hauteurs inégales, comme dans le Sureau, l'Yèble, etc. (*Voyez* la planc. IV, fig. XIV.)

Le Verticille, est l'assemblage de plusieurs fleurs disposées toutes à la même hauteur, et formant une espèce d'anneau autour de la tige sur laquelle elles sont sessiles, comme dans l'Ortie blanche, le Basilic, etc. (*Voyez* la planc. IV, fig. XV.)

Les Fleurs-en-Tête enfin sont celles qui sont disposées à l'extrémité des pédoncules sur lesquels elles forment des espèces de sphères ou d'hémisphères, n'ayant pour leur ensemble qu'un pédoncule commun, comme dans la Scabieuse, l'Echinope, etc. (*Voyez* la pl. IV, fig. XVI.)

Il convient encore de placer à la suite de ce chapitre, les diverses dénominations que prennent les plantes à raison de la durée de leur vie, et d'y placer les signes au moyen desquels on la reconnoît.

On désigne donc par ce signe ⊙ les plantes qui naissent, qui vivent et qui meurent dans une seule et même année : on les nomme Annuelles.

Celles qui vivent deux ans s'appellent Bisannuelles, et on est convenu de les désigner par ce caractère ♂.

. Enfin on emploie cette marque 2↓, pour indiquer que les plantes qui en sont notées, se nomment Vivaces, c'est-à-dire, qu'elles subsistent pendant un certain nombre d'années, et cette autre ℏ pour désigner qu'elles sont ligneuses.

~~~~~~~~~~~~~~~~~~~~~~~~~~~

CHAPITRE XI.

Des organes qui concourent à la reproduction des végétaux.

DOUTER que le but du créateur, en formant des êtres organisés, eût été celui de la propagation de leurs espèces, et conséquemment celui de leur reproduction, ce seroit une sorte de blasphême contre la bonté et la sagesse immuable de la divinité, qui, dans cette vue, a départi aux végétaux, de même qu'aux animaux, non-seulement des moyens de nutrition et d'accroissement, qui consistent dans les organes par lesquels les uns, comme les autres, ont la faculté de prendre intérieurement la nourriture qui leur est propre, mais aussi ceux de leur reproduction. Les végétaux cependant, quoique doués, comme les animaux, des organes nécessaires pour cette fonction importante, n'ont pas pour cela, dans leur jeunesse, cette faculté régénératrice; elle exige en eux un certain temps pour se développer.

On trouve le plus fréquemment dans les plantes
~~~~~~~~~~~~~~~~~~~~~~~~~~~

ce que l'on ne rencontre que quelquefois dans les animaux, je veux dire les deux sexes réunis en un seul et même individu, et dans ce cas, les uns et comme les autres se nomment Hermaphrodites ou Androgynes. Quoique les plantes Androgynes puissent se féconder elles-mêmes, et conséquemment se reproduire sans qu'elles aient besoin d'un secours étranger, on ne doit cependant point en conclure que les animaux aient la même faculté.

Il arrive aussi assez souvent que dans les plantes, comme dans les animaux, les deux sexes sont partagés entre deux individus différens, qui ne peuvent conséquemment se féconder et reproduire leur espèce qu'autant qu'il ne sont pas trop éloignés l'un de l'autre.

Mais une différence qui existe encore entre les végétaux et les animaux, c'est que lorsque certaines plantes sont de sexes différens, presque toujours le même individu est hermaphrodite en même temps, ce qui n'arrive jamais dans les animaux. Cette règle n'est pas générale, et nous en verrons l'exception lorsque ci-après nous développerons le système sexuel de *Linné.*

Ici arrêtons-nous un instant pour fixer nos regards attentifs sur la sagesse immuable des desseins de l'Eternel, et pour nous pénétrer d'un sentiment nouveau d'admiration et du plus profond respect...... Lorsque le Créateur forma la série des êtres qui peuplent toute la surface du globe, dans la vue d'opérer leur reproduction et conséquemment la conservation de leur espèce, il donna à tous les animaux la faculté *loco-*

mobile, (1) au moyen de laquelle ils purent se rechercher mutuellement et à des distances quelquefois assez considérables. Quand il créa les plantes, au contraire, il les fixa pour toujours au sol qui les vit naître, et elles parurent dès lors privées de tous moyens de reproduction. Mais est-il un seul ouvrage sorti des mains de l'Artiste du Monde qui ne soit un chef-d'œuvre de perfection ? n'avoit-il pas prévu que les végétaux, qu'il avoit ainsi fixés à terre, ne pouvant se rechercher mutuellement, seroient dans l'impuissance de se reproduire ? Il départit donc à la plupart d'entre eux les deux sexes, et il chargea les vents de porter aux autres les germes de la fécondation. C'est ce que nous développerons ci-après.

Ce n'est point à l'instant de la naissance des plantes que paroissent, comme dans les animaux, les sexes qui les distinguent. La nature a déterminé l'époque à laquelle cette manifestation auroit lieu, et celle où les végétaux seroient propres à se reproduire ; elle ne les a rendus habiles à cette importante fonction qu'après que leur floraison s'est opérée ; elle n'a voulu fixer ce moment que lorsque la plupart d'entr'eux auroient embaumé l'atmosphère de leurs parfums délicieux. Elle a voulu qu'ils se fanassent ensuite et que quelquefois ils périssent pour ne reparoître jamais. La plupart néanmoins brillent d'un nouvel éclat au printemps qui succède à leur destruction, qui n'est qu'apparente, et

---

(1) On appelle Faculté Loco-Mobile celle qu'ont les animaux de changer de place quand il leur plaît.

les rayons bienfaisans de l'astre du jour en raniment alors la vigueur pour se reproduire encore.

Dans les fleurs que l'on nomme Complètes (1) on distingue sur un même réceptacle (2) les organes mâles, qui sont les Etamines, et les organes femelles, qui sont les Pistils (3) : ce sont là les vrais, les seuls moyens de la fécondation et par conséquent ceux de la reproduction des végétaux. Les uns et les autres sont entourés d'une première enveloppe, à laquelle on a donné le nom de Corolle. Cette enveloppe elle-même est ordinairement environnée d'une seconde qui est presque toujours verte, et que l'on nomme le Calice. C'est surtout dans une fleur d'Œillet que l'on peut facilement remarquer et distinguer toutes ces parties ; mais je reviendrai sur chacune d'elles en les traitant séparément.

Ce n'est pas toujours au sommet des branches ou du pédoncule que naissent les fleurs des végétaux ; elles s'épanouissent aussi sur leurs différentes parties ; mais en quelque endroit qu'elles paroissent, elles y sont d'abord renfermées dans un bouton qui les met

------

(1) On appelle fleurs Incomplètes celles qui manquent de quelques-unes des parties dont nous parlons ici, et fleurs Complètes celles, au contraire, qui ont toutes ces parties.

(2) Ce que l'on nomme le Réceptacle, en botanique, est le point de contact, de l'Ovaire, qui est la base du pistil, dans laquelle sont renfermés les rudimens des semences, avec le pédoncule, que l'on nomme vulgairement la Queue des Fleurs.

(3) *Voyez*, au chapitre suivant, en quoi consistent ces deux organes, ainsi que la Corolle.

à l'abri de l'intempérie de l'air. Si on développe ce bouton on aperçoit dans son intérieur les organes sexuels qui y sont déjà tout formés ; on y distingue les pétales (1) ; mais la plupart y sont incolores, et ils ont besoin, autant pour se peindre des nuances de couleurs qui leur sont propres, que pour s'accroître et se développer, du contact des rayons vivifians de l'astre du jour.

A mesure que le bouton croît et se gonfle, les pétales se développent, grandissent et servent d'abri aux étamines et aux pistils, et lorsque les fleurs sont tout-à-fait sorties de leurs boutons, les pétales entrouverts se dilatent, s'étalent et laissent voir à découvert les organes de la génération. (*Voyez* la pl. V, fig. 1ere., A et B.)

Tous les végétaux ne s'épanouissent pas dans la même saison, ni à la même heure du jour. Les uns fleurissent au printemps, les autres en été, et d'autres en automne ; il y en a même qui, sans redouter les rigueurs de la saison des frimas, percent la neige qui couvre alors la terre, et semblent vouloir ne paroître que pour lui disputer l'éclat de sa blancheur. Dans toutes les saisons, si néanmoins on en excepte l'hiver, il est des fleurs qui s'ouvrent le matin, d'autres à midi, et un grand nombre à l'instant même où le soleil quitte et abandonne notre horizon. Il s'en trouve qui ne s'épanouissent que lorsque la fraîcheur de la

---

(1) On nomme Pétales, en botanique, les feuilles ordinairement colorées des fleurs, et c'est la réunion des Pétales qui forme la Corolle.

nuit commence, et qui se referment aussitôt que les premiers rayons du soleil viennent les frapper. Il y en a qui se dilatent et se ressèrent alternativement, suivant que l'atmosphère est successivement chaude et humide.

C'est d'après ces différentes périodes de floraison des végétaux que des observateurs infatigables des opérations de la nature nous ont donné le tableau de leur floraison annuelle. C'est à ces mêmes hommes (1) que nous sommes redevables du tableau symétrique et raisonné qui indique l'heure de leur épanouissement, auquel ils ont donné le nom d'Horloge de Flore.

Ces observations me paroissent assez importantes pour ne pas être déplacées dans ces élémens; elles peuvent d'ailleurs fournir aux jeunes élèves l'occasion de découvertes utiles. Je vais donc les leur tracer; le premier par mois et par ordre alphabétique, et le second tel que l'auteur lui-même (2) nous l'a transmis.

---

(1) Stimulé par les écrits du célèbre de *Lamarck*, qui me sont parvenus trop tard, je n'ai commencé à observer la floraison de quelques plantes que la dernière année de l'existence de l'Ecole Centrale des Vosges, l'an XI.

(2) L'immortel *Linné*.

~~~~~~~~~~~~~~~~~~~~~~~~~~~~~~

TABLEAU ALPHABÉTIQUE

De la floraison de quelques Végétaux, disposé par mois.

VENDÉMIAIRE (Septembre.)

AMARILLIS jaune (l').	*Amaryllis lutea.*
Aralie épineuse. (l').	*Aralia spinosa.*
Blègne occidentale (la).	*Blechnum occidentale.*
Colchique, ou Tue-Chien (le).	*Colchicum autumnale.*
Cyclame, ou Pain-de-Pourceau (le).	*Cyclamen Europœum.*
Dentelaire (la).	*Plombago europœa.*
Houx à grappes (le).	*Ruscus racemosus.*
Lonchiste velue (la).	*Lonchitis hirsuta.*
Safran (le).	*Crocus sativus.*
Trichomane (le).	*Trichomanes.*
Verge-d'Or toujours verte (la).	*Solidago semper virens.*

BRUMAIRE (Octobre.)

Aster à grandes fleurs (l').	*Aster grandiflorus.*
Aster misère (l').	*Aster miser.*
Topinambourg (le).	*Helianthus tuberosus.*

FRIMAIRE (Novembre.)

Capillaire à feuilles de Coriandre (le).	*Adianthum Capillus Veneris.*
~~~~~~~~~~~~~~~~~~~~~~~~~~~~~~

Bry strié (le).	*Bryum Striatum.*
Phaque subulé (le).	*Phascum Subulatum.*

NIVÔSE (Décembre et Janvier.)

Fontinale incombustible (la).	*Fontinalis Antipyretica.*
Hellébore noir (l').	*Helleborus Niger.*
Hypne soyeux (l').	*Hypnum Sericeum.*
Polypode commun (le).	*Polypodium vulgare.*

PLUVIÔSE (Février.)

Aune (l'),	*Betula Alnus.*
Garou-Thymélée (le).	*Daphne-Tymelœa.*
Jungermane étoilée (la).	*Jungermania Stellata.*
Mnie étoilée (la).	*Mnium Hornum.*
Noisetier (le).	*Corylus Avellana.*
Perce-Neige (la).	*Narcissus Leucoium.*
Peuplier Blanc (le).	*Populus Alba.*
Politric commun (le).	*Polytricum Commune.*
Ricie (la petite).	*Riccia Minima.*
Saule Marceau (le).	*Salix Caprea.*

VENTÔSE (Mars.)

Abricotier (l').	*Prunus Armeniaca.*
Alaterne (l').	*Rhamnus Alaternus.*
Amandier (l').	*Amygdalus Communis.*
Androsace carnée (l').	*Androsace Carnea.*
Anémone à fleur jaune (l').	*Anemone Ranunculoïdes.*
Anémone hépatique (l').	*Anemone Hepatica.*
Arabette des Alpes (l').	*Arabis Alpina.*
Buis arborescent. (le).	*Buxus Sempervirens.*

Cabaret (le).	*Asarum Europæum.*
Cornouiller (le).	*Cornus Mas.*
Fumeterre bulbeuse (la).	*Fumaria Bulbosa.*
Giroflier des murailles (le).	*Cheïranthus Cheïri.*
Groseiller épineux (le).	*Ribes uva Crispa.*
Hellébore d'hiver (l').	*Helleborus Hyemalis.*
If (l').	*Taxus.*
Mandragore (la).	*Atropa Mandragora.*
Marchante étoilée (la).	*Marchantia Stellata.*
Narcisse sauvage (le).	*Narcissus Pseudo - Narcissus.*
Passerage pusille (la).	*Lepidium Pusillum.*
Pêcher (le).	*Amygdalus Persica.*
Pétasite (le).	*Tussilago Petasites.*
Primevère (la).	*Primula Veris.*
Renoncule blonde (la).	*Ranunculus Nivealis.*
Renoncule ficaire (la).	*Ranunculus ficaria.*
Safran printanier (le).	*Crocus Vernus.*
Saule blanc (le).	*Salix Alba.*
Soldanelle (la).	*Soldanella.*
Sphaigne des marais (la).	*Sphagnum Palustre.*
Saxifrage à feuilles épaisses (la).	*Saxifraga Crassifolia.*
Tabouret, Bourse-à-Pasteur. (le).	*Thlaspi Bursa Pastoris.*
Tussilage-pas-d'Ane (le).	*Tussilago Farfara.*

GERMINAL (Avril.)

Anémone des bois (l').	*Anemone Sylvestris.*
Anémone pulsatile (l').	*Anemone Pulsatilla.*
Bouleau (le).	*Betula.*

Céraiste des Champs (le).	*Cerastium Arvense.*
Charme (le).	*Carpinus.*
Chélidoine ou Eclair (la).	*Chelidonium Majus.*
Drave Aizoïde (la).	*Draba Aizoïdes.*
Drave Printanière (la).	*Draba Verna.*
Erables (les).	*Aceres.*
Frêne commun (le).	*Fraxinus Excelsior.*
Fritillaire impériale (la).	*Fritillaria Imperialis.*
Jacinthe orientale (la).	*Hiacinthus Orientalis.*
Jonc des bois (le).	*Juncus Sylvestris.*
Lamier blanc (le).	*Lamium Album.*
Lierre terrestre (le).	*Glecoma Hederacea.*
Macéron commun (le).	*Smyrnium Olusatrum.*
Orme (l').	*Ulmus Campestris.*
Orobe printanière (l').	*Orobus Vernus.*
Parisette (la).	*Paris Quadrifolia.*
Pervenche (la petite).	*Vinca Minor.*
Pissenlit commun (le).	*Leontodon Taraxacum.*
Poirier (le).	*Pyrus communis.*
Pruniers (les).	*Pruni Domestici.*
Saxifrage granulée (la).	*Saxifraga Granulata.*
Saxifrage trydactile (la).	*Saxifraga Trydactylites.*
Tulipe sauvage (la).	*Tulipa Sylvestris.*
Violette odorante (la).	*Viola Odorata.*

FLORÉAL (Mai.)

Acanthe branchursine (l').	*Acanthus Mollis.*
Acanthe épineuse (l').	*Acanthus Spinosus.*
Aspérule odorante (l').	*Asperula Odorata.*
Benoîte (la).	*Geum Urbanum.*
Bourrache (la).	*Barrago Officinalis.*

Brione (la).	*Bryonia.*
Bugle (la).	*Ajuga Reptans.*
Cerisier (le).	*Prunus Cerasus.*
Chêne (le).	*Quercus Robur.*
Concombre sauvage (le).	*Momordica Elaterium.*
Consoude (la).	*Symphytum Officinale.*
Coriandre (la).	*Coriandrum Sativum.*
Cytise (le).	*Citysus Laburnum.*
Dompte-Venin (le).	*Asclepias Vincetoxicon.*
Fève de Marais (la).	*Vicia Faba.*
Filipendule (la).	*Filipendula.*
Fraisier (le).	*Fragaria Vesca.*
Frêne polypétale (le).	*Fraxinus Ornus.*
Gaînier (le).	*Siliquastrum.*
Genet à balet (le).	*Ilex Aquifolium.*
Houx (le).	*Spartium Scoparium.*
Iris (les).	*Irrides.*
Julienne alliaire (la).	*Hesperis Matronalis.*
Licomorel (le).	*Acer Pseudo-Platanus.*
Lilas commun (le).	*Syringa Vulgaris.*
Lunaire annuelle (la).	*Lunaria Annua.*
Maronnier (le).	*Æsculus — Hippocasta-neum.*
Muguet de Mai (le).	*Convallaria Majalis.*
Noyer (le).	*Juglans regia.*
Pivoine (la).	*Pœonia Officinalis.*
Pommiers (les).	*Pyri Mali.*
Prêle des Champs (la).	*Equisetum Arvense.*
Raisin-de-Renard (le).	*Paris Quadrifolia.*
Sabot-de-Vénus (le).	*Cypripedium Calceolus.*
Sapin (le).	*Pinus Picea.*

Seigle (le).	*Secale Cereale.*
Spirée crénelée (la).	*Spiræa Crenata.*
Toute-Bonne des Prés (la).	*Salvia Pratensis.*
Valériane sauvage (la).	*Valeriana Officinalis.*
Vératre noir (le).	*Veratrum Nigrum.*
Vinettier (le).	*Berberis Vulgaris.*

PRAIRIAL. (Juin.)

Agripaume ou Cardiaque (l').	*Leonurus Cardiaca.*
Aigremoine officinal (l').	*Agrimonia Eupatoria.*
Amorphe (l').	*Amorpha.*
Ammi commun (l').	*Ammi Majus.*
Angélique des Jardins (l').	*Angelica Archangelica.*
Aristoloche clématite (l').	*Aristolochia Clematitis.*
Armarinthe (l').	*Cacrys Lybanotis.*
Astragale à feuilles de Réglisse (l').	*Astragalus Glyciphillos.*
Avoine (l').	*Avena.*
Azédarac (l').	*Melia Azedarac.*
Berse brancursine (la).	*Heracleum Spondylium.*
Bluet (le).	*Centaurea Cyanus.*
Bourgène (la).	*Rhamnus Frangula.*
Brunelle (la).	*Prunella Vulgaris.*
Bugle (la).	*Ajuga Reptans.*
Campanule gantelée (la).	*Campanula Trachelium.*
Capucine (la grande).	*Tropæolum Majus.*
Centaurée des Bleds (la).	*Centaurea Cyanus.*
Ciguë (la).	*Cicuta.*
Coqueret-Alkékange (le).	*Physalis Alkekengi.*
Corneille (la).	*Lysimachia Vulgaris.*

Cresson de Fontaine (le).	*Cordamine.*
Dauphinelles (les).	*Delphinia.*
Digitales (les).	*Digitales.*
Endive (l').	*Cichorium Endivia.*
Froment (le).	*Triticum.*
Guimauve ordinaire (la).	*Althœa Officinalis.*
Lavande commune (la).	*Lavandula Spica.*
Lin (le).	*Linum Usitatissimum.*
Mille-Feuille (le).	*Achillea.*
Nénuphares (les)	*Nymphœœ.*
Nerprun (le).	*Rhamnus Catharticus.*
Nigelles (les).	*Nigellœ.*
Œillet (l').	*Dianthus Caryophillus.*
Ophioglosse commune (l').	*Ophyoglossum Vulgatum.*
Orge (l').	*Hordeum.*
Panais (le).	*Pastinaca Sativa.*
Pastel (le) ou la Guède.	*Isatis Tinctoria.*
Pavot coquelicot (le).	*Papaver Rhœas.*
Peigne-de-Vénus (le).	*Scandix Pecten.*
Pimprenelle (la).	*Sanguisorba Officinalis.*
Rapontic (le).	*Rheum Raponticum.*
Réséda (le).	*Reseda Lutea.*
Robinier-faux-Acacia (le).	*Robinia-pseudo-Acacia.*
Roquette des Champs (la).	*Bunias Erucago.*
Sainfoin d'Espagne (le).	*Hedisarum Coronarium.*
Sanicle (la).	*Sanicula Europœa.*
Sauges (les).	*Salviœ.*
Squille (la).	*Scilla Maritima.*
Tilleul (le).	*Tilia Europœa.*
Tradescante de Virginie (la).	*Tradescantia Virginica.*

Trèfle des Prés (le).	*Trifolium Pratense.*
Vigne (la).	*Vitis Vinifera.*

MESSIDOR (Juillet.)

Asperge (l').	*Asparagus Officinalis.*
Carotte (la).	*Daucus Carotta.*
Catalpa de Virginie (le).	*Bignonia Catalpa.*
Chanvre (le).	*Cannabis.*
Chardon bonnetier (le).	*Dipsacus Fullonum.*
Caucalide à grandes fleurs (la).	*Caucalis grandifllora.*
Chicorée sauvage (la).	*Cichorium Intybus.*
Corneille (la).	*Lysimachia Vulgaris.*
Cumin-Cornu (le).	*Hypecoum Procumbens.*
Echinops commun (l').	*Echinops-Spherocephalus.*
Epi-d'Eau flottant (l').	*Potamogeton Natans.*
Fenouil (le).	*Anœthum Fœniculum.*
Gentiane-Centauriette (la).	*Gentiana Centauria.*
Houblon (le).	*Humulus Lupulus.*
Hyssope (l').	*Hissopus Officinalis.*
Immortelle commune (l').	*Xeranthemum Ananum.*
Inule-Conize (l').	*Inula Dysenteria.*
Laitues (les).	*Lactucæ.*
Lampourde commune (la).	*Xantium Strumarium.*
Lizeron maritime (le).	*Convolvulus Soldanella.*
Marguerite des Champs (la).	*Chrysanthemum Segetum.*
Matricaire odorante (la).	*Matricaria Partenium.*
Menthes (les).	*Menthæ.*
Mufle-de-Veau (le).	*Antirrhinum Majus.*
Pomme-de-Terre (la).	*Solanum Tuberosum.*

Pourpier (le).	*Portulaca Oleracea.*
Réglisse ordinaire (la).	*Glycirrhisa Glabra.*
Rue-des-Jardins (la).	*Ruta Graveolens.*
Salicaire vulgaire (la).	*Lythrum Salicaria.*
Soleil (le).	*Heliantus annus.*
Souci des Jardins (le).	*Calendula officinalis.*
Statice-Béhen rouge (le).	*Statice limonium.*
Tabac (le).	*Nicotiana Tabacum.*
Tanaïsie vulgaire (la).	*Tanacetum vulgare.*

THERMIDOR et FRUCTIDOR (Août.)

Balsamine des Jardins (la).	*Impaticus Balsamina.*
Coriopses (les).	*Coryopses.*
Euphrasie jaune (l').	*Euphrasia Lutea.*
Fougère (la).	*Pteris Aquilina.*
Garance (la).	*Rubia Tinctorum.*
Genet des Teinturiers (le).	*Genista Tinctoria.*
Gentiane d'automne (la).	*Gentiana Lutea.*
Laurier-Rose (le).	*Nerium Oleander.*
Laurier - Tim (le).	*Viburnumtinus.*
Lycopède des Marais (le).	*Lycopodium Inundatum.*
Maïs cultivé (le).	*Zea Maïs.*
Marguerite tardive (la).	*Chrysanthemum Autumnale.*
Parnassie (la).	*Parnassia.*
Pillulaire globuleuse (la).	*Pillularia Globularia.*
Rudebèques (les).	*Rudbechiæ.*
Sarrasin , Bled noir (le).	*Polygonum Fagopyrum.*
Scabieuse-Succine (la).	*Scabiosa-Succina.*
Souchet long (le).	*Cyperus Lungus.*

Sumac-Fustet (le).	*Rhus Cotinus.*
Sylphes (les).	*Sylphiœ.*
Tamarin de Narbonne (le).	*Tamarix Gallica.*
Yèble (l').	*Sambucus Ebulus.*
Etc., etc.	

HORLOGE DE FLORE. (1)

HEURES de l'épanouissement des Fleurs suivantes.	NOMS DES FLEURS.	HEURES auxquelles ces mêmes Fleurs se ferment.	
MATIN.		**MATIN.**	**SOIR.**
de 3 à 5 h.	Tragopogon Luteum	de 9 à 10 h.	
de 4 à 5	Leontodon Taraxa-coïdes..		3 heures.
de 4 à 5	Picris Magna.	12 ou	2
de 4 à 5	Chicorium Scanense.	10	
de 4 à 5	Crepis Tectorum. . .	de 10 à 12	
de 4 à 6	Scorzonera Tingi-tana..	10	
à 5	Sonchus Lævis. . . .	de 11 à 12	
à 5	Papaver Nudicaule.		à 7
à 5	Hemerocallis Fulva.		de 7 à 8
de 5 à 6	Leontodon Taraxa-cum..	de 8 à 9	
de 5 à 6	Crepis Alpina. . . .	à 11	
de 5 à 6	Tragopogon Colum-næ	à 11	
de 5 à 6	Lapsana Rhagadio-lus.	de 10 à	1
de 5 à 6	Lapsana Glutinosa..	à 10	
de 5 à 6	Convolvulus Rectus.		de 7 à 8
à 6	Hypochæris Praten-sis		de 4 à 5
à 6	Hieracium Frutico-sum..		à 5
de 6 à 7	Hieracium Pulmona-ria..		à 2
de 6 à 7	Crepis Rubra.. . . .		de 1 à 2
de 6 à 7	Sonchus Repens . . .	de 10 à 12	

(1) Ce Tableau de l'épanouissement de certaines Fleurs a été dressé par *Linné*, à Upsal, qui est situé au 60e. degré de latitude boréale.

HEURES de l'épanouissement des Fleurs suivantes.	NOMS DES FLEURS.	HEURES auxquelles ces mêmes Fleurs se ferment.	
MATIN.		**MATIN.**	**SOIR.**
de 6 à 7 h.	Sonchus Belgicus...		à 2 h.
de 6 à 7	Hieracium Rubrum.		de 3 à 4
à 7	Leontodon Chondrilloïdes......		à 3
à 7	Hieracium Latifolium........		de 1 à 2
à 7	Sonchus Laponicus.	à 12.	
à 7	Lactuca Sativa....	à 10	
à 7	Calendula Pluvialis.		de 3 à 4
à 7	Nymphæa Alba...		à 5
à 7	Anthericum Album.		de 3 à 4
de 6 à 8	Alyssum, Alyssoïdes.		à 4
de 7 à 8	Hypochæris Hispida.		à 2
de 7 à 8	Lapsana Rhagadioloïdes........		à 2
de 7 à 8	Mesembryanthemum Barbatum.....		à 2
de 7 à 8	Mesembryanthemum Linguiforme....		à 3
à 8	Hieracium Pilosella.		à 2
à 8	Anagallis Rubra...		
à 8	Dianthus Prolifer.		à 1
à 9	Hieracium Chondrolloïdes.....		à 1
à 9	Calendula Arvensis.	de 12 à	3
de 9 à 10	Malva Helvula....		à 1
de 9 à 10	Arenaria Purpurea..		de 2 à 3
de 9 à 10	Mesembryanthemum Cristallinum....		de 3 à 4
de 10 à 11	Mesembryanthemum Napolitanum....		à 3
SOIR.			
à 5 h.	Mirabilis Jalapa...		
à 6	Geranium Triste.		
à 6	Silene, Noctiflora..		
	Cactus Grandiflorus.		à 12

CHAPITRE XII.

Des parties constituantes de la fleur , de leurs diverses modifications , ainsi que de leur mécanisme prolifère.

LES parties principales qui constituent une fleur sont, comme je l'ai déjà dit, la *Corolle*, l'*Etamine* et le *Pistil* : néanmoins, indépendamment de ces trois parties , il en est d'autres dont celles-ci sont composées et qu'il importe de connoître ; c'est pourquoi je vais en donner une idée la plus claire et en même temps la plus succincte qu'il me sera possible.

1°. *La Corolle.* (*Voyez* la pl. V°., fig. II et III.)

La Corolle, cette partie la plus apparente du végétal, que l'on nomme vulgairement la Fleur, est le plus communément colorée ; souvent elle est odorante et d'une texture délicate.

Toute Corolle est formée d'une seule ou de plusieurs pièces, auxquelles les Botanistes ont donné le nom de Pétales.(*Voyez* la planc. V, fig. II et III.)(1) On peut donc dire que chaque feuille blanche du Lis, par exemple, ainsi que chaque feuille incarnate de

---

(1) Les Pétales sont ces lames molles , ordinairement colorées, qui composent la fleur, et que l'on nomme ses Feuilles.

(94)

la Rose , est un Pétale de ces mêmes fleurs , dont l'ensemble et la réuniou forment la Corolle.

Toutes les plantes cependant ne sont point pourvues de Corolle.; car les Graminées, l'Oseille, etc., ne sont composées que de petites écailles ou paillettes qui recouvrent immédiatement leurs organes sexuels. On a donné à ces écailles le nom de Bâles et de Glumes. Elles sont souvent terminées par un filet mince et rude au toucher, que l'on appelle Arrête. (*Voyez* la planc. Ire. , fig. XXVII. B.)

Parmi les fleurs il s'en trouve de Simples et d'autres qui sont Composées. Les fleurs Simples sont celles qui, comme le Lizeron, ou l'Oreille-d'Ours, ne renferment, dans le même calice, qu'une seule Corolle : la fleur Composée, au contraire, est celle qui , dans un seul et même calice, contient plusieurs fleurs , tels sont le Chardon , le Pisenlit, la Scabieuse, etc.

La Corolle des fleurs Simples est tantôt Monopétale, et d'autrefois elle est Polypétale. On nomme Monopétale toute Corolle qui est formée d'une pièce unique, c'est-à-dire, dont les divisions , s'il s'en trouve quelques-unes , ne sont point prolongées jusqu'à la base, de manière qu'il est impossible d'enlever cette Corolle, à moins qu'on ne l'enlève toute entière du lieu de son insertion, autrement on la romproit et on la déchireroit comme on feroit de celle du Lizeron, de la Primevère, du Tabac, etc. (*Voyez* la pl. V, fig. II.)

La Corolle polypétale au contraire est celle qui est composée de plusieurs pièces, que l'on peut détacher et enlever, les unes après les autres, du lieu de leur insertion, sans endommager pour cela la Corolle ,

comme dans l'Œillet, la Rose , le Rhododendrum, etc.
(*Voyez* la planc. V , fig. III.)

La Corolle monopétale , ainsi que la polypétale , est
Régulière ou bien Irrégulière. La Corolle régulière est
celle dans laquelle toutes les parties sont coupées
uniformément et sont placées à une égale distance
d'un centre commun : elles présentent dans leur contour un ensemble symétrique et presque toujours
uniforme , comme le Muguet des Bois , les Mauves,
la Guimauve , etc.

La Corolle monopétale irrégulière est celle dont le
Limbe (1) est ordinairement partagé en divisions
inégales, comme celles du Bouillon blanc , de la Véronique , de la Menthe , etc.

La Corolle polypétale régulière est composée ou de
quatre Pétales égaux et disposés en croix, comme
la fleur du Cresson , du Chou , de la Rave , du
Navet , etc. ; ou bien d'un plus grand nombre de Pétales , aussi égaux , mais disposés en rose, c'est-à-dire,
un peu en recouvrement les uns sur les autres, comme
dans la fleur du Mille-Pertuis , dans celle de la Nielle,
de l'Hellébore, etc.

La Corolle polypétale irrégulière est celle qui est
formée de plusieurs pièces dissemblables et inégales
entre elles ; telles sont en général toutes les fleurs des
plantes Papillionacées de la Xe. classe de *Tournefort,*
comme celles du Pois , de la Fève, du Lupin , etc.,
ou bien les Anomales, classe XIe., du même auteur,

---

(1) On a donné le nom de Limbe au contour du sommet des
pétales.

dont la forme, plus irrégulière encore, est absolument bizarre ; telles sont les fleurs de la Violette, celles de la Capucine, du Pied d'Alouette, etc.

Avant de passer à l'Etamine et au Pistil, je dois prévenir les jeunes élèves que, dans une Corolle, soit Monopétale, soit Polypétale, on distingue trois parties principales ; savoir, le Limbe, le corps du Pétale et son Onglet, ou son fond. (*Voyez* la planc. V, fig. II et III.) Le Limbe est la partie la plus extérieure et en même temps la plus large du Pétale ; c'est précisément son sommet (B., planc. V, fig. II et III.) Le Corps est la partie mitoyenne, qui est située entre le sommet et le fond ; on le nomme Tube, ou Tuyau dans les Monopétales, et Corps dans les Polypétales (C). Dans celles-ci l'extrémité inférieure, qui est toujours la plus étroite, se nomme l'Onglet (D), et dans les Monopétales, cette même extrêmité s'appelle l'Entrée ou le Fond.

2°. *L'Étamine.*

L'Etamine est la partie la plus essentielle de la fleur, celle qui est indispensablement nécessaire à la fructification, et conséquemment pour la reproduction de l'espèce, puisque c'est par elle seule que le Pistil est fécondé et qu'il vivifie les Embryons (1) qui sont renfermés dans l'ovaire (2).

---

(1) Les Embryons sont la partie la plus essentielle de la Semence ; ils sont l'abrégé du végétal : c'est la plante elle-même en miniature ; chacun d'eux est formé de la plumule, de la radicule, et des deux lobes ou cotylédons.

(2) L'Ovaire, comme on sait, est la partie du Pistil ou l'organe

Pour se faire une juste idée des Etamines, prenons ici pour exemple le Lis (B) ou la tulippe (A), (*voyez* la planc. V, fig. IV) que tout le monde connoît, ouvrons la Corolle, détachons-en tous les pétales...... que nous reste-t-il ? Au centre et précisément dans la direction perpendiculaire du pédoncule, on n'aperçoit qu'une espèce de colonne verte (C), qui est le Pistil ; mais autour de cette même colonne centrale il s'en trouve six autres (D) qui l'environnent et dont la base de chacune a moins de diamètre que celle du Pistil. Ces six petites colonnes se terminent toutes, de bas en haut, en une pointe assez aiguë (E), qui enfile, dans son milieu, une espèce de corps duveté et imprégné d'une poussière très-fine, de couleur différente, jaune dans le Lis, et communément brunâtre dans la Tulippe. (Cette poussière s'attache facilement aux doigts de celui qui la touche et les colore.) Ces six colonnes sont les Etamines de ces fleurs.

L'Etamine est ordinairement composée de trois parties ; savoir, du Filet, de l'Anthère et du Pollen ; je dis ordinairement, parce qu'il arrive quelquefois que le filet manque dans certaines fleurs; et alors on dit que l'Etamine et l'Anthère sont sessiles.

Le Filet (F) est cette espèce de support plus ou moins alongé, plus ou moins grêle, qui soutient l'Anthère à son extrémité supérieure. La base du Filet n'a pas toujours son insertion sur la même partie interne de la fleur; dans les unes cette base repose sur le fond du

femelle, qui renferme les rudimens des semences et qui devient le fruit.

réceptacle, et dans les autres elle s'implante sur les parois internes des pétales ou sur l'ovaire lui-même.

L'Anthère (G) est une espèce de petite bourse, un sachet situé à l'extrémité du filet ; cette bourse ou ce sachet contient des globules, ou une espèce de poussière fine, de nature résineuse, que l'on nomme Pollen, ou poussière fécondante (H). Quand l'Anthère est parvenue à sa parfaite maturité, cette petite bourse, ou ce petit sac s'ouvre alors de lui-même, tantôt par le côté, tantôt de bas en haut, et quelquefois à son sommet : c'est à ce moment que la poussière qu'il contient s'échappe et jaillit par une espèce d'explosion ; puis, par une sorte d'attraction mutuelle qui existe entre ces parties, elle se porte sur le Stygmate du Pistil, qui en absorbe aussitôt les mollécules les plus subtiles et les transmet, par la médiation du Style, sur les embryons situés à sa base, sur le placenta (K) (1) et les féconde.

Le Pollen est, comme nous venons de le dire, cette poussière extrèmement fine qui est renfermée dans la petite bourse ou le petit sac des Anthères, avant la maturité, qui est le moment de la fécondation.

On croit que chaque grain de cette poussière que contiennent les Anthères, est lui-même un petit sac membraneux qui renferme le fluide fécondant.

---

(1) Le Placenta est la partie sur laquelle reposent immédiatement les semences ; c'est lui qui leur transmet les sucs nourriciers qui sont indispensablement nécessaires à leur subsistance et à leur développement, au moyen de petits cordons ombilicaux.

(99)

Les Etamines, de même que les Pistils, affectent différentes formes, suivant les différentes espèces de fleurs
qui en sont pourvues ; ils prennent aussi des noms différens que les limites de ces élémens ne me permettent pas
de rapporter ici ; mais on pourra consulter avec fruit
sur ces objets, l'intéressant dictionnaire de Botanique
de *Ventenat*. (*Voyez* d'ailleurs la planc. V , fig. V.)

3°. *Le Pistil.*

Le Pistil, ai-je dit plus haut, est cette colonne centrale qui, dans la Tulippe, comme dans le Lis , semble
être la continuité, le prolongement du Pédoncule, que
le vulgaire nomme la queue ; sa couleur est presque la
même que celle de ce support de la fleur ; cependant
elle est ordinairement d'un vert plus clair dans les deux
fleurs que nous prenons ici pour exemple : sa forme
d'ailleurs, au lieu d'être ronde comme celle du Pédoncule, est un peu triangulaire , et son sommet est
terminé par trois espèces d'apophyses disposées aussi
triangulairement. (*Voyez* la planc. V , fig. IV.)

On distingue dans le Pistil , qui est, comme nous
l'avons déjà dit, l'organe femelle des végétaux , trois
parties principales ; savoir , l'Ovaire (L), le Style (M),
et le Stygmate (I). Quelquefois le Style manque et
alors les Stygmates, qui reposent immédiatement sur
le Placenta, se nomment Sessiles.

L'Ovaire , que l'on peut comparer à celui des animaux , est situé à la partie inférieure du Pistil ; il renferme plusieurs petits grains qui paroissent être de
tendres ovules, ou les rudimens des semences, qui
sont attachés dans sa cavité intérieure sur le Pla-

·centa , auquel ils tiennent par les cordons ombilicaux qui leur communiquent les fluides nécessaires pour leur développement et pour leur maturité. On remarque ordinairement dans l'Ovaire plusieurs loges séparées par autant de cloisons que cet organe renferme d'ovules.

On dit de l'Ovaire qu'il est ou Supère ou Infère ; Supère, lorsque, comme dans la fleur du Cerisier, il est élevé au-dessus du calice , sans y adhérer ; on le nomme Infère, quand il est enfoncé dans le calice avec lequel il est intimement uni , soit en tout, soit en partie, comme dans la fleur du Pommier.

Le Style, qui est la partie moyenne du Pistil, n'est autre chose que l'Ovaire lui-même , qui s'élève et se prolonge en une espèce de colonne qui est ordinairement assez mince , mais toujours creuse ou fistuleuse. Ce style , qui part du sommet de l'Ovaire, de son côté ou bien de sa base , est presque toujours couronné, dans sa partie supérieure , par un ou plusieurs boutons qui affectent différentes formes et auxquels on a donné le nom de Stygmates.

Le Stygmate, qui est, comme je viens de le dire, la partie supérieure, le sommet du Pistil, a souvent plusieurs ouvertures qui sont comme autant de lèvres, semblables à des espèces de bouches ouvertes pour recevoir la poussière fécondante, afin de la transmettre, au moyen du Style, sur les Ovaires et les féconder.

Le Stygmate, venons-nous de dire, affecte différentes formes. A la vérité, il est quelquefois droit et élevé, d'autrefois il est contourné; tantôt il est double

ou bifide, et tantôt il est roulé en dessous ; il en est
de sphériques ou globuleux , d'accuminés ou pointus ;
les uns sont obtus et les autres sont en cœur ; ceux-ci
sont tronqués et ceux-là sont échancrés ; il y en a en
godet , et il s'en trouve de triangulaires ; on en voit
de peltés , c'est-à-dire, en bouclier ; d'étoilés , en pin-
ceaux ou péniciliformes, de plumeux , de pétaliformes,
c'est-à-dire , en forme de Pétales , de coudés , de crochus , etc. (*Voyez* la planc. V , fig. V.)

Le nombre des Pistils varie , comme celui des
Etamines , suivant les différentes espèces de fleurs qui
les renferment , et c'est d'après le nombre des uns
et des autres que *Linné* a établi ses classes , du moins
ses treize premières , ainsi que ses ordres.

Mécanisme prolifère des Végétaux.

Ce n'est jamais que lorsque les fleurs sont épanouies
parfaitement, que leur fécondation s'opère. Nous
avons vu plus haut que le Pollen , lancé alors sur
le Stygmate du Pistil , pénétroit à l'instant, par l'in-
termède du Style , qui étoit creux, (1) jusqu'au Pla-

-----

(1) J'avoue que j'avois toujours cru jusqu'à présent , et avec
la presque totalité des Botanistes anciens et même modernes, que
le Pollen se communiquoit , au moyen du Style du Pistil qui
étoit creux ou fistuleux , et de l'ouverture de ses Stygmates sur
les Ovaires ; mais aujourd'hui , que des observations nouvelles ,
faites par des Botanistes recommandables , leur ont découvert que la plupart des styles étoient imperforés , j'attends ,
avec confiance , des lumières de ces grands hommes , le développement plus circonstancié de leur opinion , pour asseoir la
mienne , qui sera toujours volontiers à l'unisson avec   la
sur ce point important.

centa, sur lequel reposoient les Embryons et qu'il les fécondoit.

Quoiqu'il en soit de l'opinion moderne , il n'est pas moins vrai de dire que, quand les deux sexes sont séparés, malgré qu'ils soient placés sur le même individu , comme dans les fleurs monoïques, (1) on a remarqué qu'assez ordinairement les fleurs femelles étoient disposées au-dessous des fleurs mâles, qu'alors les unes s'ouvroient en même temps que les autres, et que les Anthères ne lançoient jamais leur Pollen ue quand les Stygmates étoient en état de le recevoir.

Quant aux fleurs dioïques , (2) il arrive souvent que les mâles sont fort éloignés des femelles, et néanmoins elles se trouvent fécondées par les premiers. C'est une expérience que nous avons faite dans le jardin botanique de l'école centrale des Vosges, en l'an 6 , sur un pied de Chanvre femelle qui , par la culture particulière que j'avois pris soin de lui donner, autant que par la fertilité du sol où le hasard l'avoit projeté , avoit acquis une taille gigantesque et presque monstrueuse.

Un grand nombre de champs ensemencés de cette

---

(1) On nomme , en botanique, fleurs Monoïques, celles qui habitent la même maison ; c'est-à-dire, qui sont placées sur le même pied , mais dont une fleur qui ne renferme que des Etamines sans Pistils, est séparée d'une autre qui ne contient que des Pistils sans Etamines.

(2) On donne le nom de Dioïques aux fleurs dont les mâles ou les fleurs à Etamines sont placées sur un pied , et les Femelles ou les fleurs à Pistils le sont sur un autre pied.

même graine, environnoit la commune de tous côtés, mais la distance des plus prochains étoit d'un quart-d'heure de marche au moins. Cependant, la surprise de mes élèves en fut extrême, quand, malgré ce que je leur avois dit sur le mode presque miraculeux de la fécondation des plantes, ils virent ce qu'ils n'avoint pu se persuader jusqu'alors, que ce pied femelle écrasoit sous le poids de son fruit, lors de sa maturité.

Dès l'instant ils ne balancèrent plus à croire que, dans un pays où une fleur mâle, quoiqu'éloignée de sa femelle, s'épanouit en même temps qu'elle, il ne faut qu'un vent favorable pour couvrir les Pistils de celle-ci de la poussière des Etamines du mâle, quoique distans l'un de l'autre, parce que cette poussière est si légère, qu'elle est transportée au loin par le moindre aquilon.

Leur conviction fut plus parfaite encore quand, l'année suivante, pour les convaincre de cette vérité par le contraire, je semai dans le jardin plusieurs pieds de chanvre, que je cultivai avec moins de soins afin qu'ils n'atteignissent pas une taille qui s'opposât à l'expérience que je méditois. Je les laissai croître tous jusqu'à l'époque où je pus en distinguer les sexes, et sans attendre leur développement je les arrachai, à l'exception de deux, dont un mâle et l'autre femelle, qui étoient les moins élevés et que je pus renfermer sous de grands récipiens vîtrés; l'un et l'autre se développa et fleurit; mais la femelle infécondée ne produisit pas un seul grain de semence. Nous remarquâmes, ce qui prouve l'attraction mutuelle, que les carreaux de la cloche qui contenoit le

mâle, et qui regardoient le côté de la cloche renfermant la femelle, étoient seuls tout couverts de la
poussière des Etamines.

Alors mes élèves ne furent plus surpris lorsqu'ils rencontroient, souvent à des distances considérables, une multitude de végétaux Dioïques femelles et isolés qui, jamais auparavant, n'avoient
existé dans ces contrées, mais dont la graine, en maturité, avoit été emportée par les vents ou par quelques autres accidens, du jardin dans le voisinage,
quand, dis-je, ils trouvoient ces plantes femelles
chargées de graines fécondes.

CHAPITRE XIII.

Du Fruit, de son développement, de ses enveloppes extérieures, ainsi que de ses différentes espèces.

Il n'est nullement douteux que le germe des plantes
n'existe dans le fruit avant sa fécondation; mais ce germe
est un être passif qui attend son existence d'une cause
étrangère qui ne doit la lui communiquer que par la
fécondation. Si au contraire cette fécondation n'a pas
lieu, le germe se flétrit, se dessèche et meurt sans
avoir pu produire son espèce; mais s'il a été tou-
ché par le Pollen ou la poussière fécondante, il s'a-
nime aussitôt, se dilate, grossit, son développement

devient chaque jour plus sensible, et le fruit atteint au volume qu'il doit avoir : cependant il ne parvient à son degré de maturité que lorsque son enveloppe extérieure, que l'on nomme Péricarpe, a terminé son accroissement ; car cette enveloppe n'est pas seulement destinée à servir d'abri au fruit contre les injures du temps, mais la nature a voulu qu'elle lui préparât encore les fluides ou les sucs nourriciers qui concourent à ses fonctions vitales.

On remarque dans le Fruit deux parties principales ; savoir, la Graine, qui contient le germe, et l'Enveloppe de cette même graine que l'on nomme le Péricarpe.

On distingue dans le Péricarpe, le Placenta, le Cordon ombilical, les Loges, les Cloisons et les Valves.

On nomme placenta dans le Fruit, cette partie du Péricarpe à laquelle est fixé le Cordon ombilical des graines. C'est dans ce Placenta que sont réunis les vaisseaux qui portent la nourriture aux embryons de ces mêmes graines après leur fécondation.

On appelle Cordon ombilical un petit groupe de vaisseaux qui partent de la mère-plante pour distribuer la nourriture aux embryons qu'ils lient et qu'ils unissent avec le Péricarpe sur le Placenta.

On a donné le nom de Loges aux cavités intérieures du Péricarpe. Quelquefois il n'y en a qu'une seule, et, dans ce cas, le Péricarpe se nomme Uniloculaire : s'il s'en trouve deux, on l'appelle Biloculaire ; trois, Triloculaire, etc.

Les Cloisons du Péricarpe sont ces séparations qui sont ordinairement formées par une espèce de membrane qui en partage l'intérieur en plusieurs Loges, et qui ne paroissent nullement au dehors.

Les Valves, au contraire, quoiqu'elles soient des espèces de Cloisons qui, comme les précédentes, partagent l'intérieur du Péricarpe, présentent néanmoins une sorte d'arrangement symétrique, et elles sont, de plus qu'elles, marquées extérieurement par des sutures longitudinales ou transversales. C'est toujours suivant la direction de ces mêmes sutures que le Péricarpe s'ouvre dans sa maturité ; ce qui n'a pas lieu pour les Cloisons.

On distingue cinq espèces de Fruits ; savoir, la Noix, la Capsule, le Drupe, la Baie et le Cône.

La Noix, que l'on nomme aussi Noyeau, est une espèce de Péricarpe, ou d'enveloppe secondaire, d'une substance ligneuse ou au moins de nature ligneuse, (1) qui contient, dans son intérieur, une ou plusieurs semences, auxquelles on donne vulgairement le nom d'Amende. La Noix est elle-même entourée et renfermée dans une pulpe plus ou moins molle, plus ou moins succulente, plus ou moins charnue, ou plus ou moins sèche, comme dans le Prunier, le Cérisier, le pêcher, etc. (*Voyez* la planc. V, fig. VI.)

La Capsule est un fruit sec, à une ou plusieurs loges, qui s'ouvre d'une manière toujours uniforme, dans quelques-unes de ses parties, lors de sa maturité. Les panneaux qui constituent la Capsule, se nomment Valves ou Battans. Il est certaines Capsules qui, dans leur intérieur, renferment des cloisons

____

(1) De la nature du bois, tels que les noyaux d'abricots.

qui les partagent en deux, trois, et même en plusieurs loges ; il en est d'autres, telles que celles de l'Œillet, qui, sans avoir de cloisons intérieures, sont divisées, dans leur centre, par un axe perpendiculaire, autour duquel les semences sont attachées.

Les Botanistes distinguent quatre espèces de Capsules, qui sont la Follicule, le Légume ou Gousse, la Silique et la Coque.

La Follicule est une Capsule alongée, d'une seule pièce, qui n'a point de Valves, non plus que de suture longitudinale, qui ne renferme intérieurement qu'une seule loge contenant les graines, et qui, lors de sa maturité, se fend d'un seul côté, dans toute sa longueur, comme celle de l'Asclépiade apocin. (*Voyez* la pl. V, fig. VII.)

Le Légume ou la Gousse est une Capsule à deux valves alongées, à deux sutures opposées, à une seule loge, portant ses graines attachées alternativement à l'une et à l'autre valves, comme dans le Pois et dans toutes les plantes papillonnées de *Tournefort*. (*Voyez* la pl. V, fig. VIII.)

La Silique est, comme la Gousse, une Capsule alongée, à deux valves, et à deux sutures opposées, portant également ses graines attachées alternativement à l'une et à l'autre ; mais elle en diffère en ce qu'elle est divisée intérieurement, en deux loges, par une cloison membraneuse, qui suit la direction de ces mêmes Valves.

On distingue deux espèces de Siliques ; savoir, la Silique, proprement dite, qui est beaucoup plus longue que large, et qui contient ordinairement beaucoup de graines, comme celles du Radis et de la Giroflée; et la Silicule, qui, généralement parlant, est moins longue que la Silique proprement dite, et qui est toujours très - large, eu égard à sa longueur, comme dans le Cresson, le Thlaspi, etc. (*Voyez* la planc. V, fig. IX.)

La Coque, enfin, est aussi une Capsule à plusieurs loges, dont chaque lobe est composé de deux valves cartilagineuses, qui, par la réunion de leurs bords, forment une cellule qui contient le fruit, comme le Châtaignier, le Hêtre, etc. (*Voyez* la pl. V, fig. X.)

On nomme Drupe l'enveloppe succulente et charnue qui renferme, dans son intérieur, un noyau dur et ligneux, telles que les Pêches, les Amandes, les Cerises, etc. (*Voyez* la pl. V, fig. XI.)

La Baie est une autre espèce d'enveloppe également succulente et charnue, dont la pulpe est immédiatement en contact avec les semences, et qui consistent en plusieurs petits noyaux, qui, au lieu d'être durs et ligneux, ne sont que cartilagineux, comme dans les Raisins, les Groseilles, l'Atrope - Belladone, la Fraise, etc. Néanmoins il existe une différence entre les autres Baies et celle de la Fraise : dans celle - ci, les semences ne sont point renfermées dans la pulpe même, comme dans les autres, mais elles adhèrent à sa surface. Certaines autres Baies, telles que la Pomme, la Poire, etc., ont des cloisons intérieures et membraneuses qui forment autant de séparations, qui, néanmoins, n'empêchent pas que les semences ne soient environnées de toute part par la pulpe. (*Voyez* la pl. V, fig. XII.)

Le Cône, enfin, est l'assemblage de plusieurs écailles qui recouvrent une ou deux graines nues, et dont la réunion affecte la figure d'un pain de sucre : tel est le fruit du Cèdre, du Pin, du Sapin, etc. (*Voyez* la pl. IV, fig. VIII.)

CHAPITRE XIV.

Des maladies et de la mort des Végétaux.

APRÈS avoir examiné les végétaux, depuis l'instant de leur formation dans la graine qui les produit, après les avoir suivis durant les différentes périodes de leur existence, nous allons les considérer dans les divers accidens qui occasionnent leur destruction.

Quoique les plantes ne soient pas exposées à des causes accidentelles de maladies ou de mort, aussi fréquentes que la plupart des animaux, que des excès, trop souvent imprudens, précipitent à grands pas vers le terme de leur existence, cependant elles sont, comme eux, sujettes à de certaines maladies qui les font périr, sans que, comme ceux-ci, elles aient la faculté de fuir et d'éviter par-là les dangers qui les menacent.

Placés dans un sol trop chaud, trop sec ou trop aride, privés de la quantité d'air ou du degré de lumière qui sont indispensablement nécessaires pour leur existence, la plupart des végétaux périssent d'excès de transpiration , ou d'inanition , ou enfin par la désorganisation et le dessèchemens de leur tissu cellulaire. Ici des pluies trop abondantes , là des brouillards épais et malsains ; tantôt des coups de soleil brûlans ; d'autres fois la grêle , en les mutilant, occasionne l'extravasion de leur sève, détruit leurs feuilles ainsi que leurs jeunes bourgeons ; et tous ces accidens réunis semblent agir de concert pour dessécher les plus vigoureux , et faire tomber leur tige en pourriture.

D'un autre côté, une multitude d'insectes semblent avoir voué à la mort les végétaux, aux dépens desquels ils se nourrissent ; les uns rongent leurs feuilles, les autres attaquent leurs racines, et ceux-là tranchent, avec leurs mâchoires dures et écailleuses , leur tissu ligneux , qu'ils réduisent en poussière. Une foule de petits quadrupèdes , parmi lesquels nous devons ranger les Lièvres, les Lapins, les Rats et les Mulots, creusent la terre pendant l'hiver, afin de se nourrir des racines de certains arbres. Plusieurs êtres parasites, tels que les Champignons, les Lichens et les Mousses, s'implantent sur les feuilles, sur les branches ou sur les rameaux de certains arbres, et en sucent la substance, pour se l'approprier aux dépens de ceux-ci

Il est d'ailleurs pour les plantes , comme pour les animaux, des bornes posées, par la main de l'ordonnateur suprême, au-delà desquelles il ne leur a pas permis d'étendre leur existence : il a voulu que lorsque les uns et les autres auroient atteint le terme de leur parfait développement, dès lors ils cessassent de croître, et qu'une fois parvenus à cette époque, la nutrition ne contribuât plus qu'à réparer leurs pertes journalières. C'est ainsi que leurs facultés organiques, en s'affoiblissant de jour en jour, les avertissent que bientôt une mort certaine va mette un terme à leur existence; et si quelquefois ils donnent encore de foibles étincelles de leur ancienne vigueur, ce n'est qu'un surcroît de bienfaisance de la part de la nature, qui semble vouloir les consoler de leur vieillesse.

Il existe, à la vérité, quelques végétaux, tels que les Chènes antiques de nos vastes forêts, qui datent de leur naissance par plusieurs siècles, tandis qu'un grand nombre d'espèces de Champignons naissent le matin et périssent le soir ; mais cette différence dans la durée de la vie des uns ou des autres, qui n'est due qu'à la différence de leur organisation, ne les mettra point à l'abri des coups que leur portera la faux du temps, à la quelle tous les êtres sont soumis ; tous rentreront, plutôt ou plus tard, dans la circulation générale, et iront contribuer à la reproduction d'êtres nouveaux. Il n'est d'autre immortel que celui qui créa l'Univers.

CHAPITRE XV.

Exposition des Méthodes botaniques.

S'IL suffisoit seulement, pour s'instruire, que des jeunes élèves qui commencent l'étude de la Botanique, se meublassent la mémoire de généralités sur cette belle partie de l'histoire naturelle, il ne s'en trouveroit qu'un très-petit nombre qui, en peu de temps, n'y fissent les progrès les plus rapides. Mais l'expérience a appris que tous les faits généraux qu'on leur expose, s'effacent bientôt de leur souvenir, s'ils n'y sont gravés plus profondément par des faits particuliers qui, en les leur rappelant en détail, les conduisent nécessairement à la connoissance parfaite et approfondie des végétaux. Or, il n'est point de moyen plus certain pour atteindre ce but, que l'étude bien méditée des différens systèmes ou méthodes qui ont été imaginés par de célèbres Botanistes.

Ceux de ces systèmes ou méthodes qui paroissent, et qui sont, à juste titre, les plus accrédités, sont la méthode de *Tournefort*, le système sexuel de *Linné*, et la méthode de *Jussieu*. Néanmoins, quoique celui des trois qui semble, et qui est en effet le plus généralement suivi, non-seulement en France, mais dans toute l'Europe savante, soit le système de *Linné*, il est reconnu, par tous les Botanistes anciens et modernes, que la méthode de *Tournefort* est la plus facile pour des commençans ; c'est pourquoi je vais l'exposer la première dans ce Tableau élémentaire. Elle facilitera d'ailleurs l'intelligence du système sexuel de *Linné*, qui présente plus de difficultés ; et l'une et l'autre seront comme la clef de la méthode de *Jussieu*, qui, quoiqu'une des plus ingénieuses, et la plus naturelle de toutes, n'en est pas pour cela la plus facile. Chacune d'elles sera précédée d'un tableau méthodique qui en présentera l'ensemble.

TABLEAU MÉTHODIQUE DE TOURNEFORT.

Tous les Végétaux en général sont,

CLASSES.

des Herbes.
 — ou Pétalées.....
   — ou Simples...
     — ou Monopétales.
       — ou Régulières.. { 1. Campaniformes. / 2. Infundibuliformes.
       — ou Irrégulières. { 3. Personnées. / 4. Labiées.
     — ou Polypétales..
       — ou Régulières.. { 5. Cruciformes. / 6. Rosacées. / 7. Ombellifères. / 8. Caryophyllées. / 9. Liliacées.
       — ou Irrégulières. { 10. Papilionacées. / 11. Anomales.
   — ou Composées..... { 12. Flosculeuses. / 13. Semi-flosculeuses. / 14. Radiées.
 — ou Apétales..... { 15. Fleurs à étamines. / 16. Apétales sans fleurs. / 17. Apétales sans fleurs ni fruits.

ou des Arbres.
 — ou Apétales..... { 18. Arbres apétales. / 19. Arbres amentacés.
 — ou Pétalés.....
   — ou Monopétales..... : 20. Arbres monopétales.
   — ou ... { ou Régulières { 21. Arbres rosacés.

MÉTHODE

DE TOURNEFORT.

TOURNEFORT a établi les fondemens principaux de sa méthode botanique sur la Corolle. (1). Il paroît qu'il n'a donné la préférence à cette partie des végétaux, que parce qu'elle étoit celle qui arrêtoit et qui fixoit plus particulièrement les regards, et parce que d'ailleurs elle fournissoit un grand nombre de caractères extrêmement faciles à saisir. C'est de cette même Corolle qu'il a tiré la distinction générale qu'il établit entre toutes ses Classes, comme nous allons le voir ci-après. Il a ensuite formé les ordres de sa Méthode, auxquels il a donné le nom de Sections, d'après la forme et la consistance du Fruit ou semence, qu'il a considéré comme provenant du Pistil ou du Calice.

Avant d'aller plus loin, il importe, pour l'intelligence de cette savante Méthode, de recourir à ce que nous avons dit de la Corolle, au chapitre XII, pag. 93 ;

---

(1) La Corolle est, comme nous l'avons déjà observé plus d'une fois, cette partie de la plante qui fixe plus particulièrement l'attention de ceux surtout qui ne sont pas Botanistes, et que l'on nomme vulgairement la Fleur d'une plante.

de se pénétrer de la différence des modifications dont cette partie est susceptible, sans quoi il seroit difficile de bien comprendre la Méthode si lumineuse de cet illustre Botaniste.

Tournefort a d'abord partagé tous les végétaux en deux grandes et principales divisions, dans la première desquelles il a placé les Herbes et les sous-Arbrisseaux, et dans la seconde, il a renfermé tous les Arbres et Arbustes : de ces deux divisions il résulte dix-sept Classes pour les Herbes et les sous-Arbrisseaux, et cinq Classes pour les Arbres et les Arbustes : ce qui donne un total de vingt-deux Classes dont il a composé sa Méthode.

Par la dénomination d'Herbes, le réformateur de la Botanique comprend toutes les plantes d'une consistance molle et foible, qui ne portent point de boutons aux aisselles de leurs feuilles, et dont la durée ne s'étend qu'à quelques années au plus, tandis que les Arbres sont d'une consistance ligneuse, conséquemment plus solide, plus ferme et plus durable. Ils portent d'ailleurs des boutons aux aisselles de leurs feuilles; ils s'élèvent à une hauteur souvent très-considérable, et enfin la plupart vivent plusieurs siècles.

Mais cette première division, trop généralisée, a paru insuffisante à *Tournefort*; il a donc sous-divisé les Herbes en Pétalées et en Apétales, en Simples et en Composées, en Monopétales et en Polypétales; enfin, en Régulières et en Irrégulières. (1)

---

(1) *Voyez* ce qui a été dit ci-devant, chapitre XII, pag. 94, relativement aux modifications différentes de la Corolle.

Quant aux Arbres, ce Botaniste profond les a sous-divisés dans un ordre, pour ainsi dire, inverse de celui qu'il a observé pour les Herbes; car la dernière sous-division de celles-ci renferme les Herbes apétales, telles que le Bled, le Maïs, le Ricin, etc. , tandis qu'au contraire la première sous-division de ses Arbres comprend ceux qui sont apétales, tels que le Frêne, le Buis, etc. Sa seconde sous-division est composée des Arbres dont les fleurs Apétales sont attachées plusieurs ensemble autour et le long d'un axe commun, que l'on nomme Chaton. On les appelle aussi Arbres Amentacés; tels sont le Saule, le Peuplier, le Noyer, le Noisetier, etc. Sa troisième sous-division renferme les Arbres qui sont Monopétales-Campaniformes, (1) comme la Bruyère, ou Monopétales-Infundibuliformes, (2) comme le Laurier-Rose. Il a placé dans sa quatrième sous-division les Arbres dont la fleur simple, polypétale, régulière, est composée d'un certain nombre de pétales disposés en rose, et il a nommé ces Arbres Rosacés; tels sont le Tilleul, l'Oranger, le Prunier, le Poirier, etc. Enfin, sa cinquième sous-division des Arbres comprend ceux dont la fleur irrégulière ressemble à celle du Pois, et il les a nommés Arbres Papilionacés; tels sont le Genêt, le faux Acacia, etc.

Pour faciliter l'intelligence de la Méthode de ce Botaniste profond, il importe d'avoir sous les yeux

---

(1) Dont la fleur, d'une seule pièce, est en forme de cloche.

(2) Dont la fleur se termine inférieurement en un tube plus ou moins alongé, et qui imite celui d'un entonnoir.

(118)

l'ordre dans lequel il a partagé les vingt-deux Classes
qui forment la division de son système.

ORDRE DES CLASSES.

Classe Ire. . . . Plantes à fleurs Campaniformes.
Classe IIe. . . . . Infundibuliformes.
Classe IIIe. . . . . Personnées.
Classe IVe. . . . . Labiées.
Classe V^e. . . . . Cruciformes
Classe VIe. . . . . Rosacées.
Classe VIIe. . . . . Ombellifères.
Classe VIIIe. . . . . Caryophyllées.
Classe IXe. . . . . Liliacées.
Classe X^e. . . . . Papilionacées.
Classe XIe. . . . . Anomales.
Classe XIIe. . . . . Flosculeuses.
Classe XIIIe. . . . . Semi-Flosculeuses.
Classe XIV°. . . . . Radiées.
Classe XVe. . . . . Fleurs à étamines.
Classe XVIe. . . . . Apétales sans fleurs.
Classe XVIIe. . . . . Apétales sans fleurs
ni fruits.
Classe XVIIIe. . . . . Arbres apétales.
Classe XIXe. . . . . Arbres amentacés.
Classe XXe. . . . . Arbres monopétales.
Classe XXIe. . . . . Arbres rosacés.
Classe XXIIe. . . . . Arbres papilionacés.

Mais, avant de développer les Classes et les Sections de *Tournefort*, essayons, par des exemples
puisés dans le nombre des Herbes les plus vulgaire-

ment connues, de faire comprendre, de la manière la plus intelligible qu'il nous sera possible, aux jeunes élèves, ce que c'est que des Herbes Pétalées, Apétales, Simples, Composées, Monopétales, Polypétales, Régulières, et enfin Irrégulières.

Pour cet effet, cueillons, par exemple, un grand Lizeron (1), un Œillet, une Violette, un Barbeau ou Bluet, et un Epi de Blé en fleur; examinons-les chacun séparément, et analysons-les tous les uns après les autres.

Quel est d'abord le but de notre première recherche?.... c'est de nous assurer de la consistance de chacune de ces plantes, afin de nous convaincre qu'elles sont ou des Herbes, ou bien des Arbres. D'après l'examen que nous en avons fait, aucune ne nous a paru être ligneuse; nous pouvons donc conclure qu'elles sont toutes des Herbes.

Mais que sont chacune de ces Herbes en particulier? Ce Lizeron, par exemple, est-il une Herbe Pétalée ou Apétale, Simple ou Composée, Monopétale ou Polypétale, Régulière ou Irrégulière? Je dis, 1°. qu'il est une Herbe pétalée, puisqu'il me présente une fleur blanche, qui est son Pétale; 2°. qu'il est une Herbe à Fleur simple, puisque son Pétale, ou, pour parler plus clairement, sa fleur est seule

-----

(1) Le Lizeron, dont il est ici question, est cette plante herbacée, à grandes fleurs blanches, qui est volubile, c'est-à-dire, qui s'entortille, en grimpant, autour des corps qui l'avoisinent, que l'on rencontre particulièrement dans les haies, et qui est connue sous le nom vulgaire de Clochette.

dans son calice; 3°. qu'il est Monopétale, car cette même fleur est tellement d'une seule pièce, que je puis l'enlever toute entière de son calice sans la rompre ou la déchirer; 4°. enfin je dis que cette même fleur est Régulière, puisque toutes les parties de sa Corolle sont coupées uniformément et sont placées à une égale distance du centre : le Lizeron est donc une Herbe Pétalée, Simple, Monopétale et Régulière.

En est-il de même de l'Œillet ?..... Non : à la vérité, il est pétalé, puisqu'il a des feuilles colorées, auxquelles on a donné le nom de Pétales : il est Simple, puisqu'il ne contient qu'une seule fleur dans son calice; il est Régulier, puisque chacun de ses Pétales est coupé régulièrement; mais il est Polypétale, car il est composé de plusieurs Pétales, et tellement séparés les uns des autres, qu'on peut les enlever les uns après les autres, sans pour cela déchirer la Corolle.

Quant à la Violette, elle est une Herbe à fleur Simple, puisqu'elle est seule dans son calice; elle est Pétalée, puisqu'elle a des Pétales ou feuilles colorées; elle est Polypétale, car on y compte cinq Pétales tous bien distincts et séparés les uns des autres; elle est enfin Irrégulière, puisque de ses cinq Pétales, aucun ne se ressemble; car le supérieur est grand, droit et échancré; les deux latéraux, qui sont opposés, sont bien plus petits et ils sont obtus; les deux inférieurs enfin, quoique plus grands que les deux latéraux, et plus petits que le supérieur, sont en outre réfléchis en-dessus; aucun de ces Pétales ne se ressemblent en rien, quant à la forme ou à la grandeur respectives; on doit donc conclure que la Violette est une fleur Irrégulière, Polypétale et Simple.

Le Bluet est Pétalé; il n'est pas simple, car sa Corolle est formée de la réunion de plusieurs petites corolles Régulières à la vérité, si on les considère chacune séparément; mais la réunion de toutes ces petites Corolles dans un même calice fait que le Bluet est une fleur Composée.

Passons enfin à notre Epi de Blé, que nous avons supposé être en fleur : examinons-le attentivement, décomposons-le même dans toutes ses parties....... Qu'y apercevons-nous? des Bâles (1) et rien que des Bâles qui renferment des Etamines sans aucune apparence, ni aucun vestige de Pétales; le Blé est donc une herbe Apétale. (2)

---

(1) Les Bâles sont les enveloppes des parties de la fructification des graminées ; elles sont ordinairement composées de deux valves, souvent terminées par un filet pointu, appelé Barbe ou Arrête, comme dans le Seigle.

(2) Les plantes Apétales sont celles qui n'ont point de corolle ou de pétales dont la réunion forme la corolle.

CLASSES ET SECTIONS

DE LA MÉTHODE

DE TOURNEFORT.

PREMIÈRE CLASSE.

Les Campaniformes.

Toutes les Herbes comprises dans cette Ire. classe portent des fleurs qui sont formées d'une pièce unique et régulière; c'est-à-dire, dont les divisions, s'il s'en trouve, ne sont point prolongées jusqu'à leur base, de manière qu'on peut les enlever toutes entières du lieu de leur insertion, sans pour cela les endommager. Toutes les Campaniformes ne se ressemblent pas ; les unes imitent une cloche, comme le Lizeron ; les autres un grelot, c'est-à-dire, que l'entrée et le fond sont plus étroits que le corps de la fleur, comme dans le Muguet de mai; d'autres enfin ont de la ressemblance avec un godet, comme dans la Garance. Cette classe se divise en neuf sections. (*Voyez* planc. VI, fig. Ire.)

SECTION PREMIÈRE.

La 1ʳᵉ. section des Campaniformes renferme les Herbes à fleurs en cloche, dont le Pistil (1) devient une Baie (2) molle d'une grosseur assez considérable ; comme dans la Mandragore, la Belladone , l'Atrope-Coqueret, etc.

SECTION II.

La IIᵉ. section des Campaniformes contient les Herbes dont la fleur est en cloche ou en grelot et dont le Pistil se change en une petite baie molle ; comme dans le Muguet , le Sceau-de-Salomon, le Laurier Alexandrin à feuilles étroites, le Houx-Frelon ou Buis piquant, le Houx à grappes, etc.

SECTION III.

La IIIᵉ. section comprend les Herbes dont la fleur en cloche èst pourvue d'un pistil qui se change en une capsule (3) sèche, à une seule loge dans quelques espèces, et à plusieurs dans d'autres : comme dans le Mélinet, la Gentiane-Croisette , la Grande-Gentiane, les Lizerons, les Ipomées , l'Epurge, les Esules, le Petit-Tithymale, les Euphorbes, les Surelles, les Cuscutes, etc.

---

(1) *Voyez* ce que c'est que le Pistil , à la page 99 ci-devant.

(2) *Voyez* à la page 108 ci-devant ce que c'est qu'une Baie.

(3) *Voyez* ce que c'est qu'une Capsule à la pag. 106 ci-dessus.

SECTION IV.

La IVe section est composée des Herbes dont la fleur est en bassin ou en cloche, et dont le pistil se convertit en une Follicule (1) à gaîne et à une seule semence; comme dans les Rhubarbes.

SECTION V.

Dans la Ve section de cette méthode sont rangées les Herbes à fleurs monopétales Campaniformes, dont le fruit, en forme de gaîne, contient plusieurs semences; comme dans le Nombril-de-Vénus, les Cotilliers, l'Apocin-Ouette, les Cynanches, les Asclépiades, les Stapéliers, etc.

SECTION VI.

Tournefort a placé dans cette VIe. section des Campaniformes, les Herbes dont la fleur est monopétale, dans laquelle les filets des étamines, réunis par leur base en manière de cylindre, forment une espèce de tuyau au milieu duquel s'élève le pistil qui, dans quelques espèces, se change en un fruit composé de plusieurs capsules, et dans d'autres est partagé en plusieurs loges; comme dans les Mauves, les Lavatères, les Guimauves, les Sides, les Hibisques, les Cotons, etc.

---

(1) *Voyez* ce que nous avons dit ci-devant de la Follicule, page 107.

SECTION VII.

Dans la VIIe. section des Herbes à fleurs Campaniformes sont renfermées, celles dont le calice devient une baie charnue, comme dans les Briones, les Tames, les Momordiques , les Concombres , les Citrouilles, les Melons , les Courges , etc.

SECTION VIII.

On trouve dans cette VIIIe. section les Herbes à fleurs monopétales Campaniformes , dont le calice se convertit en une capsule sèche, comme dans les Campanules, les Raiponces , etc.

SECTION IX.

La IXe. section des Campaniformes enfin renferme les Herbes dont la fleur est disposée en godet et dont le calice se change en une baie à deux loges arrondies et collées l'une contre l'autre; comme dans les Garances, les Caillelaits, les Vaillants, les Sherardes, les Aspérules, les Crucianelles, les Spigelies, etc.

~~~~~~~~~~~~~~~~~~~~~~~~~~~~~~~~

IIe. CLASSE.

Les Infundibuliformes.

Les Herbes de la IIe. classe ont bien, comme celles de la Ire., leur Corolle d'une seule pièce Régulière; mais , outre que cette Corolle est ordinairement di-
~~~~~~~~~~~~~~~~~~~~~~~~~~~~~~~~

visée dans son limbe (1) par des segmens plus ou moins nombreux, c'est que toujours elle est terminée inférieurement par un tube plus ou moins alongé et couronné par un sommet plus ou moins évasé. La ressemblance que l'on a cru trouver entre ce tube et celui qui termine le bas d'un entonnoir, a fait donner aux plantes de cette classe qui en sont pourvues, le nom d'Infundibuliformes (en forme d'entonnoir), ou en roue, ou en soucoupe, ou en rosette. La classe des plantes Infundibuliformes se divise en huit sections (*Voyez* planc. VI, fig. II.)

SECTION PREMIÈRE.

Dans cette Ire. section sont comprises les Herbes qui ont leurs fleurs en entonnoir, et dont le pistil devient une capsule; comme dans les Ménianthes, les Nicotianes, les Jusquiames, les Endormies, les Pervenches, la Petite-Centaurée, l'Oreille-d'Ours, etc.

SECTION II.

La IIe. section des Infundibuliformes contient les Herbes dont la fleur monopétale est en soucoupe ou en rosette et dont le pistil se change en une capsule; comme le fruit des Primevères, des Androsaces, des Areties, des Plantins, etc.

SECTION III.

Cette section renferme les Herbes qui ont leurs

---

(1) Le Limbe est le contour du sommet de la Corolle.

fleurs en entonnoir, et dont le fruit, qui est une noix (1), est enveloppé par la base de la corolle ou du calice, comme dans les Jalaps, le Trachélion azuré, les Lobélies, la Petite Garance, la Jasione des montagnes, les Valérianes, etc.

SECTION IV.

La IVe. section des Infundibuliformes contient les Herbes dont la fleur est en entonnoir, en molette ou en bassin, et dont le pistil se divise en quatre lobes, (2) qui se changent en autant de graines ou semences, qui sont renfermées dans le calice même de la fleur; comme dans les Bourraches, les Buglosses, la Rapette, les Vipérines, les Pulmonaires, les Grémils, les Consoudes, les Héliotropes, les Cynoglosses, les Scorpiones, etc.

SECTION V.

On trouve dans cette V^e. section les Herbes à fleurs en entonnoir, dont le pistil se change en une seule semence : de ce nombre sont les Dentelaires.

SECTION VI.

La VIe. section comprend les Herbes dont la fleur Infundibuliforme est disposée en roue, et dont le

---

(1) *Voyez* ce qui a été dit ci-dessus de la Noix, page 106, chapitre XIII.

(2) On nomme Lobes, dans le cas présent, les parties saillantes qui se trouvent sur le limbe du calice.

pistil devient une capsule sèche et dure, comme dans la Samole aquatique, les Lysimachies, les Mourons, la Centenille, l'Isnarde, les Véroniques, les Péderotes, la Saxifrage dorée, les Dorines, la Valériane Grecque, les Bouillons, etc.

SECTION VII.

La VIIe. section est composée des Herbes à fleur Infundibuliformes, disposées en roue ou en godet, dont le pistil se change en une baie molle et charnue, comme dans les Morelles, les Coquerets, l'Aubergine, les Capsiques, le Cyclame, la Moschateline musquée, etc.

SECTION VIII.

La VIIIe. section enfin de la classe des Infundibuliformes renferme les Herbes dont la fleur est en roue et dont le calice devient le fruit, comme dans la Pimprenelle Officinale, les Potéries, etc.

~~~~~~

IIIᵉ. CLASSE.

Les Personnées , ou Fleurs en masque.

Tournefort a donné le nom de Personnées, ou de Fleurs en Masque ou en Mufle, aux Herbes dont la corolle Monopétale est irrégulière ; elle est en forme de cornet, de capuchon ou d'oreille : les fleurs de cette classe sont particulièrement distinguées par deux lèvres, fendues transversalement, qui ont quelque ressemblance avec la bouche fermée d'un animal. Les graines de ces mêmes fleurs sont contenues dans une capsule ou dans un péricarpe quelconque dans lesquels elles sont séparées par une cloison qui est parallèle à leurs valves. (*Voyez* planc. VI , fig. III.) Cette classe se divise en cinq sections.

SECTION PREMIÈRE.

La Iʳᵉ. section renferme les Herbes qui ont leurs fleurs irrégulières et coupées en espèce de cornet ou de capuchon et dont le fruit ou semence est attaché au bas du Pistil, comme dans les Gouets, les Calles, les Dragones, les Pothos , etc.

SECTION II.

La IIᵉ. section des Personnées contient les Herbes à fleurs monopétales irrégulières, qui sont disposées en tuyau aussi irrégulier , coupées en languette, et
~~~~~~

dont le calice se change en une capsule, comme dans les Aristoloches.

SECTION III.

La IIIᵉ. section comprend les Herbes dont les fleurs en tuyaux irréguliers, sont ouvertes par les deux extrémités, et dont le pistil se convertit en une capsule; comme dans les Digitales, les Bignones, la Gratiole officinale, les Scrofulaires, etc.

SECTION IV.

La IVᵉ. section est composée des Herbes dont les fleurs sont disposées en un tuyau irrégulier, ouvert dans le fond et fermé à son extrémité supérieure par une espèce de mufle qui semble composé de deux mâchoires, comme dans les Mufliers, les Grassettes, les Utriculaires, la Corine, l'Erine, les Eufraises, les Polygales, les Pédiculaires, les Cocristes, les Bartsies, les Melampires, les Orobanches, les Clandestines, la Limoselle aquatique, les Capraries, la Linderne, la Lantane épineuse, la Tozie alpine, la Martine annuelle, etc.

SECTION V.

On trouve dans cette dernière section des Personnées, les Herbes à fleurs monopétales irrégulières qui sont terminées, en bas, par un anneau, comme les Acanthes.

~~~~~~

IVe. CLASSE.

Les Labiées, ou Fleurs en gueule. (1)

LES Herbes de cette IVe. classe ont leurs fleurs Monopétales irrégulières, fendues transversalement et partagées communément en deux lèvres, dont la supérieure a quelquefois la forme d'un casque, comme dans les Sauges; d'autrefois l'inférieure est à trois segmens, dont les deux latéraux s'appellent les ailes, comme dans le Romarin. Quand la corolle labiée (2) a deux lèvres, comme dans le Basilic, il est facile de distinguer la lèvre supérieure d'avec l'inférieure, parce que c'est vers la première que sont dirigées les étamines qui, le plus souvent, sont au nombre de

---

(1) Toutes les fleurs de ces quatre premières classes sont Monopétales, c'est-à-dire, formées d'une seule et unique pièce; si quelques-unes ont des divisions, ces divisions ne sont jamais prolongées jusqu'à la base de la corolle : car comme nous l'avons déjà dit, si on enlève une de ces corolles du lieu de son insertion, on l'enlèvera toute entière et d'une seule pièce, tandis que, dans les Polypétales, on peut détacher, l'un après l'autre, chacun des pétales qui composent la fleur, du lieu de son insertion, sans pour cela endommager la corolle.

(2) Une Corolle qui n'a qu'une seule lèvre se nomme Uni-Labiée, et Labiée, lorsqu'elle en a deux.
~~~~~~

quatre, dont deux grandes et deux sensiblement plus petites. Presque toutes les Labiées ont leurs feuilles simples, opposées et leur tige carrée ; leurs fleurs sont très-souvent disposées en anneaux autour des tiges ; leur calice, d'une seule pièce, est communément à cinq dents ; il est toujours persistant : leur fruit est composé de quatre graines, et la plupart sont aromatiques, quoiqu'il s'en trouve d'inodores et d'autres qui sont fétides. Cette classe n'est divisée qu'en quatre sections. (*Voyez* pl. VI, fig. IV.)

SECTION PREMIÈRE.

DANS cette Ire. section on trouve les Herbes dont la fleur en gueule a sa lèvre supérieure formée en casque ou en faucille, comme dans les Phlomides, les Sauges, les Toques, les Brunelles, etc.

SECTION II.

DANS la IIe. section sont placées les Herbes à fleur en gueule, qui ont leur lèvre supérieure creusée en cuillier ; telles sont les fleurs des Lamions, des Dracocéphales, des Ballotes, des Stachides, des Galéopses, des Léonures, des Molucelles, du Faux Dictame, des Menthes, des Lycopes, etc.

SECTION III.

LA IIIe. section renferme les Herbes à fleurs en gueule qui ont leur lèvre supérieure retroussée, comme dans les Crapodines ou Sidérites, les Marrubes, les Mélisses, le Lierre terrestre, le Clinopode

vulgaire, les Monardes, les Ziziphores, le petit Basilic sauvage, les Romarins, les Thyms, le Serpolet,
les Sarriettes, les Thymbres, la Lavande ordinaire,
les Origans, les Verveines, les Hysopes, les Cataires,
les Bétoines, les Basilics, etc.

SECTION IV.

La IVe. section des Labiées comprend les Herbes
à fleurs Monopétales irrégulières, qui n'ont qu'une
seule lèvre, comme dans les Germandrées, les
Bugles, etc.

~~~~~~

V^e. CLASSE.

Les Cruciformes. (Pl. VI, fig. V.)

La corolle de toutes les Herbes que cette classe
renferme est Polypétale (1) régulière; elle est composée de quatre pétales, disposés deux à deux, et
placés vis-à-vis l'un de l'autre, de manière que si
l'on tirait une ligne droite par le milieu de chacun

---

(1) On doit se rappeler qu'une corolle Polypétale est celle
qui est composée de plusieurs pétales réunis dans un calice
commun, et que l'on peut extraire les uns après les autres de
ce calice, sans pour cela déchirer la corolle. Les corolles
des cinquième, sixième, septième et huitième Classes sont des
Polypétales par excellence.
~~~~~~

des pétales opposés, la rencontre de ces deux lignes, en se croisant au centre de la corolle, auroit la disposition des branches d'une croix, et c'est de là que ces fleurs ont pris le nom de Cruciformes (en forme de croix.) Le fruit des plantes de cette classe, qui se divise en neuf sections, est une silique ou bien une silicule. (1)

SECTION PREMIÈRE.

La Ire. section de la Ve. classe est composée des Herbes qui ont leurs fleurs en croix , et dont le pistil se change en une silicule qui n'a qu'une seule loge , comme les Pastels ou Guedes , les Camelines , les Draves, les Crambes, etc.

SECTION II.

La IIe. section des Cruciformes renferme les Herbes à fleurs en croix , dont le pistil devient une silicule qui est intérieurement divisée en deux loges par une cloison membraneuse qui la traverse dans son milieu, et dont le fruit est très-comprimé sur les côtes ; tels sont ceux des Thlaspis, des Iberides , des Anastatiques, des Velles, de la Subulaire aquatique, des Cressons , des Cocléares, de la Grande-Passerage, du Tabouret-Bourse-à-Pasteur , etc.

SECTION III.

La IIIe. section de cette classe contient les Herbes

---

(1) Si on ne se rappelle pas ce qui a été dit de la différence qui se trouve entre la Silique et la Silicule , il faut recourir au chapitre XIII , ci-devant, page 107.

$$(\text{135})$$

à fleurs en croix , dont le pistil se change en une
large silique ou bien en une silicule , divisée en
deux loges par une cloison placée au milieu et
parallèlement aux deux loges, comme dans les Alys-
sons , les Boucliers , l'Ecusson - Alliaire , les Lunaires , etc.

SECTION IV.

La IV°. section comprend les Herbes à fleurs en
croix, dont le pistil se convertit en une silique alongée et divisée , dans toute sa longueur , en deux
loges par une cloison mitoyenne ; comme dans les
Choux , les Girofliers , l'Alliaire , les Juliennes , les
Cardamines, les Arabides , les Tourettes, les Caquil-
liers , les Dentaires , l'Herbe - de - Sainte · Barbe, les
Sisymbres , la Roquette des jardins, les Moutardes ,
les Vélars , les Raves , les Raiforts , etc.

SECTION V.

On trouve dans la V°. section les Herbes à fleurs en
croix, dont le pistil se change en une silique partagée
en travers en plusieurs loges ; comme dans les Sili-
quiers , etc.

SECTION VI.

Dans la VI°. section sont placées les Herbes à
fleurs en croix , dont le pistil devient une silique à
une seule loge ; comme dans les Chélidoines, le Chapeau d'Evêque , etc.

SECTION VII.

La VII°. section renferme les Herbes à fleurs en

croix, dont le pistil se change en une silique partagée en trois ou quatre loges ; comme dans la Masse-au-Bedeau, ou Roquette des champs, etc.

SECTION VIII.

La VIIIe. section contient les Herbes à fleurs en croix, qui sont munies de plusieurs pistils qui se changent en plusieurs graines ou semences ramassées en manière de tête ; comme dans les Potamogetons, etc.

SECTION IX.

La IXe. section enfin est composée des Herbes à fleurs en croix, ou Cruciformes, dont le pistil se convertit en une baie, ou un fruit mou ; comme dans la Parisette, etc.

~~~~~~~~~~~~~~~~~~~~~~~~~~~~~~~~~~

VIe. CLASSE.

Les Rosacées.

Les Rosacées sont des Herbes dont la fleur est Simple, Polypétale régulière (1) et composée d'un

---

(1) Nous avons vu ci-devant, chapitre XII, page 94, qu'une fleur Simple étoit celle qui ne renfermoit dans son calice qu'une seule corolle ; et nous avons cité pour exemple le Lizeron et l'Oreille-d'Ours. Par Polypétale régulière, on doit entendre une fleur qui est composée de plusieurs pétales, tous semblables et disposés entr'eux d'une manière symétrique et régulière. Chap. XII, pag. 95.
~~~~~~~~~~~~~~~~~~~~~~~~~~~~~~~~~~

certain nombre de pétales disposés en rose. Cette classe se divise en neuf sections. (*Voyez* planc. VI, fig. VI.)

SECTION PREMIÈRE.

DANS la Ire. section *Tournefort* a placé les Herbes à fleurs en rose dont le pistil devient une capsule uniloculaire (1), qui s'ouvre en travers et se divise en deux parties ; comme dans les Amaranthes, les Pourpiers, etc.

SECTION II.

LE même auteur a rangé dans la IIe. section les Herbes à fleurs en rose, dont quelquefois le pistil et d'autrefois le calice devient une capsule à une seule loge, et souvent assez grosse ; comme le fruit des Pavots, celui des Argemones, des Cactes, des Passiflores, des Alsines, du Polycarpe, de l'Holoste, des Sagines, des Élatines, des Gypsophiles, des Morgelines, des Franquennes, des Stellaires, des Sablières, de la Cherlerie, des Spargoutes, des Céraistes, des Rossolis, des Soudes, de la Parnassie, des Joncs, du Pourpier sauvage, des Cistes, de la Toute-Saine, etc.

SECTION III.

ON trouve dans la IIIe. section les Herbes à fleurs

---

(1) On nomme Capsule uniloculaire celle qui n'a qu'une seule cavité, et qui, dans son intérieur, n'est point séparée par une cloison

(138)

en rose, dont le pistil devient un fruit divisé, le plus
souvent bicapsulaire ou à deux loges ; comme dans
les Saxifrages, les Salicaires , le Pavot cornu, etc.

SECTION IV.

La IVe. section renferme les Herbes à fleurs en
rose, dont le pistil se change en une capsule divisée
en plusieurs cellules ; comme dans les Mille-Pertuis,
les Piroles, les Rues, les Péganes , les Nielles, le
Fabago, les Cistes, les Nénuphars, etc.

SECTION V.

La Ve. section est composée des Herbes à fleurs
en rose, dont le pistil se convertit en un fruit qui,
dans sa capsule épaisse, renferme plusieurs graines
ou semences ; comme le Caprier, etc.

SECTION VI.

La VIe. section des Rosacées comprend les Herbes
à fleurs en rose, dont le pistil se change en un fruit
composé de plusieurs capsules ; comme dans les Tou-
jours-Vives, les Orpins, les Joubarbes, la Reine-des-
Prés, les Spirées, le Tribule terrestre, les Troscarts,
les Becs - de - Gruë ou Geraines , les Pigamons, les
Hellébores, le Butome-Jonc-Fleuri, la Populage des
marais, la Morène Grenouillette, les Trolles, les
Isopires, les Pivoines, etc.

SECTION VII.

Dans la VIIe. section on trouve les Herbes à fleurs
en rose, dont le pistil devient un fruit composé d'un

grand nombre de graines ramassées en tête ; comme dans les Anémones, les Renoncules, la Petite Chélidoine, l'Hépatique des jardins , les Adonis, les Sagittaires, les Flûteaux , la Stratiote, la Filipendule, les Clématites, les Benoistes, les Dryades, les Fraisiers, la Quinte-Feuille, les Tormentilles, les Potentilles, etc.

SECTION VIII.

La VIIIe. section est composée des Herbes à fleurs en rose, dont quelquefois le pistil, et d'autrefois le calice, se changent en des baies molles ; comme le fruit de l'Actée - Herbe de Saint-Christophe, les Phytolaques, les Asperges, etc.

SECTION IX.

Le restaurateur de la Botanique a placé dans la IXe. section les Herbes à fleurs en rose dont le calice devient une capsule sèche à une seule graine nue ; comme dans le Cumin sauvage, les Circées, les Aigremoines, l'Onagre, les Epilobes, etc.

VIIe. CLASSE.

Les Ombellifères.

Les plantes de cette classe sont des Herbes à fleurs simples, polypétales régulières, rosacées, mais disposées en ombelles, c'est-à-dire, que les pédoncules (1) se divisent, en divergeant entre eux comme les branches ou les rayons d'un parasol. Chaque corolle des Ombellifères est ordinairement composée de cinq pétales disposés en rose, distingués néanmoins des rosacées par leurs pétales, qui sont presque toujours inégaux. Leur fruit consiste dans deux graines nues qui sont accolées l'une à l'autre. Cette classe se divise en neuf sections. (*Voyez* planc. VI, fig. VII.)

SECTION PREMIÈRE.

L A 1re. section des Ombellifères renferme les Herbes à fleurs en ombelle ou en parasol, qui sont placées à l'extrémité supérieure de chacun des rayons et dont le calice se change en deux petites semences rayées ou cannelées: telles sont celles des Ammis, des Persils, des Aches, des Bubons, des Boucages, de la Grande Ciguë ou Conie-Maculée, les Phellandires, les Ethuses, le Carvi, la Terre-Noix, les Carottes, les Sisons, les Berles, les Bupleures, etc.

SECTION II.

DANS la IIe. section sont placées les Herbes à fleurs en ombelles, soutenues à l'extrémité des rayons, dont le calice se change en un fruit médiocrement gros, oblong et un peu épais; comme les semences des Anets, des Sésélis, du Méum, des Œnanthés, des

---

(1) Les Pédoncules, comme on sait, sont ce que le vulgaire nomme les Queues des Fleurs.

Livèches, de la Podagraire, des Radiaires ou Sani-
cles, des Scandix, des Cerfeuils, etc.

SECTION III.

LA IIIe. Section contient les Herbes à fleurs en
ombelle, soutenues à l'extrémité des rayons, dont
le calice se convertit en deux semences de médiocre
grosseur, qui sont presque rondes et un peu épaisses;
comme dans les Macerons, les Coriandres, etc.

SECTION IV.

ON trouve dans la IVe. section les Herbes à fleurs
en ombelle, soutenues à l'extrémité des rayons, dont
le calice se change en deux semences ovales, aplaties,
assez dures et médiocrement grosses; comme celles
de l'Impératoire, des Angéliques, des Cristes, de
l'Anet, des Peucedans, etc.

SECTION V.

LA Ve. section est composée des Herbes à fleurs
en ombelle, soutenues à l'extrémité des rayons, dont
le calice devient le pistil, qui se convertit en deux
semences ovales, aplaties et d'une grosseur considérable, comme celles des Athamantes, des Selins, des
Panais, des Berces, de la Férule et des Thapsies, etc.

SECTION VI.

LA VIe. section comprend les Herbes à fleurs en
ombelle, soutenues à l'extrémité des rayons, dont le
calice se change en deux semences d'une grandeur

assez considérable, et qui sont cannelées profondément; telles sont celles des Caucaliers , des Tordiliers , du Séséli de montagne , des Lasers , etc.

SECTION VII.

La VIIe. section renferme les Herbes à fleurs en ombelle, soutenues à l'extrémité des rayons, dont le calice se convertit en un fruit à deux graines enveloppées dans une substance de nature spongieuse ; comme celles des Armarintes, etc.

SECTION VIII.

Tournefort a placé dans la VIIIe. section les Herbes à fleurs en ombelle, soutenues à l'extrémité des rayons, dont le calice devient un fruit à deux graines terminées par un long appendice en forme de queue ; telles sont les semences du Peigne de Vénus.

SECTION IX.

La IXe. section des Ombellifères enfin, est composée des Herbes à fleur en parasol qui, au lieu d'être soutenues à l'extrémité des rayons, comme dans les précédentes, sont ramassées en tête , sans aucune apparence de rayons, comme dans la Sanicle d'Europe , les Panicauts, le Gobelet d'eau, etc.

VIII.ᵉ CLASSE.

Les Caryophyllées.

LES fleurs des Herbes polypétales régulières, dont l'onglet est caché au fond d'un calice cylindrique, formé d'une seule pièce, et sur les bords duquel les lames des pétales s'évasent et se disposent en roue, se nomment Caryophyllées, ou Fleurs en Œillet. Cette classe n'est divisée qu'en deux sections (*Voyez* pl. VI, fig. VIII.)

SECTION PREMIERE.

LA I.ʳᵉ. section des Caryophyllées contient les Herbes à fleurs en œillet, dont le pistil devient une capsule composée, renfermant ordinairement un grand nombre de semences, comme dans les Œillets, les Lamprettes, les Cucubales, les Agrostêmes, les Saponaires, les Cornillets, les Lins, etc.

SECTION II

LA II.ᵉ. section comprend les Herbes Caryophyllées ou en œillet, dont le pistil se change en une petite capsule qui est renfermée dans le calice même de la fleur, comme dans les différentes espèces de Statices.

IXe. CLASSE.

Les Liliacées.

LES Liliacées, ou Fleurs en Lis, sont des Herbes dont les fleurs polypétales régulières sont ordinairement composées de six pétales ; quelquefois cependant elles ne le sont que de trois, et souvent d'un seul, qui est divisé en six parties dans son limbe. Ces pétales imitent en quelque sorte la fleur du lis, ce qui leur a fait donner le nom générique de Fleurs Liliacées. Toutes produisent, comme le *Lis*, un fruit qui consiste en une baie ou capsule Triloculaire et Trivalve (1). Cette classe se divise en cinq sections. (*Voyez* la planc. VI, fig. IX.)

SECTION PREMIÈRE.

. LA 1re. section des plantes Liliacées contient les Herbes à fleurs en lis qui sont monopétales, dont le Limbe est à six Divisions (1) et dont le pistil se change

---

(1) On nomme capsule Triloculaire celle qui est traversée par trois cloisons ; Biloculaire, celle qui n'est partagée en deux que par une seule cloison, et Uniloculaire, la capsule qui est dépourvue de cloison. La capsule Trivalve est celle qui se partage en trois loges ; Bivalve, celle qui est partagée en deux loges, dont chacune renferme des semences séparées, et Univalve, celle qui contient des semences sans séparations.

(2) Le limbe à six divisions est celui d'une fleur qui est par-

en une capsule, comme celle du fruit des Asphodèles, des Hémérocalles, des Hyacinthes, des Colchiques, etc.

SECTION II.

La IIe. section renferme les Herbes à fleurs en lis qui sont monopétales, dont le limbe est divisé en six parties et dont le calice devient le fruit ; telles sont le Safran, les Iris, les Glayeuls, les Narcisses, les Amarillides, le Pancrace Maritime, les Aloès, le Balisier - Canne - d'Inde , etc.

SECTION III.

La IIIe. section comprend les Herbes à fleurs en lis qui sont Tripétales (1), comme la Tradescante de Virginie, que l'on nomme aussi Ephémère.

SECTION IV.

La IVe. section est composée des Herbes à fleurs en lis Hexapétales (2), dont le pistil se charge en une capsule, comme le fruit des Lis, des Phalangies, des Anthérics, des Tulipes, de la Dent-de-Chien, des Leucoies, du Bulbocode printanier, de Luvulaire-Amplexicaule, des Fritillaires, de l'Acore, des Scilles, des Ornithogales, des Ails, des Bermudianes, etc.

---

tagée en six segmens, tandis que le corps et le fond de cette même fleur sont d'une seule pièce.

(1) Tripétales, c'est-à-dire, fleurs composées de trois pétales seulement.

(2) Héxapétales, ce sont des fleurs qui sont formées de six pétales distincts et séparés les uns des autres jusqu'à leur base.

SECTION V.

On trouve enfin dans la Ve. section les Herbes à fleurs en lis, qui, quoique monopétales , sont néanmoins partagées en six divisions assez profondes, et dont le calice devient une capsule, tel que le fruit du Perce-Neige.

~~~~~~~~~~~~~~~~~~~~~~~~~~~~~~~~~~~~

X^e. CLASSE.

Les Papilionacées.

Les Herbes à fleurs polypétales irrégulières, dont la forme imite celle des ailes d'un papillon, et dont le fruit est une gousse ou légume , se nomment Papilionacées ou Légumineuses. (*Voyez* la planc. VI, fig. X.) Cette classe se divise en cinq sections.

SECTION PREMIÈRE.

Toutes les Herbes à fleurs polypétales irrégulières Papilionacées , dont le pistil se change en une gousse ou en un légume simple et assez court , sont de cette Ire. section, comme les Réglisses , la Pesette cultivée , les Lentilles , les Sainfoins , les Vulnéraires , le Lotier-Digité , etc.

SECTION II.

On a compris dans cette IIe. section toutes les
~~~~~~~~~~~~~~~~~~~~~~~~~~~~~~~~~~~~

(147)

Herbes à fleurs Papilionacées, polypétales, irrégulières, dont le pistil devient un légume alongé et
unicapsulaire, comme la Fève de Marais, les Lupins,
les Orobes, les Pois, les Gesses, l'Ocre, les Vesces,
les Ers, le Galéga, etc.

SECTION III.

La IIIᵉ. section renferme les Herbes à fleurs polypétales, irrégulières, papilionacées, dont le pistil
se convertit en une espèce de légume, articulé et
composé de différentes pièces réunies bout à bout les
unes aux autres ; tels que les Pieds-d'Oiseaux, les
Fers-à-Cheval, le Sainfoin d'Espagne, les Che-
nillettes, etc.

SECTION IV.

La IVᵉ. section contient les Herbes à fleurs polypétales, irrégulières, papilionacées, dont chaque pétiole (1) porte trois folioles, comme dans les Lotiers,
les Tréfles, les Bugranes, les Trigonelles, les Luzernes,
les Haricots, les Doliches, etc.

SECTION V.

Cette Vᵉ. et dernière section des plantes légumineuses est composée des Herbes à fleurs papilionacées, dont le pistil devient une gousse biloculaire,
ou divisée en deux loges dans toute sa longueur,
comme le fruit des Astragales, celui des Phaqués, etc.

---

(1) On doit se rappeler qu'en botanique on nomme Pétiole
ce que le vulgaire appelle la queue des feuilles.

XIe. CLASSE.

Les Anomales.

ON appelle plantes Anomales les Herbes dont les fleurs polypétales irrégulières (ce sont les irrégulières par excellence), diffèrent de celles des papilionacées , en ce que surtout elles sont ordinairement munies d'une ou de plusieurs espèces de cornes ou éperons dans leur partie inférieure , et que leur forme est absolument bizarre (*Voyez* la pl. VI, fig. XI.) Cette classe se divise en trois sections seulement.

SECTION PREMIÈRE.

LA Ire. section renferme toutes les Herbes à fleurs polypétales irrégulières , dont le pistil se change en une capsule uniloculaire , comme dans les Balsamines, les Violettes , les Fumeterres , les Gaudes , etc.

SECTION II.

LA IIe. section contient les Herbes à fleurs polypétales , irrégulières , Anomales , dont le pistil se convertit en une capsule qui est un fruit à plusieurs lobes , qui correspondent à autant de loges , comme dans les Aconits , les Dauphins , vulgairement Pieds-d'Alouettes , les Ancolies , les Dictamnes , les Capucines , les Mélianthes , le Pois-de-Merveille , etc.

SECTION III.

La IIIe. section est composée de toutes les Herbes à fleurs polypétales, irrégulières, Anomales, dont le calice devient une capsule remplie de graines qui ont beaucoup de ressemblance avec de la sciure de bois, comme les semences des Orchis, des Elléborines, des Satirions, des Ophris, du Sabot-Nôtre-Dame, etc.

~~~~~~

XIIe. CLASSE.

Les Flosculeuses.

Les Flosculeuses, que l'on nomme aussi Fleurs à Fleurons, sont des Herbes à fleurs Composées, formées de l'Assemblage ou de l'aggrégation de plusieurs petites corolles monopétales, régulières, infundibuliformes, ramassées et réunies dans un calice commun ; elles sont découpées à leur limbe en quatre ou cinq parties, et leurs étamines sont réunies par les anthères. (*Voyez* planc. VI, fig. XII.) Cette classe se divise en six sections.

SECTION PREMIÈRE.

On ne trouve dans cette Ire. section que les Herbes à fleurs à fleurons mâles qui ne laissent après elles, aucune espèce de graines ou semences, comme les Glouterons, les Ambrosies, etc.
~~~~~~

SECTION II.

La IIe. section contient les Herbes à fleurs à fleurons réguliers, qui sont ramassés en faisceaux dans plusieurs espèces, et dont chaque fleuron laisse après lui une semence qui est aigrettée dans presque tous les genres ; comme sont celles des Chardons, des Pets-d'Ane, des Cniques, des Artichauts, de la Jacée des Prés, des Sarrettes, des Bardanes, des Centaurées, des Carthames, des Tussilages, des Cacalies, de la Crisocome, des Perlières, des Cotonnières, des Micropes, des Conises, des Carpésies, des Bacchantes, etc.

SECTION III.

La IIIe. section renferme les Herbes à fleurs à fleurons, qui sont ramassées par petits bouquets et qui laissent chacun après eux une semence aigrettée, comme celles des Seneçons, des Eupatoires, de la Cacalie d'Amérique, des Bidens, etc.

SECTION IV.

La IVe. section comprend les Herbes à fleurs à fleurons, dont chacun laisse après lui une graine sans aigrette, comme le Cartame - Safran bâtard, les Absinthes, les Armoises, les Santolines, les Tanaisies, etc.

SECTION V.

La Ve. section est composée des Herbes à fleurs à fleurons réguliers, qui sont réunis ensemble pour

(151)

former une espèce de boule, et dont chacun est renfermé dans un calice particulier, comme les Echinopes
ou Boulettes.

SECTION VI.

LA VIe. section des Flosculeuses enfin renferme
toutes les Herbes qui ont leurs fleurs composées de
fleurons irréguliers, ordinairement divisés en découpures inégales, et qui sont ramassés de manière
à former des espèces de bouquets dont chacun est
muni d'un calice particulier; comme les Scabieuses,
les Dipsaques ou Carderes, les Globulaires, etc.

XIIIe. CLASSE.

Les Semi-Flosculeuses.

ON nomme Semi - Flosculeuses ou Fleurs à demi-
fleurons les Herbes dont les fleurs sont composées de
l'aggrégation ou de l'assemblage de plusieurs petites
corolles monopétales, dont le tube se prolonge d'un
seul côté, et du côté extérieur, en une lame en
forme de languette, dentelée à son sommet. (*Voyez*
planc. VI, fig. XIII.) Cette classe se divise en deux
sections seulement.

SECTION PREMIÈRE.

LA Ire. section de cette classe comprend toutes
les Herbes à fleurs à demi-fleurons, dont les semences

sont aigrettées, comme celles des Pissenlits, des Eper-
vières, des Porcelles, des Crépides, de la Chondrille-
Joncière, des Prenanthes, des Picrides, des Hyosères,
des Laitues, des Laitrons, des Lampsanes, des Scor-
sonères, des Salsifix, etc.

SECTION II.

La IIe. section renferme toutes les Herbes à demi-
fleurons, dont les semences sont sans aigrettes; telles
que les Cupidones, les Chicorées, les Scolimes, etc.

~~~~~~

XIVe. CLASSE.

Les Radiées.

Toutes les Herbes dont la fleur est composée de
fleurons et de demi-fleurons, tous rassemblés et
réunis dans un calice commun, de manière cependant que les Fleurons occupent le centre de la fleur,
que l'on nomme le Distique, et que les Demi-Fleurons (1) sont placés à la circonférence que l'on ap-

---

(1) Les Fleurons sont de petites corolles monopétales régulières infundibuliformes, dont le limbe ou sommet est partagé
en quatre ou cinq divisions. Les Demi-Fleurons sont de petites
corolles également monopétales, formées d'un tube court qui,
extérieurement, se prolonge en une lame longue, étroite et
presque toujours dentée à son sommet : on lui a aussi donné le
nom de Languette, parce qu'elle imite une petite langue.
~~~~~~

pelle la Couronne; toutes ces herbes, dis-je, se nomment Radiées, ou Fleurs en Soleil. (*Voyez* la pl. VI, fig. XIV.) Cette classe est divisée en cinq sections.

SECTION PREMIÈRE.

La Ire. section renferme les Herbes à fleurs Radiées, dont la semence est pourvue d'aigrettes, comme dans les Inules, les Arniques, les Asters, les Vergerettes, les Cendriettes, les Seneçons à Fleurs Radiées, le Tussilage-Pas-d'Ane, les Doronics, etc.

SECTION II.

Dans la IIe. section sont placées les Herbes à fleurs Radiées, dont les semences sont couronnées par des paillettes qui forment une espèce de chapiteau, comme dans les Soleils, les Rudbeques, les Tagettes, les Zinnes, etc.

SECTION III.

La IIIe. section contient les Herbes à fleurs Radiées, dont les semences n'ont ni aigrettes, ni paillettes en forme de chapitaux, comme dans les Paqueretes, les Chrysanthèmes, les Matricaires, les Camomilles, les Achillières, les Buphtalmes, etc.

SECTION IV.

Tournefort a rangé dans la IVe. section toutes les Herbes à fleurs Radiées, dont les graines sont renfermées dans des capsules ; telles sont celles des Soucis, etc.

SECTION V.

La Ve. section des Radiées enfin est composée des Herbes dont les fleurs en soleil renferment des fleurons dans leur centre et des petites folioles qui forment les rayons de la circonférence ; telles que les fleurs des Xéranthèmes , des Carlines , des Atractiles , etc.

XVe. CLASSE.

Les Fleurs Apétales ou à Etamines.

Tournefort a donné le nom de Fleurs Apétales ou de Fleurs à Etamines aux Herbes dont la fleur n'a point de pétales ou de feuilles colorées, mais dont les Etamines sont très-apparentes. (*Voyez* planc. VI, fig. XV.) Cette XVe. classe est divisée en six sections.

SECTION PREMIÉRE.

Dans la 1re. section on trouve les Herbes dont les fleurs ne sont pas seulement à étamines , mais dont la partie inférieure devient le fruit ; comme dans les Cabarets, le Citinet-Hypociste, les Bettes, etc.

SECTION II.

Dans le IIe. section sont placées les Herbes dont

(155)

les fleurs sont, à la vérité, à étamines, mais dont le
caractère le plus distinctif est d'avoir un pistil qui
se change en une semence qui est enveloppée par
le calice de la fleur ; de ce nombre sont les Oseilles,
les Patiences, les Arroches, les Pattes - d'Oies, les
Camphrées, les Herniaires, les Paroniqnes, les Pieds-
de-Lion, les Knavels, les Thésies, les Pariétaires,
les Renouées, les Persicaires, les Blés Noirs, les
Blètes, etc.

SECTION III.

La IIIe. section contient les Herbes à fleurs apétales ou à étamines, dont les semences sont remplies
d'une farine nutritive; telles sont celles du Froment, du
Seigle, de l'Orge, de l'Avoine, des Millets, du Panis,
des Chiendents, du Riz, du Roseau des Jardins, etc.

SECTION IV.

La IVe. section renferme les Herbes à fleurs à
Etamines ou Apétales, cachées dans des têtes écailleuses, telles sont celles des Scirpes, des Souchets, etc.

SECTION V.

La Ve. section comprend les Herbes à fleurs à
étamines séparées du fruit, quoique sur le même
pied (1), tels que le Typha ou Massette, le Maïs,
la Larme-de-Job, les Ricins.

---

(1) On nomme Monoïques ces espèces de fleurs dont les mâles
sont séparés des femelles, quoique situés sur le même pied.

(156)

SECTION VI.

La VI°. et dernière section des fleurs Apétales est
composée des Herbes à fleurs à étamines, dont les
fruits naissent sur un pied qui ne porte aucune fleur,
et dont les fleurs sont situées sur un autre pied qui
ne porte point de fruit; (1) tels sont les Prêles, les
Epinards, les Mercuriales, les Orties, les Chanvres,
le Houbon, etc.

XVIe. CLASSE.

Les Apétales sans fleurs.

Dans la classe précédente, nous venons de voir
des Herbes à fleurs Apétales, mais qui ont au moins
des étamines qui sont même très-apparentes; dans
cette classe XVI°., au contraire, on ne distingue ni
pétales, ni étamines; seulement on a découvert que
leurs fruits ou semences naissoient sur le dos des
feuilles. (*Voyez* la planc. VI, fig. XVI.) Cette classe
n'est divisée qu'en deux sections.

SECTION PREMIERE.

Dans la 1re. section sont renfermées les Herbes qui
ne produisent aucune espèce de fleurs, mais qui por-

______

(1) On appelle Dioïques les espèces de plantes dont les sexes
sont ainsi séparés.

tent seulement des graines qui sont disposées sur le dos des feuilles; comme les Fougères, la Lonkite, le Polytric, le Polypode, les Capillaires, les Cétérac, la Langue-de-Cerf ou Scolopendre, etc.

SECTION II.

Dans la IIe. section sont comprises les Herbes qui, comme celles de la première, n'ont point de fleurs, mais dont les graines ou semences sont renfermées dans des espèces de boîtes, ou bien sont disposées en épis ou en grappes; comme celles de l'Osmonde ou Fougère fleurie, de la Langue-de-Serpent, des Lichens, etc.

XVIIe. CLASSE.

Les Apétales sans fleurs ni fruits.

Cette dernière classe des Herbes renferme celles qui sont Apétales et dans lesquelles on ne distingue ni fleurs, ni fruits, ou semences. De tous les végétaux, il n'en est point qui présentent plus de difficultés pour leur classification que ceux qui sont compris dans cette classe (*Voyez* planc. VI, fig. XVII), qui se divise en deux sections. (1)

---

(1) Pour bien connoître les Apétales sans Fleurs ni Fruits, de même que les Apétales sans Fleurs, il faut en avoir fait une étude toute particulière, et dont souvent le résultat ne présente

SECTION PREMIERE.

L_A Ire.section contient les Herbes dont on ne connoît ni les fleurs ni le fruit, mais qui végètent sur la terre; telles sont les Mousses, les Champignons.

SECTION II.

L_A IIe. section comprend les Herbes dont on ne connoît de même ni fleurs ni fruits, mais qui végètent au fond des eaux, comme les Algues.

~~~~~~~~~~~~~~~~~~~~~~~~~~~~

XVIIIe. CLASSE.

Les Arbres Apétales.

D_{ANS} cette XVIIIe. classe sont placés les Arbres et les Arbrisseaux qui ont des fleurs sans pétales, c'est-à-dire, sans feuilles colorées qui, dans presque toutes les plantes, forment, par leur réunion, ce que les Botanistes nomment la Corolle. C'est de l'absence de ces mêmes feuilles colorées ou de ces pétales,

---

encore, après une longue application, que des ténèbres et de l'incertitude. Combien ne devons-nous donc pas être reconnoissans envers nos savans modernes, qui sacrifient leur vie à cette étude souvent rebutante, mus par le seul désir de nous applanir la route qui conduit à ce labyrinthe!... Aussi mon cœur leur offre volontiers le tribut particulier d'une gratitude sincère.
~~~~~~~~~~~~~~~~~~~~~~~~~~~~

que les végétaux, dont il est ici question, ont pris leur dénomination d'Apétales (1) Dans cette classe il se trouve des individus qui portent, sur le même pied, des fleurs et des fruits ensemble ou séparément ; il en est d'autres dont les fleurs sont placées sur un pied et les fruits sur un autre pied, qui cependant est de même espèce. (*Voyez* planc. VI, fig. XVIII.) Cette classe est divisée en trois sections établies sur la disposition différente des étamines et des pistils.

SECTION PREMIERE.

Dans cette Ire. section sont renfermés les Arbres et les Arbrisseaux, dont la fleur contient des étamines et des pistils. (2) Comme dans les Frênes, le Caroubier, etc.

SECTION II.

Dans la IIe. section sont compris les Arbres et les Arbrisseaux qui n'ont que des étamines dans une fleur sur un pied, et qui, sur le même pied, ont une autre fleur qui ne renferme que des pistils (3) ; tels sont les Buis, la Camarine, etc.

---

(1) La dénomination d'Apétales paroît formée de deux mots latins, dont le premier *ab* ou *absque*, veut dire *sans*, et le second *petalis*, signifie *pétales* : sans pétales.

(2) Quand il se trouve dans une même fleur des étamines et des pistils en même temps, alors on nomme cette fleur Hermaphrodite.

(3) Dans ce cas, on nomme chacune de ces fleurs Monoïque.

SECTION III.

Dans la IIIᵉ. section sont contenus les Arbres et les Arbrisseaux dont les fleurs mâles ou à étamines sont placées sur un pied, qui conséquemment ne doit point porter de fruit, et les fleurs femelles ou les pistils sont placées sur un autre pied de même espèce, et ce sont celles-ci qui produisent et portent les fruits;(1) comme dans les Ephèdres, les Pistachiers, etc.

~~~~~~

XIXᵉ. CLASSE.

Les Arbres Amentacés.

Dans les cinq classes d'Arbres et d'Arbrisseaux de la méthode de *Tournefort*, il n'en est point de plus facile à distinguer que les Amentacés ; car les fleurs de ces arbres ne sont pas seulement apétales, mais elles sont groupées et attachées plusieurs ensemble autour et le long d'un axe commun. La disposition de ces mêmes fleurs, auxquelles les Botanistes ont donné le surnom de Fleurs à Chaton, sans doute à cause que leur ensemble présentoit quelque ressemblance avec la queue d'un chat, ce qui est un caractère sensiblement tranchant et très-propre pour les

---

(1) La séparation des fleurs mâles sur un pied, et des fleurs femelles sur un autre pied de même espèce, a fait appeler ces fleurs Dioïques.
~~~~~~

faire reconnoître. Il se trouve dans cette classe des Arbres, ainsi que des Arbrisseaux, dont les uns portent sur le même individu des Etamines et des Pistils dans une même fleur, et d'autres qui les portent également sur le même pied, mais séparément, c'est-à-dire, que les fleurs mâles ou à étamines sont seules dans une fleur et les fleurs femelles ou à pistils sont aussi seules dans une autre fleur; il est d'autres individus qui portent leurs fleurs à étamines sur un pied et leurs fleurs à pistils sur un autre pied de même espèce. (*Voyez* planc. VI, fig. XIX.) Cette classe est divisée en six sections.

SECTION PREMIERE.

La Ire. section renferme les Arbres et les Arbrisseaux dont les chatons ou les fleurs à étamines sont séparées des fleurs à pistils ou à fruits sur le même pied, (c'est ce que l'on nomme fleurs Monoïques) et dont le fruit est osseux ; comme celui des Noyers, des Noisetiers, du Charme, etc.

SECTION II.

La IIe. section comprend les Arbres et les Arbrisseaux dont les fleurs mâles sont, de même que dans la section précédente, séparées des fleurs femelles, sur le même pied, mais dont le fruit, au lieu d'être osseux, n'a que la consistance d'un cuir léger, comme celui des Chênes, du Hêtre, des Châtaigniers , etc.

SECTION III.

La IIIe. section contient les Arbres et les Arbris-

(162)

seaux dont les fleurs mâles et les fleurs femelles sont
encore séparées les unes des autres sur le même
pied, et dont les fruits écailleux portent le nom de
Cônes, tels que ceux des Pins, des Sapins, des
Thuyas, des Cyprès, des Bouleaux, etc.

SECTION IV.

La IVe. section est composée des Arbres et des
Arbrisseaux dont les fleurs à Etamines sont également séparées des fleurs à Pistils, quoique sur le
même pied, mais dont le fruit consiste en une baie
ou simple ou composée, comme celui des Genevriers,
de l'If, des Mûriers, des Figuiers, etc.

SECTION V.

Dans la Ve. section sont placés les Arbres et les Arbrisseaux dont les fleurs mâles et les fleurs femelles
sont encore séparées les unes des autres sur le même
pied, mais dont les fruits, contenus dans une membrane, sont ramassés en boule, comme dans les
Platanes, etc.

[SECTION VI.

Dans la VIe. et dernière section des Arbres et
Arbrisseaux Amentacés, on ne rencontre que ceux
de ces végétaux dont les fleurs mâles sont placées
seules sur un pied, tandis que les fleurs femelles
sont seules aussi sur un autre pied de même espèce;
(c'est ce que l'on nomme plantes Dioïques); tels sont
les Saules, les Peupliers, le Baumier Tacamahaca, etc.

XX.ᵉ CLASSE.

Les Arbres Monopétales.

Les Arbres et Arbrisseaux Monopétales sont ceux qui, comme les herbes, ont leurs fleurs formées d'un seul pétale, soit que ce pétale soit Campaniforme, soit qu'il soit Infundibuliforme (1). Pour s'assurer que les fleurs de ces Arbres sont monopétales, il suffit de faire le même essai que pour les Herbes ; il consiste à tirer la Corolle hors de son calice : si on l'enlève toute entière d'une seule pièce et sans lui faire éprouver aucune déchirure, alors on peut conclure qu'elle est Monopétale. (*Voyez* la planc. VI, fig. XX.) Cette classe est divisée en sept sections.

SECTION PREMIERE.

La Iʳᵉ. section offre des Arbres et des Arbrisseaux dont les fleurs ne sont pas seulement Monopétales, mais dont les fruits sont le produit du pistil qui se change en une baie molle contenant des pepins; tels que les Nerpruns, le Griset rhamnoïde, le Rouvet blanc, la Camarigne noire, le Piment aquatique, les

---

(1) On doit se rappeler qu'une fleur Campaniforme est celle qui a la forme d'une cloche, comme les Infundibuliformes sont celles dont la partie inférieure se termine en un tube qui imite celui d'un entonnoir.

Garoux, l'Alaterne, les Filarias, le Troëne, le Laurier, les Jasmins, les Arbousiers, etc.

SECTION II.

On ne trouve dans la IIe. section que les Arbres et les Arbrisseaux (toujours à fleurs Monopétales), dont le pistil se convertit en une baie qui renferme un ou plusieurs noyaux, comme le Storax, les Oliviers, le Houx, etc.

SECTION III.

La IIIe. section renferme les Arbres et les Arbrisseaux à fleurs Monopétales, dont le pistil devient une graine ou semence qui est garnie, de chaque côté, par une espèce d'aile membraneuse, comme celles des Ormes, etc.

SECTION IV.

La IVe. section est composée des seuls Arbres et Arbrisseaux à fleurs Monopétales, dont le pistil se change en un fruit sec et Multiloculaire (1), tels que les Lilas, les Bruyères, l'Agnus Castus, les Rhododendrons, etc,

SECTION V.

La Ve. section contient tous les Arbres et Arbrisseaux à fleurs Monopétales, dont le pistil se

____

(1) On a vu ci-dessus qu'un fruit Multiloculaire étoit celui qui contenoit plusieurs loges.

(165)

change en un légume folliculaire ; tels sont les fruits
du Laurier-Rose, etc.

SECTION VI.

La VIe. section comprend tous les Arbres et les Arbrisseaux à fleurs Monopétales , dont le calice se
change en une baie, comme dans les Sureaux, les
Viornes, les Airelles ou Myrtilles , (1) les Chèvre-
Feuilles, etc.

SECTION VII.

Tournefort a rangé dans cette VIIe. section tous
les Arbres et Arbrisseaux à fleurs Monopétales, dont
les fleurs mâles sont séparées des fleurs femelles et
sont placées sur des pieds différens, quoique de même
espèce ; ce sont conséquemment des fleurs Dioïques ;
telles sont celles du Gui.

XXIe CLASSE.

Les Arbres Rosacés.

Les Arbres Rosacés, ainsi que les Arbrisseaux
aussi Rosacés ont, de même que les Herbes qui portent le même nom et qui sont de la VIe. classe, leurs

---

(1) Dans les montagnes du département des Vosges, où les
Airelles ou Myrtilles sont en prodigieuse quantité, on les nomme
vulgairement Brimbelles ; le peuple en recueille soigneusement
le fruit, qu'il sèche pour en faire, durant toute l'année , de la
tarte, qu'il trouve fort bonne.

(166)

fleurs Polypétales Régulières, composées d'un certain
nombre de pétales disposés en rose ; de manière que
l'on peut extraire séparément de leur calice chacun
de ces pétales, sans pour cela déchirer la Corolle.
(*Voyez* planc. VI, fig. XXI.) Cette classe est divisée en neuf sections.

SECTION PREMIERE.

DANS cette 1re. section sont classés les Arbres et
les Arbrisseaux à fleurs en rose, dont le pistil se
change en une capsule Uniloculaire (1) à une seule
graine, comme le Fustet, les Sumacs, les Tilleuls,
les Escules ou Marronier d'Inde, etc.

SECTION II.

DANS la IIe. section on trouve les Arbres et les
Arbrisseaux à fleurs en rose, dont le pistil se change
en un Drupe, (2) qui est une baie simple ou composée ; tels que le Poivrier du Pérou, le Micocoulier, la Bourgène ou Bourdaine, le Lierre rampant,
la Camelée, la Vigne, l'Epine-Vinette, les Ronces, etc.

SECTION III.

LA IIIe. section est composée de tous les Arbres et

---

(1) On a vu plus haut qu'une capsule Uniloculaire étoit celle
qui ne contenoit qu'une seule loge ou cavité.

(2) Le Drupe, comme on sait, renferme, sous une enveloppe charnue, coriace ou succulente, une seule noix, tantôt
à une seule et tantôt à plusieurs loges.

(167)

Arbrisseaux, dont le pistil devient une capsule di-
visée en deux ou plusieurs loges, comme celles des
Erables, du Nez-Coupé, du Paliure, de l'Aze-
Darach, des Fusains, du Séringa ou Philadelphe, etc.

SECTION IV.

La IV°. section renferme tous les Arbres et les
Arbrisseaux à fleurs en rose, dont le pistil se change
en un fruit qui contient quelques graines, comme la
Spiréa, les Tamariscs, etc.

SECTION V.

On trouve dans la V°. section de cette classe tous
les Arbres et Arbrisseaux à fleurs en rose, dont le
pistil devient un légume, comme le Séné, les Casses,
le Chicot ou Bonduc, le Tamarin, etc.

SECTION VI.

La VI°. section comprend les Arbres et les Arbrisseaux à fleurs en rose, dont le pistil se change
en une baie succulente qui renferme des pepins,
comme l'Oranger, le Citronnier, etc.

SECTION VII.

La VII°. section contient tous les Arbres et Ar-
brisseaux à fleurs en rose, dont le pistil se convertit
en un drupe qui est un fruit à noyau; comme les
Pruniers, le Prunelier, l'Abricotier, le Pêcher, les
Cerisiers, le Bois-de-Sainte-Lucie, les Amandiers, le
Jujubier, le Laurier-Cerise, etc.

SECTION VIII.

Tous les Arbres et Arbrisseaux à fleurs en rose, dont le calice se change en une baie ou pomme, qui est un fruit contenant des Pepins, sont rangés dans la VIII⁰. section : de ce nombre sont les Poiriers, le Coignassier, les Pommiers, les Sorbiers, les Grenadiers, les Rosiers, les Groseliers, les Myrtes, etc.

SECTION IX.

Tournefort a enfin placé dans la IX⁰. section les Arbres et Arbrisseaux à fleurs en rose, dont le calice devient un drupe ou une baie, qui sont des fruits à noyaux ; tels que les Cornouilliers, les Néfliers, l'Aubepine, ou Epine blanche, les Azéroliers, le Buisson Ardent, etc.

~~~~~~

XXII⁰. CLASSE.

Les Arbres Papilionacés.

Il semble qu'il est impossible de confondre avec ceux des quatre classes précédentes, les Arbres ainsi que les Arbrisseaux de celle dont il est ici question. Leur aspect seul paroît suffisant pour empêcher toute espèce de méprise ; car leurs fleurs, soit qu'elles soient isolées, soit qu'elles soient disposées en grappes sur un pédoncule commun, ressemblent par-
~~~~~~

(169)

faitement à celles d'un pois ou d'une fève : on a nommé
les fleurs de ces arbres Papilionacées, parce qu'on a
cru remarquer en elles quelque ressemblance avec
les ailes d'un Papillon, lorsqu'elles sont étendues.
Cette classe est divisée en trois sections seulement.
(*Voyez* la planc. VI, fig. XXII.)

SECTION PREMIERE.

CETTE Ire. section renferme les Arbres et les Arbrisseaux à fleurs Papilionacées ou légumineuses,
dont les feuilles simples sont disposées alternativement
le long des branches, comme dans les Genêts, le
Guainier ou Arbre de Judée, etc.

SECTION II.

LA IIe. section comprend tous les Arbres et Arbrisseaux à fleurs Papilionacées ou légumineuses,
qui portent trois feuilles sur chacun de leurs pétioles, tels que le Bois puant, les Cytises, le Genêt
commun, etc.

SECTION III.

LA IIIe. section enfin des Arbres et Arbrisseaux
à fleurs Papilionacées ou légumineuses est composée
de ceux dont les feuilles sont pennées (1) ; telle que
celles du Robinier-Faux-Acacia, des Baguenaudiers,
des Cornilles-Sénés bâtards, des Sensitives, etc.

---

(1) On dit des feuilles qu'elles sont Pennées, lorsque leurs
folioles sont disposées des deux côtés du pétiole, comme les
barbes d'une plume.

TABLEAU MÉTHODIQUE
DU SYSTÈME SEXUEL DE LINNÉ.

FLEURS VISIBLES.

FLEURS HERMAPHRODITES, c'est-à-dire, dont les Etamines et les Pistils sont réunis dans la même Fleur.

Les Etamines, toujours égales, et sans proportions respectives, n'étant réunies par aucune de leurs parties.

NOMBRE DES ÉTAMINES.	CLASSES.
Une Etamine.	Iere. Monandrie.
Deux.	II. Diandrie.
Trois.	III. Triandrie.
Quatre.	IV. Tétrandrie.
Cinq.	V. Pentandrie.
Six	VI. Hexandrie.
Sept.	VII. Heptandrie.
Huit.	VIII. Octandrie.
Neuf.	IX. Ennéandrie.
Dix.	X. Décandrie.
Onze.	XI. Dodécandrie.
Plusieurs, jusqu'à 20, adhérentes au calice.	XII. Icosandrie.
Plusieurs, jusqu'à 100, non-adhérentes au calice.	XIII. Polyandrie.

Les Etamines inégales, dont deux sont toujours plus courtes que les autres.

Etamines à deux filets, qui soutiennent les Anthères, plus longs.	XIV. Didynamie.
— A quatre filets, qui soutiennent les Anthères, plus longs.	XV. Tétradynamie.

Les Etamines réunies par quelques-unes de leurs parties, ou avec le Pistil.

Etamines réunies par leurs filets, en un corps.	XVI. Monadelphie.
en deux corps.	XVII Diadelphie.
en plusieurs corps.	XVIII. Polyadelphie.
Etamines réunies par les Anthères en forme de cylindre.	XIX Syngénésie.
— attachées au Pistil.	XX. Gynandrie.

FLEURS UNISEXUELLES, c'est-à-dire, dont les Etamines sont dans une Fleur, et les Pistils dans une autre.

Sur le même pied.	XXI. Monœcie.
Sur des pieds différens.	XXII. Diœcie.
Sur le même pied, ou sur des pieds différens, avec des Fleurs hermaphrodites.	XXIII. Polygamie.

FLEURS A PEINE VISIBLES.

Fleurs ordinairement renfermées dans le fruit.	XXIV. Cryptogamie

~~~~~~

SYSTÈME SEXUEL

DE LINNÉ.

———

Nous venons de voir que la méthode de *Tournefort* étoit particulièrement fondée sur la Fleur et sur le fruit ; que dans cette savante méthode, les plantes étoient divisées en Herbes et en Arbres. Nous savons qu'elle renferme des plantes Pétalées et d'autres qui sont Apétales ; nous avons appris que , parmi ces plantes , de celles surtout qui sont Pétalées, les unes étoient Monopétales et les autres Polypétales, qu'il s'en trouvoit de Simples et de Composées, et enfin qu'il y en avoit de Régulières et d'Irrégulières.

Nous savons maintenant en quoi consistent les différentes modifications de la Fleur ou de la Corolle ; d'après cela nous croyons pouvoir conclure que la méthode de *Tournefort* a dû paroître aussi facile qu'elle a été ingénieusement combinée par cet illustre Botaniste. Aussi l'expérience de huit années d'enseignement à l'école centrale des Vosges m'a-t-elle convaincu que les jeunes élèves lui donneront toujours volontiers, du moins au premier abord , la préférence sur le système sexuel de *Linné*, à cause de la facilité qu'elle leur présente. On conçoit , sans doute, le motif de cette préférence ; elle n'est fondée que sur ce ,
~~~~~~

qu'au premier aspect, le système du Botaniste suédois leur paroît tout hérissé de difficultés qu'ils croyent insurmontables.

Ces termes techniques formés ou dérivés du grec, qu'ils ignorent pour l'ordinaire, leur semblent des mots barbares, qui bientôt les décourageroient si on n'avoit pas la patience de les guider dans ce chemin épineux en leur décomposant ces mêmes mots, afin de les leur rendre plus intelligibles et, si, on ne soutenoit leur courage par des exemples puisés dans les végétaux les plus vulgairement connus.

Aussi lorsqu'ils sont parvenus à franchir la barrière, ils marchent, d'un pas ferme et assuré, dans le chemin que leur a tracé l'immortel *Linné*. Il est même presque toujours arrivé que ceux de mes élèves dont les succès étoient couronnés par les suffrages du public, ne faisoient plus usage, dans la pratique journalière des démonstrations, que du système sexuel de cet illustre auteur.

Linné, comme on sait, n'admet aucune distinction entre les herbes et les arbres; les uns et les autres sont placés sur la même ligne et marchent de compagnie. Le système de ce Botaniste profond porte uniquement sur les parties de la fructification des végétaux ; savoir, sur les Etamines qui sont les parties mâles, et sur les Pistils qui sont les parties femelles.

Il y a dans ce système des Classes et des Ordres : les Classes se partagent en vingt-quatre, par la seule considération des Etamines , et ces vingt-quatre Classes se divisent en Ordres, qui correspondent aux Sections de *Tournefort*, d'après la considération seule des Pistils ; ou bien d'après celle de la réunion des Etamines entre elles par quelques-unes de leurs parties. C'est donc en conséquence du nombre, de la proportion, de la disposition, de la réunion ou de la séparation de ces deux organes que l'on doit tirer les caractères distinctifs des Classes et des Ordres.

Les organes sexuels des plantes, c'est-à-dire, les Etamines et les Pistils sont ordinairement visibles, cependant quelquefois ils sont cachés ou au moins très-difficiles à apercevoir.

Dans les vingt-trois premières Classes sont renfermées les plantes dont les Etamines et les Pistils sont visibles ; la vingt-quatrième seule comprend celles dans lesquelles ces organes sont ou absolument invisibles, ou au moins très-difficiles à apercevoir.

Mais parmi les plantes dans lesquelles ces organes sont apparens, les unes contiennent, dans une même fleur, les deux sexes, c'est-à-dire, des Etamines et des Pistils : et dans ce cas, on les nomme Monoclines ou Hermaphrodites. Les autres, au contraire, ne renferment qu'un sexe, qui est mâle ou bien femelle, et alors on appelle ces dernières Diclines ou Unisexuelles.

Quand le sexe est mâle dans la fleur qui le porte, on n'y trouve que des Etamines sans Pistils, et celle-ci ne donne jamais de fruit. Lorsqu'au contraire le sexe est femelle, la fleur qui le contient ne renferme que des Pistils, sans Etamines, et c'est toujours cette dernière qui porte le fruit.

On doit observer ici que les fleurs Unisexuelles se considèrent encore sous les deux rapports suivans ;

savoir, que tantôt il existe sur le même individu, ou sur le même pied des fleurs uniquement Mâles, séparées des fleurs uniquement Femelles ; et dans ce cas on les appelle Monoïques, c'est-à-dire, habitant seules et isolément la même maison ; tantôt aussi les fleurs mâles sont sur un individu ou sur un pied, et les fleurs Femelles sont sur un autre, toujours de même espèce, et alors ces fleurs se nomment Dioïques, comme qui diroit habitant séparément deux maisons. Quelquefois encore on rencontre sur le même individu, ou sur le même pied, des fleurs Hermaphrodites mêlées avec des fleurs Unisexuelles, soit que celles-ci soient Mâles, soit qu'elles soient Femelles, et pour lors les plantes dont les fleurs sont ainsi composées se nomment Polygames.

Ordinairement les Etamines sont adhérentes au réceptacle (1) ; cependant elles s'insèrent quelquefois ou sur le calice ou sur le pistil. Assez généralement aussi les Etamines sont absolument libres et séparées les unes des autres ; néanmoins il est certaines fleurs dans lesquelles ces mêmes organes sont liés et unis par leur base, et forment ainsi un, deux et même plusieurs corps ; ou bien ils sont collés et réunis, soit par leurs anthères, soit par leurs filets, en forme de cylindre, à travers lequel passe le Pistil.

Il est certaines fleurs, et c'est le plus grand nombre, dans lesquelles les Etamines sont toutes de la même hauteur ou grandeur ; mais il s'en trouve aussi

---

(1) Par Réceptacle on entend ici le fond du calice, ou le point d'union du pédoncule avec l'ovaire.

dans lesquelles ces mêmes parties sont de grandeur inégale ; en sorte que deux sont toujours plus petites, tandis que deux ou quatre autres sont sensiblement plus grandes.

Je dois prévenir ici que dans certaines classes on rencontre quelquefois des espèces de plantes dont les fleurs présentent des Etamines de grandeur inégale ; mais ce ne sont là que de ces accidens auxquels on ne doit pas faire la moindre attention, parce qu'ils ne sont que des jeux accidentels de la nature, ou bien le résultat de la voracité de quelques insectes ; et, dans ce cas, on doit compter ces Etamines comme si elles étoient toutes de grandeur égale. La disproportion de grandeur dans cet organe mâle ne doit fixer l'attention du Botaniste que dans les plantes Cruciformes, dans les Personées et les Labiées de *Tournefort.*

D'après ces préliminaires, qui m'ont paru indispensables, j'observerai, et un jeune Botaniste doit se souvenir, que les treize premières Classes du système sexuel de *Linné* renferment les plantes dont chaque fleur est Hermaphrodite, c'est-à-dire, pourvue d'Etamines et de Pistils ; que ces organes sont absolument libres et séparés les uns des autres, et qu'ils n'ont entre eux ni proportion, ni disproportion de grandeur respective. Néanmoins dans les douzième et treizième Classes, on fera une attention particulière aux Etamines afin de s'assurer si elles tiennent ou si elles ne tiennent pas au calice ; celles qui tiennent au calice, comme dans la fleur du Pommier, sont de l'Icosandrie, c'est-à-dire, qu'elles ont depuis vingt Etamines jusqu'au-delà de ce nombre ;

celles qui n'y tiennent pas , comme dans la fleur du Pavot, sont de la Polyandrie , c'est-à-dire, qu'elles ont depuis vingt jusqu'à cent Etamines. L'Icosandrie est la douzième classe de *Linné*, et la Polyandrie en est la treizième. Les onze premières Classes sont caractérisées uniquement par le nombre des Etamines, depuis une jusqu'à douze et plus, mais cependant moins de vingt.

Ainsi lorsque la fleur que l'on examine n'a qu'une Etamine , on doit être assuré qu'elle est de la première classe, de la Monandrie; si elle en a deux, elle est de la deuxième classe, de la Diandrie ; quand elle en a trois, elle est de la troisième classe, de la Triandrie ainsi de suite jusqu'à la dixième inclusivement ; car la onzième classe , la Dodécandrie, renferme les plantes dont les fleurs ont depuis douze jusqu'à dix-neuf Etamines.

Le caractère des Ordres de ces treize premières classes se tire du nombre des Pistils : ainsi quand il n'y en a qu'un dans la fleur , elle est de la Monogynie; s'il y en a deux , de la Digynie ; trois, de la Trigynie, etc.

Les quatorzième et quinzième Classes renferment les fleurs visibles Hermaphrodites, dont les Etamines, quoique libres entre elles , sont cependant de grandeur inégale ; c'est-à-dire , qu'il y en a deux qui sont sensiblement plus petites que les autres. Quand il y a deux grandes et deux petites Etamines, ces fleurs sont de la Didynamie (1), quinzième classe : tel est le Basilic. Quand, au contraire, il y a six Etamines, dont

---

(1) *Didynamie* signifie deux puissances.

deux sont petites, opposées l'une à l'autre, et quatre plus grandes; comme dans la fleur du Chou; alors ces plantes sont de la Tétradynamie. (1)

Depuis la seizième jusqu'à la vingtième Classes inclusivement, on ne trouve que des fleurs visibles Hermaphrodites, dont les Etamines, à peu près de même hauteur, sont réunies par quelques-unes de leurs parties : par exemple, quand les Etamines sont réunies par leurs filets, en un seul corps, comme dans la seizième, cette classe se nomme Monodelphie (2); telle est la Mauve. Quand ces mêmes Etamines sont réunies également par leurs filets, mais en deux corps, comme dans les fleurs du Pois et du Genêt ; alors ces fleurs sont de la dix-septième classe, qui se nomme Diadelphie. (3) Lorsque les Etamines sont réunies, toujours par leurs filets, en trois corps, au moins, comme dans la fleur de l'Oranger, alors ces plantes sont de la Polyadelphie (4), qui est la dix-huitième classe.

Mais lorsque, comme dans la dix-neuvième classe, les Etamines sont réunies en forme de cylindre par leurs anthères, ou sommets, comme dans la fleur du Souci; alors cette classe prend le nom de Syngénésie. (5)

---

(1) *Tétradynamie* veut dire quatre puissances.

(2) *Monadelphie* signifie un seul frère.

(3) *Diadelphie* veut dire deux frères.

(4) *Polyadelphie* est, comme les noms précédens, composée de deux mots grecs qui, pris ensemble, veulent dire plusieurs frères.

(5) *Syngénésie* signifie génération ensemble, parce que dans cette classe les Etamines et les Pistils sont intimement unis entr'eux.

(178)

Dans la vingtième classe , la Gynandrie, (1) sont comprises les plantes qui , comme la Grenadile , ou Fleur de la Passion , sont les plus faciles à reconnoître , par la seule position de leurs Etamines; car, dans toutes les classes précédentes, nous avons vu que les Etamines tenoient au calice ou bien au réceptacle, dans celle - ci , au contraire , elles sont attachées et implantées sur le Pistil lui-même.

Je ne dois point omettre ici que dans les seizième , dix-septième , dix-huitième et vingtième classes, le caractère des ordres se tire du nombre des Etamines et non de celui des Pistils; que dans la dix-neuvième le caractère des ordres est pris de la Polygamie des fleurs , c'est-à-dire , de l'espèce d'amalgame, si je puis m'exprimer ainsi , des fleurs mâles avec les fleurs femelles et les fleurs hermaphrodites.

Les classes vingt-unième, vingt-deuxième et vingt-troisième exigent une attention toute particulière ; car leurs fleurs , quoique visibles , ne sont pas toujours Hermaphrodites, ou bien elles sont , assez souvent, un mélange d'Hermaphrodites et d'Unisexuelles ; car les unes ne contiennent que des Etamines seules et les autres ne renferment que des Pistils seuls ; il y en a d'autres enfin qui sont composées d'Hermaphrodites et en même temps d'Etamines ou de Pistils ; quelquefois c'est sur le même pied, et d'autrefois c'est sur des pieds différens.

Nous trouvons , par exemple , dans la vingt-unième

---

(1) *Gynandrie* est composée de deux mots grecs qui signifient femme et mari.

classe, que l'on nomme Monœcie (1), des fleurs mâles et uniquement mâles; c'est-à-dire, des Etamines seules dans une fleur, sur un pied, et d'autres fleurs, uniquement femelles, c'est-à-dire, ne renfermant que des Pistils seuls sur le même pied, comme dans le Chêne et le Noyer.

La Diœcie (2), vingt-deuxième classe, est celle où les fleurs mâles sont séparées des fleurs femelles, sur des pieds différens; c'est-à-dire, que sur un pied il n'y a que des Etamines seules, et sur un autre pied, de même espèce, il ne se trouve que des Pistils seuls, comme dans le Saule et le Chanvre.

J'observerai encore que les caractères des ordres des vingt-unième et vingt-deuxième classes se tirent ou du nombre des Etamines, ou bien de leur réunion entr'eux, soit par leurs filets ou par leurs anthères, soit enfin avec le Pistil.

Dans la vingt-troisième classe, que l'on nomme Polygamie (3), on trouve des fleurs mâles et des fleurs femelles, mêlées avec des fleurs Hermaphrodites, tantôt sur le même pied, et tantôt sur des pieds différens; comme dans le Frêne, le Févier et le Figuier. Par exemple, nous rencontrons une plante qui n'a que trois fleurs; la première que nous examinons ne contient que des Etamines seules, la seconde ne ren-

---

(1) *Monœcie* est formée de deux mots grecs, qui, pris ensemble, signifient une seule maison.

(2) *Diœcie* veut dire deux maisons.

(3) *Polygamie* est aussi composée de deux mots grecs qui signifient plusieurs noces.

ferme que des Pistils seuls, et la troisième est composée d'Etamines et de Pistils, ce qui la constitue Hermaphrodite; ou bien il se trouve des fleurs uniquement mâles sur un pied, des fleurs uniquement femelles sur un autre pied, et enfin des fleurs hermaphrodites sur un troisième, de même espèce que les deux précédens.

Les caractères distinctifs des ordres de la vingt-troisième classe, se tirent de la réunion des fleurs mâles, femelles ou hermaphrodites sur le même pied ou sur des pieds différens.

Quant à la vingt-quatrième classe, la Crypto-gamie, (1) on y rencontre les plantes dans lesquelles on ne distingue que difficilement, ou point du tout, les organes de la fructification, comme dans les Mousses, les Champignons, etc.

Tel est l'abrégé analytique des notions préliminaires que j'ai cru indispensablement nécessaires pour l'intelligence du système sexuel de *Linné*; tels sont aussi les caractères les plus frappans qui en déterminent les Classes.

Après que j'aurai donné, de même, des notions préliminaires des Ordres de cet ingénieux système, je procéderai de suite au développement particulier des uns et des autres. J'aurai soin d'indiquer, autant qu'il me sera possible, dans chacun des Ordres, le genre seulement des plantes les plus vulgaires et les plus universellemeut connues que chacun d'eux ren-

---

(1) La *Cryptogamie* est encore formée de deux mots grecs qui, pris ensemble, signifient *Noces cachées*.

ferme ; et , afin qu'un jeune élève , qui commence l'étude de la Botanique , ait plus de facilité à reconnoître les végétaux dont il sera question , j'aurai soin de lui indiquer , par des chiffres romains , après chaque genre de *Linné* , la classe de *Tournefort* , à laquelle chacun d'eux doit appartenir.

Mais il importe surtout qu'un jeune homme ne perde pas de vue que les dénominations des classes de cet illustre auteur sont toutes formées de deux mots grecs qui , pris ensemble , ont une signification particulière , que j'aurai soin d'expliquer lorsque je traiterai de chacune d'elles en particulier. Il ne doit pas oublier non plus que les dénominations des onze premières classes sont également composées de deux mots grecs , dont le premier indique le nombre des Etamines , une , deux , trois , quatre , etc , et que le second veut toujours dire Mari ; ainsi la Monandrie , qui est la première classe , est composée du mot grec *Monos* , qui signifie un seul , et *d'Anerandros* , qui veut dire Mari ; ainsi de suite.

IDÉE GÉNÉRALE DES ORDRES.

LES Ordres de *Linné* , qui correspondent , comme je l'ai déjà dit , aux sections de *Tournefort* , forment la division des classes du système sexuel.

Nous venons d'apprendre que , dans cette ingénieuse méthode , les Classes sont établies sur la considération seule des parties mâles , qui sont les Etamines ; nous allons voir que les Ordres sont fondés sur la considération seule des parties femelles , qui sont les Pistils. Les Pistils , ainsi que les Etamines , varient en nombre, et ce nombre se compte toujours à la base du style ; néanmoins si les Pistils n'avoient point de style, comme il arrive dans les fleurs dont le Stygmate est Sessile, c'est-à-dire, posé immédiatement sur l'ovaire, alors on compteroit les Pistils par le nombre des Stygmates. (1)

De même que dans les Classes, où la dénomination du nombre des parties mâles en établit la série, de même aussi le nombre des parties femelles constitue les Ordres, et toujours le nom de chaque Ordre est composé également de deux mots grecs, dont le premier indique le nombre, et le second signifie Femelle, femme ou Pistil.

Ainsi le premier Ordre comprend les fleurs qui n'ont qu'un Pistil ou une seule femelle, et il se nomme Monoginie. Le deuxième Ordre renferme celles qui ont deux Pistils ; ils s'appelle Digynie. Le troisième Ordre, trois Pistils ; il est nommé Trigynie. Le quatrième, quatre Pistils, Tétragynie ; le cinquième, cinq Pistils, Pentagynie ; le sixième, six, Hexagynie ; le septième, sept, Heptagynie, etc. Mais lorsque le nombre des Pistils est indéterminé, alors on nomme l'Ordre dans lequel sont comprises les fleurs qui sont ainsi conformées, Polygynie, qui signifie plusieurs Pistils ou plusieurs Femelles.

Lorsque l'on veut déterminer, par exemple, la Classe et l'Ordre des fleurs hermaphrodites qui n'ont

---

(1) Les Stygmates sont, comme on le sait, ces ouvertures qui terminent le style du Pistil, et qui sont des espèces de bouches ouvertes pour recevoir le pollen des étamines.

(183)

qu'une Etamine et qu'un seul Pistil, on dit qu'elles
sont de la Monandrie-Monogynie. *Monos*, un seul,
Anerandros, mari, ou Etamine; *Monos*, une seule ;
Ginos, femme ou Pistil.

Si ces mêmes fleurs, qui n'ont qu'une Etamine,
avoient deux, trois ou quatre Pistils, alors elles seroient de la Monandrie-Digynie, ou de la Monandrie-
Trigynie, ou enfin de la Monandrie-Tétragynie.
Mais si elles avoient, par exemple, six étamines,
avec un, deux, trois ou quatre Pistils, dans ce cas,
elles seroient de l'Hexandrie-Monogynie, ou Digynie,
ou Trigynie, ou enfin Tétragynie, et c'est de cette
manière que les treize premières Classes sont divisées
en Ordres.

Mais quand on est parvenu à la quatorzième classe,
la Didynamie, les Ordres alors prennent une nouvelle dénomination ; on ne peut plus dire Didynamie-
Monogynie, par exemple, ni Didynamie-Digynie,
parce que la distinction de cette Classe ne se tire plus
du nombre des Pistils pour établir les Ordres, mais
elle se prend de la disposition des graines ou semences. Ainsi, quand, dans la Didynamie, (1)
l'on trouve des fleurs qui ont quatre Etamines, dont
deux sont toujours grandes et deux autres sont sensiblement plus petites ; quand, dis-je, on aperçoit
quatre graines nues et à découvert au fond du calice,
alors l'Ordre de cette Classe prend la dénomination

____

(1) *Didynamie*, comme on sait, veut dire deux puissances,
et c'est toujours dans les Labiées de *Tournefort* que se trouvent
les fleurs à deux puissances.

(184)

de *Gymnospermie*, qui, en grec, signifie Semences
nues.

Si, au contraire, dans la même Classe on trouve
des fleurs dont les graines ou semences soient renfermées dans un péricarpe, comme dans les Personnées de *Tournefort*, l'Ordre de cette Classe se nomme
Angyospermie, qui, en grec, veut dire Vase et Semence. On voit, d'après cela, que la classe quatorzième,
la Didynamie, ne se divise qu'en deux Ordres.

On ne partage non plus qu'en deux Ordres la
quinzième classe, qui est la Tétradynamie, et chacun
de ces deux Ordres tire son caractère distinctif de la
figure du Péricarpe. (1) Quand cette enveloppe est
ronde, ou presque ronde, ou bien que sa longueur
est à peu près égale à sa largeur, comme dans le
Cresson; alors les plantes dont le Péricarpe est ainsi
conformé sont de la Tétradynamie-Siliculeuse (2). Si,
au contraire, le Péricarpe est de beaucoup plus long
qu'il n'est large, comme dans le Giroflier, les plantes
qui portent une telle enveloppe sont de la Tétradyna-
mie-Siliqueuse. (3)

La seizième classe, la Monodelphie, se divise en
sept Ordres; savoir, 1°. Monodelphie-Triandrie, qui
renferme les fleurs dans lesquelles les Etamines, au
nombre de trois, sont réunies, par leurs filets, en

---

(1) Nous avons déjà dit que le Péricarpe étoit l'enveloppe
des semences.

(2) Siliculeuse veut dire à petites siliques.

(3) Siliqueuse, à siliques de beaucoup plus longues que larges.

un seul corps, à travers lequel passe le Pistil , 2°. Mo-
nadelphie-Pentandrie , lorsqu'il se trouve cinq étamines, ainsi réunies et à travers lesquelles passe le
pistil; 3°. Monadelphie-Octandrie , lorsqu'il y a huit
étamines ainsi réunies; 4°. Monadelphie-Ennéandrie,
lorsqu'il y en a neuf; 5°. Monadelphie - Décandrie ,
quand il y en a dix ; 6°. Monadelphie-Dodécandrie ,
lorsqu'il s'en trouve depuis douze jusqu'à dix - neuf;
7°. enfin Monadelphie-Polyandrie, quand un nombre
indéterminé d'Etamines sont réunies par leurs filets
en un seul corps, à travers lequel passe le Pistil.

Toutes les autres classes, depuis la dix-septième jusqu'à la vingt - deuxième inclusivement, tirent la distinction de leurs Ordres des différens caractères de
toutes les classes précédentes : nous en excepterons
néanmoins la Syngénésie (1), dix - neuvième classe.

Les Ordres de la Syngénésie sont bien plus composés, et leurs caractères demandent une attention
toute particulière si on veut les bien saisir. Cette
classe est divisée en six Ordres.

Le premier Ordre est la Polygamie égale. Toutes
les fleurs comprises dans cet Ordre ont des Fleurons ; (2)
ces fleurons sont hermaphrodites , tant dans le Disque (3), que dans la circonférence.

---

(1) Deux mots grecs composent le nom *Syngénésie* , et signifient génération ensemble.

(2) Les Fleurons sont de petites corolles monopétales ,
régulières, infundibuliformes, dont le limbe a quatre ou cinq
divisions.

(3) Le Disque, dans la Marguerite des Prés , par exemple ,

Le second Ordre de la Syngénésie est la Polygamie superflue. Dans cet ordre les fleurons du disque
sont hermaphrodites, ils sont conséquemment mâles
et femelles ; ils peuvent donc suffire pour la reproduction de l'espèce ; cependant la nature a encore
associé aux femelles qui sont dans le disque d'autres
femelles qui se trouvent à la circonférence, ce qui
semble être une superfluité.

Le troisième Ordre, la Polygamie fausse ou Frus-
tranée, offre des fleurs dans lesquelles les fleurons
du disque sont hermaphrodites et ceux de la circonférence sont stériles; car ce sont ordinairement des
femelles qui sont imperforées et qui ne peuvent conséquemment être fécondées.

Le quatrième Ordre est la Polygamie nécessaire.
Dans cet ordre les fleurons du disque étant uniquement mâles, c'est-à-dire, composés uniquement
d'Etamines, il étoit nécessaire, pour la propagation
de l'espèce, que ceux de la circonférence fussent,
comme ils le sont en effet, femelles, c'est-à-dire,
composés uniquement de Pistils.

Le cinquième Ordre de la Syngénésie est la Polygamie séparée : ici plusieurs calices sont réunis dans
un seul et ne forment qu'une même fleur.

Le sixième Ordre enfin, la Polygamie-Monogamie,
comprend les fleurs qui, sans être composées de

---

est le centre de cette fleur, qui offre à la vue un assemblage d'un
grand nombre de petits corps communément jaunes et veloutés;
sa circonférence consiste dans l'insertion de la base des petits
pétales blancs qui l'entourent.

fleurons , ont leurs Etamines réunies en un cylindre par leurs anthères.

La vingt-troisième classe, la Polygamie, se divise en trois Ordres.

Le premier Ordre est la Polygamie-Monœcie. On trouve dans cet Ordre des fleurs mâles, des fleurs femelles et des fleurs hermaphrodites sur le même pied.

Le second Ordre, la Polygamie-Diœcie, présente, sur un pied , des fleurs mâles et des fleurs hermaphrodites , et, sur un autre pied, de même espèce, des fleurs femelles et en même temps des fleurs hermaphrodites.

Le troisième Ordre , la Polygamie-Triœcie , offre des fleurs hermaphrodites sur un pied , des fleurs mâles sur un autre pied, et enfin des fleurs femelles sur un troisième pied.

Quant à la Cryptogamie, vingt-quatrième classe , comme les parties de la fructification sont trop peu apparentes, ou presque toutes inconnues , elles n'ont pu fournir de caractères certains pour la division des Ordres : je me contenterai en conséquence de placer, comme le font les Botanistes, même les plus distingués, dans le premier Ordre , les Fougères ; dans le deuxième, les Mousses ; dans le troisième, les Algues, et enfin dans le quatrième Ordre , les Champignons.

CLASSES ET ORDRES

DU SYSTÈME SEXUEL

DE LINNÉ.

CLASSE PREMIÈRE. (1)

La Monandrie.

Toutes les plantes de cette Classe, ainsi que celles des treize premières de ce système, ont leurs fleurs visibles, hermaphrodites, et leurs Étamines, toutes de longueur égale, sont absolumeut libres entr'elles. Les caractères des onze premières Classes se tirent, comme je l'ai déjà dit plus haut, du nombre des Etamines, et ceux des Ordres de celui des Pistils : ainsi, la Monandrie, première classe, n'a qu'une seule Etamine. Cette classe se divise en deux ordres seulement.

(1) Ce Catalogue peut non-seulement servir de guide pour l'étude des végétaux, mais il peut servir aussi pour l'organisation d'un jardin tel que j'en donnerai le plan ci-après.

ORDRE PREMIER.

Monogynie.

LES fleurs des plantes contenues dans ce premier ordre n'ont qu'un seul Pistil ; tels que

GENRES DE PLANTES LES PLUS VULGAIREMENT CONNUES		Classes de TOURNEFORT.
Le Balisier.	*Canna.*	IX.
Le Gingembre, Cardamome.	*Amomum.*	IX.
La Salicorne.	*Salicornia.*	XV.

ORDRE II.

Digynie.

LES fleurs des plantes de ce deuxième ordre ont deux Pistils ; comme

La Blette.	*Blitum.*	XV.
Le Callitric.	*Callitriche.*	XVII.

~~~~~~

CLASSE II.

La Diandrie.

DANS cette classe sont comprises toutes les plantes à fleurs visibles, hermaphrodites, qui ont deux éta-
~~~~~~

(190)

mines de longueur égale, et qui sont absolument libres
entr'elles. Cette classe se divise en trois ordres, qui
sont fournis par le nombre des pistils ; savoir :

ORDRE PREMIER.

Monogynie.

Ce premier ordre renferme les plantes dont les fleurs
ont un seul Pistil ; comme

Le Jasmin.	*Jasminum.*	XX.
Le Troëne.	*Ligustrum.*	XX.
Le Filaria.	*Philaria.*	XX.
L'Olivier.	*Olea.*	XX.
Le Lilas.	*Syringa.*	XX.
La Circée.	*Circea.*	VI.
La Véronique.	*Veronica.*	II.
La Carmentine.	*Justicia.*	III.
La Gratiole.	*Gratiola.*	III.
La Grassette.	*Pinguicula.*	III.
La Verveine.	*Verbena.*	IV.
Le Licope.	*Lycopus.*	IV.
La Monarde.	*Monarda.*	IV.
Le Romarin.	*Rosmarinus.*	IV.
La Sauge.	*Salvia.*	IV.

ORDRE II.

Digynie.

Les fleurs des plantes de cet ordre deuxième ont
deux Pistils ; comme

La Flouve.	*Anthoxanthum.*	XV.

ORDRE III.

Trigynie.

Les fleurs des plantes de cet ordre troisième ont trois Pistils ; comme

Le Poivre.	*Piper.*	XV.

~~~~~~~~~~~~~~~~~~~~~~~~~~~~~~~

CLASSE III.

La Triandrie.

Les plantes qui sont rangées dans cette troisième classe ont toutes leurs fleurs visibles, hermaphrodites, ayant trois Étamines de longueur égale, et absolument libres entr'elles. Elle se divise en trois ordres, qui sont fournis par le nombre des Pistils ; savoir,

ORDRE PREMIER.

Monogynie.

Les fleurs des plantes renfermées dans ce premier ordre n'ont qu'un seul Pistil ; comme

La Valériane.	*Valeriana.*	II.
Le Safran.	*Crocus.*	IX.
L'Ixie.	*Ixia.*	IX.
Le Glaïeul.	*Gladiolus.*	IX.
~~~~~~~~~~~~~~~~~~~~~~~~~~~~~~~

L'Iris.	*Iris.*	IX.
Le Tamarinier.	*Tamarandinus.*	X.
Le Choin.	*Schœnus.*	XV.
Le Souchet.	*Cyperus.*	XV.
Le Scirpe.	*Scirpus.*	XV.
Le Nard.	*Nardus.*	XV.
Le Sparte.	*Lygeum.*	XV.

ORDRE II.

Digynie.

LES fleurs de toutes les plantes de ce deuxième ordre ont deux Pistils; comme

La Canne à Sucre.	*Saccharum.*	XV.
Le Phalaride.	*Phalaris.*	XV.
Le Panis.	*Panicum.*	XV.
Le Fléau.	*Phleum.*	[XV.
Le Vulpin.	*Alopecurus.*	XV.
Le Millet.	*Milium.*	XV.
L'Agrostis.	*Agrostis.*	XV.
Le Canche.	*Aira.*	XV.
La Mélique.	*Melica.*	XV.
Le Paturin.	*Poa.*	XV.
L'Amourette.	*Briza.*	XV.
La Cretelle.	*Cynosurus.*	XV.
Le Fétuque.	*Festuca.*	XV.
Le Brôme.	*Bromus.*	XV.
L'Avoine.	*Avena.*	XV.
Le Roseau.	*Arundo.*	XV.
L'Ivroie.	*Lolium.*	XV.

L'Elime.	*Elymus.*	XV.
Le Seigle.	*Secale.*	XV.
L'Orge.	*Hordeum.*	XV.
Le Froment.	*Triticum.*	XV.

ORDRE III.

Trigynie.

Les fleurs de toutes les plantes de ce troisième ordre ont trois Pistils ; comme

L'Alsine.	*Holosteum.*	VI.
Le Polycarpon.	*Polycarpon.*	VI.
La Mollugine.	*Mollugo.*	VIII.

~~~~~~~~~~~~~~~~~~~~~~~~~~~~~~~~~~~~~

CLASSE IV.

La Tétrandrie.

On trouve dans cette quatrième classe les plantes dont les fleurs visibles, hermaphrodites, ont quatre Etamines de longueur égale, et absolument libres entr'elles. Cette classe est divisée en trois ordres, fournis par le nombre des Pistils ; savoir,

ORDRE PREMIER.

Monogynie.

Les fleurs des plantes de ce premier ordre n'ont qu'un seul Pistil ; comme

| La Schérarde. | *Scherardia.* | I. |
~~~~~~~~~~~~~~~~~~~~~~~~~~~~~~~~~~~~~

L'Aspérule.	*Asperula.*	I.
La Knoxie.	*Knoxia.*	I.
Le Caille-Lait.	*Galium.*	I.
La Croisette.	*Crucianella.*	I.
La Garance.	*Rubia.*	I.
Le Plantin.	*Plantago.*	II.
La Pimprenelle.	*Sanguisorba.*	II.
Le Chapeau-d'Evêque.	*Epimedium.*	V.
La Protée.	*Protea.*	XII.
La Globulaire.	*Globularia.*	XII.
La Cardiaire.	*Dipsacus.*	XII.
La Scabieuse.	*Scabiosa.*	XII.
La Camphrée.	*Camphorosma.*	XV.
Le Pied-de-Lion.	*Alchemilla.*	XV.
Le Cisse.	*Cissus.*	XXI.
Le Cornouiller.	*Cornus.*	XXI.
Le Chalef.	*Elœagnus.*	XXI.

ORDRE II.

Digynie.

LES fleurs des plantes de ce second ordre ont deux Pistils ; comme

La Cuscute.	*Cuscuta.*	I.
Le Siliquier.	*Hypecoum.*	V.
Le Percepier.	*Aphanes.*	XV.
L'Hamamelis.	*Hamamellis.*	XXI.
La Bufone.	*Bufonia.*	VIII.

(195)

ORDRE III.

Tétragynie.

LEs fleurs des plantes du troisième ordre ont quatre Pistils ; comme

L'Epi-d'Eau.	*Potamogaton.*	V.
La Sagine.	*Sagina.*	VI.
La Coralline.	*Ruppia.*	VII.
Le Houx.	*Ilex.*	XX.

~~~~~~

CLASSE V.

La Pentandrie.

CETTE classe, extrêmement nombreuse en genres, comme en espèces, présente ici celles des plantes les plus vulgairement connues, qui toutes ont des fleurs visibles, hermaphrodites, et qui contiennent cinq Etamines de longueur égale et absolument libres entre elles. Cette classe se divise en six ordres qui sont fournis par le nombre des Styles ou des Pistils; savoir,

ORDRE PREMIER.

Monogynie.

LEs fleurs des plantes de ce premier ordre n'ont qu'un seul Pistil : comme

Le Mélinet.	*Cerinthe.*	I.
~~~~~~

La Soldanelle.	Soldanella.	I.
L'Hydrophyle.	Hydrophyllum.	I.
Le Lizeron.	Convolvulus.	I.
La Campanule.	Campanula.	I.
La Raiponce.	Phyteuma.	I.
La Belladone.	Atropa.	I.
Le Gloux.	Glaux.	I.
L'Héliotrope.	Heliotropium.	II.
La Scorpione.	Myosotis.	II.
Le Gremil ou Herbe aux Perles.	Lithospermum.	II.
La Buglosse.	Anchusa.	II.
La Cynoglosse, ou Langue-de-Chien.	Cynoglossum.	II.
La Pulmonaire.	Pulmonaria.	II.
La Consoude.	Symphytum.	II.
La Bourrache.	Borrago.	II.
La Rapette.	Asperugo.	II.
La Grype.	Lycopsis.	II.
La Vipérine.	Echyum.	II.
L'Arguse.	Messerschmidia.	II.
L'Arétie.	Aretia.	II.
L'Androsace.	Androsace.	II.
La Primevère.	Primula.	II.
La Cortuse.	Cortusa.	II.
Le Pain-de-Pourceau.	Cyclamen.	II.
Le Méniante.	Menyanthes.	II.
La Lisimachie.	Lysimachia.	II.
Le Mouron.	Anagallis.	II.
La Dentelaire, ou Herbe aux Cancers.	Plombago.	II.

(197)

La Trachélie.	*Trachelium.*	II.
La Samole, ou Mouron-d'Eau.	*Samolus.*	II.
Le Niotage, ou Jalap.	*Mirabilis.*	II.
La Molène, ou Bouillon-Blanc.	*Verbascum.*	II.
La Pomme épineuse.	*Datura.*	II.
La Jusquiame.	*Hyosciamus.*	II.
Le Tabac, ou Nicotiane.	*Nicotiana.*	II.
L'Alchéchange.	*Physalis.*	II.
La Morelle.	*Solanum.*	II.
Le Piment.	*Capsicum.*	II.
La Pervenche.	*Vinca.*	II.
Amaranthine (espèce d').	*Celosia.*	VI.
L'Azalée.	*Azalea.*	XX.
Le Chèvrefeuille.	*Lonicera.*	XX.
Le Laurier-Rose.	*Norium.*	XX.
Le Nerprun.	*Rhamnus.*	XXI.
Le Fusin.	*Evonymus.*	XXI.
Le Groseiller.	*Ribes.*	XXI.
Le Lierre.	*Hedera.*	XXI.
La Vigne.	*Vitis.*	XXI.

ORDRE II.

Digynie.

Les fleurs des plantes de ce second ordre ont toutes deux Pistils ; comme

Le Dompte-Venin.	*Asclepias.*	L.

L'Apocin.	*Apocinum.*	I.
Le Périploque.	*Periploca.*	I.
La Cynanche.	*Cynanchum.*	I.
La Stapélie.	*Stapelia.*	I.
La Swerse.	*Swertia.*	I.
La Gentiane.	*Gentiana.*	I.
L'Amaranthine.	*Gomphrena.*	VI.
Le Panicaut.	*Eringium.*	VII.
Le Goblet-d'Eau.	*Hydrocotyle.*	VII.
La Sanicle.	*Sanicula.*	VII.
L'Astrance.	*Astrantia.*	VII.
Le Buplèvre.	*Buplevrum.*	VII.
Le Tordilier.	*Tordylium.*	VII.
Le Caucalide.	*Caucalis.*	VII.
L'Artédie.	*Artedia.*	VII.
La Carotte.	*Daucus.*	VII.
L'Ammi.	*Ammi.*	VII.
La Terre-Noix.	*Bunium.*	VII.
La Ciguë.	*Conium.*	VII.
L'Athamante.	*Athamanta.*	VII.
La Queue-de-Pourceau.	*Peucedanum.*	VII.
La Bacille.	*Chrithmum.*	VII.
L'Armarinthe.	*Cachrys.*	VII.
La Férule.	*Ferula.*	VII.
Le Laser.	*Laserpitium.*	VII.
La Berse.	*Heracleum.*	VII.
La Livèche.	*Ligusticum.*	VII.
L'Angélique.	*Angelica.*	VII.
La Berle, ou Sison.	*Sium.*	VII.
Le Bubon.	*Apium.*	VII.

Le Cumin.	*Cuminum.*	VII.
La Phellandrie.	*Phœllandrium.*	VII.
La Cicutaire.	*Cicuta.*	VII.
La petite Ciguë.	*Æthusa.*	VII.
La Coriandre.	*Coriandrum.*	VII.
L'Aiguille.	*Scandix.*	VII.
Le Cerfeuil.	*Chœrophyllum.*	VII.
L'Impératoire.	*Imperatoria.*	VII.
Le Sésélie.	*Seseli.*	VII.
La Thapsie.	*Thapsia.*	VII.
Le Panais.	*Pastinaca.*	VII.
Le Maceron.	*Smirnium.*	VII.
L'Aneth.	*Anethum.*	VII.
Le Carvi.	*Carum.*	VII.
La Boucage.	*Pimpinella.*	VII.
L'Ache.	*Apium.*	VII.
La Podagraire.	*Ægopodium.*	VII.
L'Herniole.	*Herniaria.*	XV.
La Patte-d'Oie.	*Chenopodium.*	XV.
La Poirée.	*Beta.*	XV.
La Soude.	*Salsola.*	XV.
L'Orme.	*Ulmus.*	XX.

ORDRE III.

Trigynie.

Les fleurs des plantes de ce troisième ordre ont toutes trois Pistils ; comme

Le Télèphe.	*Telephium.*	VI.
La Morgeline.	*Alsine.*	VI.

La Viorne.	*Viburnum.*	XX.
Le Sureau.	*Sambucus.*	XX.
Le Sumac.	*Rhus.*	XXI.
Le Nez-Coupé.	*Staphylea.*	XXI.
Le Tamarix.	*Tamarix.*	XXI.

ORDRE IV.

Tétragynie.

LES fleurs des plantes de ce quatrième ordre ont toutes quatre Pistils ; comme

Le Lizeret.	*Evolvulus.*	I.
La Parnassie.	*Parnassia.*	VI.

ORDRE V.

Pentagynie.

LES fleurs des plantes de ce cinquième ordre ont toutes cinq Pistils ; comme

L'Aralie.	*Aralia.*	VI.
La Rosée du Soleil.	*Drosera.*	VI.
La Crassule.	*Crassula.*	VI.
La Sibbaldie.	*Sibbaldia.*	VI.
La Statice.	*Statice.*	VIII.
Le Lin.	*Linum.*	VIII.

ORDRE VI.

Polyginie.

LES fleurs des plantes de ce sixième ordre ont un nombre de Pistils indéterminé : comme

La Ratuncule.	*Myosurus.*	VI.

~~~~~~~~~~~~~~~~~~~~~~~~~~~~~~~~~~~~~

CLASSE VI.

L'Hexandrie.

DANS l'Hexandrie sont placées toutes les plantes dont les fleurs sont visibles, hermaphrodites, et pourvues de six Etamines de longueur égale et absolument libres entre elles. Cette classe se divise en cinq ordres, qui sont fournis par le nombre des Pistils; savoir,

ORDRE PREMIER.

Monogynie.

Les fleurs des plantes de ce premier ordre n'ont toutes qu'un seul Pistil ; comme

Le Muguet des Bois.	*Convallaria.*	I.
L'Asperge.	*Asparagus.*	VI.
Le Jonc.	*Juncus.*	VI.
L'Ephémère.	*Tradescantia.*	IX.
Le Perce-Neige.	*Galanthus.*	IX.
~~~~~~~~~~~~~~~~~~~~~~~~~~~~~~~~~~~~~

Le Leucoïe.	*Leucoium.*	IX.
Le Narcisse.	*Narcissus.*	IX.
L'Amarillide.	*Amaryllis.*	IX.
L'Ail.	*Allium.*	IX.
Le Lis.	*Lilium.*	IX.
La Fritillaire.	*Fritillaria.*	IX.
La Dent-de-Chien.	*Erithronium.*	IX.
La Tulipe.	*Tulipa.*	IX.
L'Ornithogale.	*Ornithogalum.*	IX.
La Scile.	*Scilla.*	IX.
L'Asphodelle.	*Asphodelus.*	IX.
L'Anthérique.	*Anthericum.*	IX.
La Tubéreuse.	*Polyanthes.*	IX.
La Jacinthe.	*Hyacinthus.*	IX.
L'Yucca.	*Yucca.*	IX.
L'Aloës.	*Aloë.*	IX.
L'Agave.	*Agave.*	IX.
L'Hémérocalle.	*Hemerocallis.*	IX.
L'Épine-Vinette.	*Berberis.*	XXI.

ORDRE II.

Digynie.

Les fleurs des plantes de ce second ordre ont toutes deux Pistils ; comme

Le Riz.	*Oriza.*	XV.

ORDRE III.

Trigynie.

LES fleurs des plantes de ce troisième ordre ont
toutes trois Pistils ; comme

Le Trocart.	*Triglochin.*	VI.
Le Colchique.	*Colchicum.*	IX.
La Patience.	*Rumex.*	XV.

ORDRE IV.

Tétragynie.

LES fleurs des plantes de ce quatrième ordre ont
toutes quatre Pistils ; comme

La Pétivier.	*Petiveria.*	XV.

ORDRE V.

Poligynie.

LES fleurs des plantes de ce cinquième ordre ont
toutes un nombre indéterminé de Pistils ; comme

Le Plantin-d'Eau, ou Flûteau.	*Alisna.*	VI.

CLASSE VII.

L'Heptandrie.

CETTE Classe comprend les plantes dont les fleurs sont visibles, hermaphrodites et dont les Etamines, de longueur égale et absolument libres entre elles, sont au nombre de sept. Elle se divise en quatre ordres qui sont fournis par le nombre des Pistils; savoir,

ORDRE PREMIER.

Monogynie.

TOUTES les fleurs des plantes de ce premier ordre n'ont qu'un seul Pistil ; comme

Le Maronnier d'Inde. *Æsculus.*   XXI.

ORDRE II.

Digynie.

TOUTES les fleurs des plantes de ce second ordre ont deux Pistils ; comme

Le Liméole.   *Limeum.*   VI.

ORDRE III.

Tétragynie.

TOUTES les fleurs des plantes de ce troisième ordre ont quatre Pistils, comme

Le Saurure.   *Saururus.*   XVII.

ORDRE IV.

Heptagynie.

TOUTES les fleurs des plantes de ce quatrième ordre ont sept Pistils ; comme

Le Septas.   *Septas.*   VI.

~~~~~~

CLASSE VIII.

L'Octandrie.

LA classe huitième, l'Octandrie, renferme les plantes dont toutes les fleurs visibles, hermaphrodites renferment huit Etamines de longueur égale, et qui sont absolument libres entre elles. Cette Classe se divise en quatre ordres, qui sont fournis par le nombre des Styles ou des Pistils; savoir,

ORDRE PREMIER.

Monogynie.

TOUTES les fleurs des plantes de ce premier ordre n'ont qu'un seul Pistil ; comme

La Chlore.   *Chlora.*   II.
~~~~~~

(206)

L'Onagre.	*Ænothera.*	VI.
L'Epilobe.	*Epilobium.*	VI.
La Capucine.	*Tropæolum.*	XI.
Le Myrtille.	*Vaxinium.*	XX.
La Bruyère.	*Erica.*	XX.
Le Garou.	*Daphne.*	XX.

ORDRE II.

Digynie.

TOUTES les fleurs des plantes de ce second ordre ont deux Pistils ; comme

| La Morgeline, ou Alsine. | *Moerhingia.* | VI. |

ORDRE III.

Trigynie.

TOUTES les fleurs des plantes de ce troisième ordre ont trois Pistils ; comme

Le Pois de Merveille.	*Cardiospermum.*	XI.
Le Savonier.	*Sapindus.*	XI.
La Renouée.	*Polygonum.*	XV.
Le Sarrasin.	*Fagopyrum.*	XV.
La Bistorte.	*Bistorta.*	XV.
La Persicaire.	*Persicaria.*	XV.

ORDRE IV.

Tétragynie.

TOUTES les fleurs des plantes de ce quatrième ordre ont quatre Pistils ; comme

| La Moscatelle. | *Adoxa.* | II. |

~~~~~~~~~~~~~~~~~~~~~~~~~~~~~~~~~~~~~~

CLASSE IX.

L'Ennéandrie.

DANS cette classe sont placées les plantes qui ont neuf Etamines dans leurs fleurs ; toutes ces Etamines sont visibles, hermaphrodites, de longueur égale et absolument libres entre elles. On divise cette classe en trois ordres fournis par [le nombre des Styles ou des Pistils ; savoir,

ORDRE PREMIER.

Monogynie.

TOUTES les fleurs des plantes de ce premier ordre n'ont qu'un seul Pistil ; comme

Le Laurier.	*Laurus.*	XX.
L'Acajou.	*Anacardium.*	XXI.

ORDRE II.

Trigynie.

TOUTES les fleurs des plantes de ce second ordre ont trois Pistils ; comme

La Rhubarbe.	*Rheum.*	I.
~~~~~~~~~~~~~~~~~~~~~~~~~~~~~~~~~~~~~~

ORDRE III.

Hexagynie.

Toutes les fleurs des plantes de ce troisième ordre ont six Pistils ; comme

Le Jonc fleuri, ou Butome.	*Butomus.*	VI.

~~~~~~~~~~~~~~~~~~~~~~~~~~~~~~

CLASSE X.

La Décandrie.

On ne trouve dans cette classe que les plantes dont les Etamines, de longueur à peu près égale, et absolument libres entre elles, sont au nombre de dix. Dans cette classe, comme dans les précédentes, les fleurs sont toutes visibles et hermaphrodites ; elle est divisée en cinq ordres ; savoir ,

ORDRE PREMIER.

Monogynie.

Toutes les fleurs des plantes de ce premier ordre n'ont qu'un seul Pistil ; comme

La Dorine.	*Chrysoplenium.*	II.
La Ruë.	*Ruta.*	VI.
Le Févier.	*Zygophyllum.*	VI.
~~~~~~~~~~~~~~~~~~~~~~~~~~~~~~

Le Fagonia.	*Fagonia.*	VI.
L'Herse.	*Tribulus.*	VI.
La Jussieu.	*Jussiœa.*	VI.
La Pyrole.	*Pyrola.*	VI.
La Fraxinelle.	*Dictamus.*	XI.
Le Rosage.	*Rhododendrom.*	XX.
L'Arbousier.	*Arbutus.*	XX.
L'Alibousier.	*Styrax.*	XX.
La Casse.	*Cassia.*	XXI.
La Poincillade.	*Poinciana.*	XXI.
L'Azédarac.	*Melia.*	XXI.
Le Mélastome.	*Melastoma.*	XXI.
Le Sophora.	*Sophora.*	XXII.
Le Bois-Puant.	*Anagyris.*	XXII.
Le Gaînier.	*Cersis.*	XXII.

ORDRE II.

Digynie.

TOUTES les fleurs des plantes de ce second ordre ont deux Pistils; comme

La Saxifrage.	*Saxifraga.*	VI.
La Gypsophile.	*Gypsophilla.*	VI.
La Saponaire.	*Saponaria.*	VIII.
L'Œillet.	*Dianthus.*	VIII.
Le Gnavelle.	*Scleranthus.*	XV.

ORDRE III.

Trigynie.

Toutes les fleurs des plantes de ce troisième ordre ont trois Pistils ; comme

La Stellaire.	*Stellaria.*	VI.
La Sabline.	*Arenaria.*	VI.
Le Carnillet.	*Cucubalus.*	VIII.
Le Silène.	*Silene.*	VIII.

ORDRE IV.

Pentagynie.

Toutes les fleurs des plantes de ce quatrième ordre ont cinq Pistils ; comme

Le Cotylet.	*Cotyledon.*	I.
L'Alléluia.	*Oxalis.*	I.
L'Orpin, ou Reprise.	*Sedum.*	VI.
Le Céraiste.	*Cerastium.*	VI.
La Spargoute.	*Spergula.*	VI.
L'Agrostême.	*Agrostemma.*	VIII.
Le Lichnis.	*Lychnis.*	VIII.

ORDRE V.

Décagynie.

Toutes les fleurs des plantes de ce cinquième ordre ont dix Pistils ; comme

Le Raisin d'Amérique.	*Phytolacca.*	VI.

CLASSE XI.

La Dodécandrie.

Nota. On n'a point encore trouvé, jusqu'à présent, de plantes dont les fleurs continssent onze Etamines; c'est pourquoi on a placé dans la onzième classe, qui est la Dodécandrie, toutes les plantes dont les fleurs visibles et hermaphrodites renferment depuis douze jusqu'à dix-neuf Etamines, qui sont toutes libres entre elles, et qui sont d'une longueur à peu près égale. Cette classe se divise en cinq ordres, qui sont fournis par le nombre des Pistils ou des Styles; savoir,

ORDRE PREMIER.

Monogynie.

TOUTES les fleurs des plantes de ce premier ordre n'ont qu'un seul Pistil; comme

Le Pégane.	*Peganum.*	VI.
Le Pourpier.	*Portulaca.*	VI.
La Salicaire.	*Lythrum.*	VI.
Le Cabaret.	*Asarum*	XV.
Le Manglier.	*Rhizophora.*	XX.

ORDRE II.

Digynie.

Toutes les fleurs des plantes de ce second ordre ont deux Pistils ; comme

L'Aigremoine.	*Agrimonia.*	VI.

ORDRE III.

Trigynie.

Toutes les fleurs des plantes de ce troisième ordre ont trois Pistils ; comme

L'Euphorbe.	*Euphorbia.*	I.
Le Réséda.	*Reseda.*	XI.

ORDRE IV.

Pentagynie.

Toutes les fleurs des plantes de ce quatrième ordre ont cinq Pistils ; comme

Le Glinole.	*Glinus.*	VI.

ORDRE V.

Dodécagynie.

Toutes les fleurs des plantes de ce cinquième ordre ont douze Pistils ; comme

La Joubarbe.	*Semper-Vivum.*	VI.

CLASSE XII.

L'Isocandrie.

Nota. DANS les classes que nous venons de voir jusqu'à présent, toutes les Etamines des fleurs tiennent au réceptacle ; mais dans celle - ci ces mêmes organes, qui sont absolument libres entre eux et qui sont au nombre de plus de dix-neuf, sont tous attachés au calice, c'est-à-dire, sur la partie intérieure de Pétales que l'on doit considérer comme le calice propre. Toutes ces fleurs de l'Icosandrie sont, comme dans les précédentes, visibles et hermaphrodites, et les Etamines qu'elles renferment sont de longueur à peu près égale. Cette classe se divise en cinq ordres qui, comme dans les précédens, sont fournis par le nombre des Styles ou des Pistils ; savoir,

ORDRE PREMIER.

Monogynie.

TOUTES les fleurs des plantes de ce premier ordre n'ont qu'un seul Pistil ; comme

Le Cacte.	*Cactus.*	VI.
Le Goyavier.	*Psidium.*	XXI.
Le Grenadier.	*Punica.*	XXI.
Le Myrte.	*Myrtus.*	XXI.

Le Prunier, l'Abricotier, le Cerisier.	*Prunus.*	XXI.
L'Amandier et le Pêcher.	*Amygdalus.*	XXI.

ORDRE II.

Digynie.

Toutes les fleurs des plantes de ce second ordre ont deux Pistils ; comme

L'Alisier.	*Cratægus.*	XXI.

ORDRE III.

Trigynie.

Toutes les fleurs des plantes de ce troisième ordre ont trois Pistils ; comme

Le Sésuve.	*Sesuvium.*	VI.
Le Sorbier.	*Sorbus.*	XXI.

ORDRE IV.

Pentagynie.

Toutes les fleurs des plantes de ce quatrième ordre ont cinq Pistils ; comme

La Spirée.	*Spiræa.*	VI.
Le Néflier, l'Aubépin.	*Mespylus.*	XXI.
Le Pommier, le Poirier.	*Pyrus.*	XXI.

ORDRE V.

Polygynie.

Toutes les fleurs des plantes de ce cinquième ordre ont un nombre indéterminé de Pistils; comme

Le Fraisier.	*Fragaria.*	VI.
La Potentile.	*Potentilla.*	VI.
La Tormentille.	*Tormentilla.*	VI.
La Bénoîte.	*Geum.*	VI.
La Chenette, ou Driade.	*Dryas.*	VI.
Le Comaret.	*Comarum.*	VI.
Le Rosier.	*Rosa.*	XXI.
La Ronce.	*Rubus.*	XXI.

~~~~~~

CLASSE XIII.

La Polyandrie.

Les fleurs des plantes de la Polyandrie se distinguent particulièrement de celles de l'Icosandrie, en ce que, outre qu'elles sont visibles et hermaphrodites, elles contiennent encore depuis vingt jusqu'à cent Étamines, toutes à peu près de même longueur et parfaitement libres entre elles; ces mêmes Étamines ne sont point, comme dans l'Icosandrie, insérées aux parties internes du calice, mais elles sont posées sur le réceptacle même. Cette classe se
~~~~~~

(216)

divise en sept ordres, qui sont fournis par le nombre
des Styles ou des Pistils ; savoir ,

ORDRE PREMIER.

Monogynie.

Toutes les fleurs des plantes de ce premier ordre
n'ont qu'un seul Pistil ; comme

La Chélidoine ; ou		
Eclaire.	*Chelidonium.*	V.
Le Caprier.	*Capparis.*	VI.
La Christophoriane.	*Actœa.*	VI.
Le Podophyle.	*Podophyllum.*	VI.
Le Pavot.	*Papaver.*	VI.
Le Pavot cornu.	*Argemone.*	VI.
Le Nénuphar.	*Nymphœa.*	VI.
Le Rocou.	*Bixa.*	VI.
Le Corchorus.	*Corchorus.*	VI.
Le Tilleul.	*Tilia.*	XXI.
Le Ciste.	*Cistus.*	XXII.

ORDRE II.

Digynie.

Toutes les fleurs des plantes de ce second ordre
ont deux Pistils ; comme

La Pivoine.	*Pæonia.*	VI.

ORDRE III.

Trigynie.

Toutes les fleurs des plantes de ce troisième ordre ont trois Pistils ; comme

Le Pied-d'Alouette.	*Delphinium.*	XI.
L'Aconit.	*Aconitum.*	XI.
Le Pigamon.	*Thalictrum.*	VI.
L'Hellébore.	*Helleborus.*	VI.
Le Souci des Marais.	*Caltha-Palustris.*	VI.

ORDRE IV.

Tétragynie.

Toutes les fleurs des plantes de ce quatrième ordre ont quatre Pistils ; comme

La Cimicaire-Cimici-fuge.	*Cimicifuga.*	VI.

ORDRE V.

Pentagynie.

Toutes les fleurs des plantes de ce cinquième ordre ont cinq Pistils ; comme

L'Ancolie.	*Aquilegia.*	XI.
La Nigelle, ou Nielle.	*Nigella.*	VI.

ORDRE VI.

Hexagynie.

Toutes les fleurs des plantes de ce sixième ordre ont six Pistils ; comme

Le Stratiote.	*Stratiotes.*	XIV.

ORDRE VII.

Polygynie.

Toutes les fleurs des plantes de ce septième ordre ont un nombre indéterminé de Pistils ; comme

L'Anémone.	*Anemone.*	VI.
La Clématite.	*Clematis.*	VI.
L'Adonide, ou Adonis.	*Adonis.*	VI.
La Renoncule.	*Ranonculus.*	VI.
La Fumeterre.	*Fumaria.*	XI.
Le Tulipier.	*Liryodendron.*	XX.

CLASSE XIV.

La Didynamie.

Il est d'autant plus facile de reconnoître les plantes de cette classe, que le plus grand nombre d'entre elles sont ou des Personées ou des Labiées de *Tour-*

nefort; mais un caractère tranchant et qui les fait aisément distinguer, c'est qu'outre que leurs fleurs hermaphrodites ont leurs Etamines libres entr'elles, c'est que ces mêmes Etamines sont de grandeur inégale et que toujours il y en a quatre, dont deux sont longues et les deux autres sont sensiblement plus courtes. Le nom de cette classe, Didynamie, est formé, comme nous l'avons dit plus haut, de deux mots grecs qui, pris ensemble, signifient deux puissances. Les caractères de ses ordres, ainsi que ceux des ordres de la classe suivante, se tirent de la nature du Péricarpe. La classe quatorzième se divise en deux ordres seulement; savoir,

ORDRE PREMIER.

Gymnospermie. (1)

Le caractère de ce premier ordre se tire de quatre graines qui sont à nu au fond du calice; comme dans

La Bugle.	*Ajuga.*	IV.
La Germandrée.	*Teucrium.*	IV.
La Sarriette.	*Satureïa.*	IV.
L'Hyssope.	*Hyssopus.*	IV.
La Cataire.	*Nepeta.*	IV.
La Lavande.	*Lavandula.*	IV.
La Menthe.	*Mentha.*	IV.
Le Lierre terrestre.	*Glecoma.*	IV.

(1) *Voyez* ce que nous avons dit plus haut de la Gymnospermie et de l'Angyospermie, pages 183 et 184.

Le Galéope.	*Galeopsis.*	IV.
La Bétoine.	*Betonia.*	IV.
Le Stachide.	*Stachys.*	IV.
La Ballote.	*Ballota.*	IV.
Le Marrube.	*Marrubium.*	IV.
Le Léonure.	*Leonurus.*	IV.
Le Flomide.	*Phlomis.*	IV.
La Molucelle.	*Molucella.*	IV.
Le Clinopode.	*Clynopodium.*	IV.
L'Origan.	*Origanum.*	IV.
Le Thym.	*Thymus.*	IV.
La Mélisse.	*Melissa.*	IV.
Le Dracocéphale.	*Dracocephalum.*	IV.
Le Mélissol.	*Melitis.*	IV.
Le Basilic.	*Ocymum.*	IV.
La Brunelle.	*Prunella.*	IV.
La Toque.	*Scutellaria.*	IV.

ORDRE II.

Angyospermie.

Le caractère du second ordre se tire de plusieurs graines qui sont renfermées dans un péricarpe capsulaire ; comme dans

La Linnée.	*Linnæa.*	I.
La Celsie.	*Celsia.*	II.
Le Calbassier.	*Crescentia.*	II.
La Bertsie.	*Bartsia.*	III.
La Crète-de-Coq.	*Rhinanthus.*	III.
L'Eufraise.	*Euphrasia.*	III.

Le Mélampire.	*Melampyrum.*	III.
La Clandestine.	*Lathræa.*	III.
La Pédiculaire.	*Pedicularis.*	III.
Le Muflier.	*Antirrhinum.*	III.
La Bicorne.	*Martinia.*	III.
La Scrophulaire.	*Scrophularia.*	III.
La Digitale.	*Digytalis.*	III.
L'Orobanche.	*Orobanche.*	III.
Le Sésame.	*Sesamum.*	III.
L'Acanthe.	*Acanthus.*	III.
La Limoselle.	*Limosella.*	VI.
Le Méliante.	*Melianthus.*	XI.
Le Gattilier.	*Vitex.*	XX.

CLASSE XV.

La Tétradynamie.

ON doit se rappeler que la Tétradynamie est formée
de deux mots grecs, dont le premier, *Tetra*, veut
dire quatre, et le second Puissances (quatre puissances); c'est-à-dire, que les fleurs de cette classe ont
quatre grandes Etamines placées deux à deux et à
côté l'une de l'autre ; mais ces couples sont séparés
par deux autres Etamines sensiblement plus petites ;
en sorte qu'il y en a quatre grandes et deux petites.
Il ne faut pas d'ailleurs chercher les plantes de la
Tétradynamie autre part que dans les Cruciformes,

classe cinquième de *Tournefort*. On divise la classe quinzième en deux ordres, d'après la forme du Péricarpe qui renferme les semences ; savoir,

ORDRE PREMIER.

Siliculeuse.

Les plantes de ce premier ordre ont leurs semences renfermées dans une silicule, c'est-à-dire, dans une espèce de péricarpe à peu près aussi long que large ; tel est le fruit ou la semence de

La Caméline.	*Miagrum.*	V.
La Jérose.	*Anastatica.*	V.
La Drave.	*Draba.*	V.
La Passe-Rage.	*Lepidium.*	V.
Le Thlaspi.	*Thlaspi.*	V.
L'Herbe aux Cuilliers, ou Cochléare.	*Cochlearia.*	V.
L'Ibéride.	*Iberis.*	V.
L'Alisson.	*Alyssum.*	V.
Le Bouclier.	*Clypeola.*	V.
Le Lunettier.	*Biscutella.*	V.
La Lunaire.	*Lunaria.*	V.

ORDRE II.

Siliqueuse.

Les plantes de ce second ordre sont caractérisées par la forme du péricarpe qui renferme leurs semences

et qui consiste dans une silique qui est beaucoup plus
longue que large ; comme dans

La Ricotie.	*Ricotia.*	V.
La Dentaire.	*Dentaria.*	V.
La Cardamine.	*Cardamine.*	V.
Le Cresson.	*Sisymbrium.*	V.
Le Vélar.	*Erysymum.*	V.
La Giroflée.	*Cheiranthus.*	V.
La Julienne.	*Hesperis.*	V.
L'Arabide.	*Arabis.*	V.
La Turette.	*Turritis.*	V.
Le Chou.	*Brassica.*	V.
La Moutarde.	*Synapis.*	V.
Le Raifort.	*Raphanus.*	V.
Le Pastel.	*Isatis.*	V.
Le Crambe.	*Crambe.*	V.
Le Mosambe.	*Cleome.*	V.

CLASSE XVI.

La Monadelphie.

Dans la classe Monadelphie, comme dans les deux
suivantes, Diadelphie et Polyadelphie, on trouve des
fleurs visibles et hermaphrodites, dont les Etamines
à peu près de même hauteur, sont réunies par leurs
filets en un ou en plusieurs corps, de sorte que c'est
du nombre de ces corps ou groupes que l'on tire le

caractère de chacune de ces trois classes. Ainsi donc la Monadelphie, qui, en grec, veut dire *un seul frère,* renferme les plantes qui ont plusieurs Etamines de grandeur à peu près égale, mais qui sont réunies, par leurs filets, en un seul corps ou en un seul faisceau, disposé en forme de gaîne, à travers lequel passe le Pistil. Dans cette classe, comme dans les suivantes, les caractères des ordres sont tirés du nombre des Etamines. La Monadelphie se divise en sept ordres; savoir,

ORDRE PREMIER.

Triandrie.

TOUTES les fleurs des plantes de ce premier ordre ont trois Etamines réunies, par leurs filets, en un seul corps ; comme

La Galardienne.   *Galardia.*   XIV.

ORDRE II.

Pentandrie.

TOUTES les fleurs des plantes de ce second ordre ont cinq étamines, réunies par leurs filets, en un seul corps ; comme

L'Hermann.   *Hermannia.*   VI et XXI.

ORDRE III.

Octandrie.

TOUTES les fleurs des plantes de ce quatrième ordre

ont huit Etamines, réunies par leurs filets, en un seul corps ; comme

L'Aitonie.	*Aitonia.*	I.

ORDRE IV.

Ennéandrie.

Toutes les fleurs des plantes de ce quatrième ordre ont neuf Etamines, réunies par leurs filets en un seul corps; comme

La Dryandre.	*Dryandra.*	VI.

ORDRE V.

Décandrie.

Toutes les fleurs des plantes de ce cinquième ordre ont dix Etamines, réunies par leurs filets en un seul corps ; comme

Les Becs-de-Gruë, ou Géraines.	*Gerania.*	VI.

ORDRE VI.

Dodécandrie.

Toutes les fleurs des plantes de ce sixième ordre ont depuis douze jusqu'à dix-neuf Etamines, réunies par leurs filets en un seul corps ; comme

Le Pentapètes.	*Pentapetes.*	XIII.

ORDRE VII.

Polyandrie.

Toutes les fleurs des plantes de ce septième ordre ont un nombre indéterminé d'Etamines, réunies par leurs filets en un seul corps; comme

Le Fromager.	*Bombax.*	I.
La Side.	*Sida.*	I.
La Guimauve.	*Althœa.*	I.
L'Alcée.	*Alcœa.*	I.
La Mauve.	*Malva.*	I.
La Lavatère.	*Lavatera.*	I.
Le Malope.	*Malacoïdes.*	I.
Le Cotonier.	*Gossypium.*	I.
La Ketmie.	*Hibiscus.*	I.

CLASSE XVII.

La Diadelphie.

Le mot Diadelphie signifie, en grec, *deux frères*, c'est-à-dire, que dans cette classe, chaque fleur visible et hermaphrodite contient plusieurs Etamines, de grandeur à peu près égale, qui sont toutes réunies par leurs filets et qui forment ainsi deux corps bien distincts et bien séparés l'un de l'autre. Les plantes de la Diadelphie sont presque toutes des Papilionacées de la Méthode de *Tournefort*, soit qu'elles soient des herbes ou des arbres. Les caractères des ordres de la Diadelphie se tirent du nombre des Etamines réunies : elle se divise en quatre ordres ; savoir ,

ORDRE PREMIER.

Pentandrie.

TOUTES les fleurs des plantes de ce premier ordre ont cinq Etamines, réunies par leurs filets, formant deux corps ; comme

La Monnière.   *Monniera.*   XIII.

ORDRE II.

Hexandrie.

TOUTES les fleurs des plantes de ce second ordre ont six Etamines, réunies par leurs filets, formant deux corps ; comme

La Fumeterre.   *Fumaria.*   XI.

ORDRE III.

Octandrie.

TOUTES les fleurs des plantes de ce troisième ordre ont huit Etamines, réunies par leurs filets, formant deux corps ; comme

L'Herbe-au-Lait.   *Polygala.*   III.
La Coronille.   *Securidaca.*   X.
La Dalberge.   *Dalbergia.*   XXII.

ORDRE IV.

Décandrie.

Toutes les fleurs des plantes de ce quatrième ordre ont dix Etamines, réunies par leurs filets, formant deux corps ; comme

L'Abrus.	*Abrus.*	X.
L'Arrête-Bœuf.	*Ononis.*	X.
Le Lupin.	*Lupinus.*	X.
Le Haricot.	*Phaseolus.*	X.
Le Dolique.	*Dolichos.*	X.
Le Glycine.	*Glycine.*	X.
Le Pois.	*Pisum.*	X.
L'Orobe.	*Orobus.*	X.
La Gesse.	*Lathyrus.*	X.
La Vesce.	*Vicia.*	X.
L'Ers.	*Ervum.*	X.
Le Pois-Chiche.	*Cicer.*	X.
La Réglisse.	*Glycyrrhiza.*	X.
Le Pied-d'Oiseau.	*Ornithopus.*	X.
Le Fer-à-Cheval.	*Hippocrepis.*	X.
La Chenillette.	*Scorpiurus.*	X.
Le Sainfoin.	*Hedisarum.*	X.
L'Indigotier.	*Indigofera.*	X.
La Lavenèse.	*Galega.*	X.
L'Astragale.	*Astragalus.*	X.
La Phaque.	*Phaca.*	X.
La Double-Scie.	*Biserrula.*	X.
Le Trèfle.	*Trifolium.*	X.

Le Lotier.	*Lotus.*	X.
Le Fénu-Grec.	*Trigonella.*	X.
La Luzerne.	*Medicago.*	X.
Le Genêt d'Espagne.	*Spartium.*	XXII.
Le Genêt.	*Genista.*	XXII.
L'Aspalate.	*Aspalathus.*	XXII.
L'Ajouc.	*Ilex.*	XXII.
La Crotalaire.	*Crotalaria.*	XXII.
L'Anthillide, ou Vul- néraire.	*Anthyllis.*	XXII.
Le Cytise, ou Faux- Ebénier.	*Cytisus.*	XXII.
Le Faux-Acacia.	*Robinia.*	XXII.
Le Baguenaudier.	*Colutea.*	XXII.
La Coronille.	*Coronilla.*	XXII.

CLASSE XVIII.

La Polyadelphie.

DANS la Polyadelphie , qui , en grec , signifie *plusieurs frères*, les Etamines, de grandeur à peu près égale, sont réunies, dans chaque fleur visible et hermaphrodite , par leurs filets et forment au moins trois corps. Cette classe , peu nombreuse en genres , se divise en quatre ordres, fournis par le nombre et par l'insertion des Etamines : ces quatre ordres sont,

ORDRE PREMIER.

Pentandrie.

Toutes les fleurs des plantes de ce premier ordre ont cinq Etamines, qui sont réunies par leurs filets et forment au moins trois corps ; comme

Le Cacaoyer.	*Cacao.*	XXI.

ORDRE II.

Dodécandrie.

Toutes les fleurs des plantes de ce second ordre ont depuis douze jusqu'à dix-neuf Etamines, réunies par leurs filets, et formant au moins trois corps; comme

La Monsone.	*Monsonia.*	VI.

ORDRE III.

Icosandrie.

Toutes les fleurs des plantes de ce troisième ordre ont vingt Etamines et au-delà , toutes insérées sur le calice, et réunies, par leurs filets, en trois corps au moins ; comme

L'Oranger.	*Citrus Aurantium.*	XXI.
Le Citronier.	*Citrus-Media.*	XXI.

ORDRE IV.

Polyandrie.

Toutes les fleurs des plantes de ce quatrième ordre ont vingt étamines et au-delà, insérées sur le

réceptacle, et réunies, par leurs filets, en trois corps
au moins ; comme

Le Mille-Pertuis.	*Hypericum.*	VI.
L'Ascyrum.	*Ascyrum.*	VI.

~~~~~~~~~~~~~~~~~~~~~~~~~~~~~~~~

CLASSE XIX.

La Syngénésie.

LES Flosculeuses, les Semi-Flosculeuses, ainsi que
les Radiées , classes douzième, treizième et quatorzième de *Tournefort*, sont les seules ou presque les
seules plantes qui appartiennent à la Syngénésie.
Syngénésie est un nom composé de deux mots grecs,
qui signifient *génération ensemble* ou commune. (1)
Cette classe se divise en autant d'ordres qu'il y a de différentes espèces de Polygamies dans les fleurs ou dans les
fleurons, soit mâles , femelles ou hermaphrodites ; or ,
nous connoissons six espèces de polygamies ; cette classe
est donc divisée en six ordres ; savoir ,

----

(1) Pour bien comprendre cette classe , il importe de savoir
qu'elle ne renferme que des fleurs composées , c'est-à-dire , des
fleurs qui sont un assemblage de quantité de petites autres
fleurs disposées sur un même réceptacle, et toutes environnées
d'un calice commun ; que ces mêmes fleurs composées se divisent en fleurs Agrégées et en fleurs Syngénésiques, et qu'enfin
les agrégées ont chacune un calice propre qui renferme des
étamines qui ne sont réunies par aucune de leurs parties ,
tandis que les fleurs syngénésiques ont leurs petites fleurs pourvues de cinq étamines, toutes réunies, par leurs anthères , en
un cylindre à travers lequel passe le pistil.
~~~~~~~~~~~~~~~~~~~~~~~~~~~~~~~~

ORDRE PREMIER.

Polygamie égale.

TOUTES les fleurs comprises dans ce premier ordre ont, comme nous l'avons dit ci-devant, page 185, des fleurons hermaphrodites, tant dans le disque que dans la circonférence, comme dans

La Bardane.	*Arctium.*	XII.
La Sarrette.	*Serratula.*	XII.
Le Chardon.	*Carduus.*	XII.
Le Cnichaut.	*Cnicus.*	XII.
L'Onoporde.	*Onopordum.*	XII.
L'Artichaut.	*Cynara.*	XII.
L'Atractile.	*Atractylis.*	XII.
Le Cartame, Safran bâtard.	*Carthamus-Tinctorius.*	XII.
Le Spilanthe.	*Spilanthus.*	XII.
Le Bident.	*Bidens.*	XII.
La Cacalie.	*Cacalia.*	XII.
L'Eupatoire.	*Eupatorium.*	XII.
L'Agérat.	*Ageratum.*	XII.
Le Chrisocome.	*Chrysocoma.*	XII.
Le Tarchonante.	*Tarchonanthus.*	XII.
La Santoline.	*Santolina.*	XII.
L'Athanasie.	*Athanasia.*	XII.
Le Géropogon.	*Geropogon.*	XIII.
Le Salsifix.	*Tragopogon.*	XIII.
La Scorzonaire.	*Scorzonera.*	XIII.
La Picride.	*Picris.*	XIII.
Le Laitron.	*Sonchus.*	XIII.

La Laitue.	*Lactuca.*	XIII.
La Chondrille.	*Chondrilla.*	XIII.
Le Prénante.	*Prenanthes.*	XIII.
La Dent-de-Lion, Pissenlit.	*Leontodon.*	XIII.
L'Epervière.	*Hieratium.*	XIII.
La Crépide.	*Crepis.*	XIII.
L'Andryale.	*Andryala.*	XIII.
L'Hyosère.	*Hyoseris.*	XIII.
La Sériole.	*Seriola.*	XIII.
L'Hypochéride.	*Hypocheris.*	XIII.
La Lampsane.	*Lapsana.*	XIII.
La Cupidone.	*Catananche.*	XIII.
La Chicorée.	*Cichorium.*	XIII.
L'Epine jaune, ou Scolyme.	*Scolymus.*	XIII.
La Carline.	*Carlina.*	XIV.

ORDRE II.

Polygamie superflue.

TOUTES les fleurs comprises dans ce second ordre
ont leurs fleurons du disque hermaphrodites et ceux
de la circonférence femelles, comme dans

L'Atanaïsie.	*Tanacetum.*	XII.
L'Armoise.	*Artemisia.*	XII.
L'Aurone.	*Abrotanum.*	XII.
L'Absinthe.	*Absinthium.*	XII.
Le Gnaphale.	*Gnaphalium.*	XII.
Le Xérantheme.	*Xeranthemum.*	XIV.

La Bacchante.	*Baccharis.*	XII.
La Conise.	*Coniza.*	XII.
Le Tussilage.	*Tussilago.*	XII.
L'Eclipte.	*Eclypta.*	XII.
La Verbecine.	*Verbecina.*	XII.
L'Erigère, ou Vergeron.	*Erigeron.*	XIV.
Le Seneçon.	*Senecio.*	XIV.
L'Aster.	*Aster.*	XIV.
La Verge-d'Or.	*Solidago.*	XIV.
La Cinéraire.	*Cineraria.*	XIV.
L'Inule.	*Inula.*	XIV.
L'Arnique, ou Herbe à éternuer.	*Arnica.*	XIV.
Le Doronique.	*Doronicum.*	XIV.
L'Hélénie.	*Helenium.*	XIV
La Paquerette.	*Bellis.*	XIV.
Le Bellium.	*Bellium.*	XIV.
L'Œillet d'Inde.	*Tagetes.*	XIV.
La Marguerite.	*Chrysanthemum.*	XIV.
La Zinne.	*Zinnia.*	XIV.
La Matricaire.	*Matricaria.*	XIV.
La Cotule.	*Cotula.*	XIV.
L'Anacicle.	*Anacyclus.*	XIV.
La Camomille.	*Anthemis.*	XIV.
Le Mille-Feuille.	*Achillea.*	XIV.
L'Œil-de-Bœuf.	*Bupthalmum.*	XIV.

ORDRE III.

Polygamie frustranée.

TOUTES les fleurs comprises dans ce troisième

ordre ont leurs fleurons du disque hermaphrodites et ceux de la circonférence stériles; comme dans

Le Coréopse.	*Coreopsis.*	XII.
La Centaurée.	*Centaurea.*	XII.
Le Soleil, ou Tour-nesol.	*Helianthus.*	XIV.
La Rudbèque.	*Rudbeckia.*	XIV.

ORDRE IV.

Polygamie nécessaire.

Toutes les plantes que ce quatrième ordre renferme ont les fleurons du disque mâles, et ceux de la circonférence femelles; comme dans

Le Micrope.	*Miaropus.*	XII.
L'Herbe à Coton.	*Filago.*	XIV.
L'Othonna.	*Othonna.*	XIV.
Le Porte-Collier.	*Osteospermum.*	XIV.
L'Arctotis.	*Arctotis.*	XIV.
Le Souci.	*Calendula.*	XIV.
Le Sylphe.	*Sylphyum.*	XIV.

ORDRE V.

Polygamie séparée.

Toutes les fleurs des plantes que ce cinquième ordre contient ont leurs fleurons dans de petits calices particuliers, et tous ces petits calices sont reunis dans un calice commun ou général; comme dans

L'Echinops, ou Boulette.	*Echinops.*	XII.
Le Stèbe.	*Stœbe.*	XII.

ORDRE VI.

Monogamie.

DANS ce sixième et dernier ordre de la singénésie sont comprises les fleurs qui, sans être composées de fleurons, ont leurs Etamines réunies en cylindre par leurs anthères, à travers lequel passe le pistil; comme dans

La Jasione.	*Jasione.*	I.
La Lobélie.	*Lobelia.*	II.
La Violette.	*Viola.*	XI.
La Balsamine.	*Impatiens.*	XI.
L'Armoselle.	*Seriphium.*	XII.

CLASSE XX.

La Gynandrie.

GYNANDRIE signifie, en grec, *femme et mari ensemble ;* or, toutes les plantes de cette classe ont leurs fleurs hermaphrodites ; mais leurs Etamines, au lieu d'être insérées sur le réceptacle ou sur le calice, sont portées et même implantées sur le Pistil. La Gynandrie est divisée en neuf ordres fournis par le nombre des Etamines ; ces neuf ordres sont :

ORDRE PREMIER.

Dyandrie.

TOUTES les fleurs des plantes de ce premier

(237)

ordre ont deux Etamines portées sur le Pistil ;
comme

L'Helléborine.	*Serapias.*	XI.
L'Aréthuse.	*Arethusa.*	XI.
Le Sabot de Notre- Dame.	*Cipripedium.*	XI.
La Vanille.	*Epidendrum.*	XI.
L'Orchis.	*Orchis.*	XII.
Le Satyrion.	*Satyrium.*	XII.
L'Ophrys.	*Ophrys.*	XII.

ORDRE II.

Triandrie.

TOUTES les fleurs des plantes de ce second ordre
ont trois Etamines implantées sur le Pistil ; comme

| La Bermudiène. | *Sisyrinchium.* | IX. |
| La Ferrare. | *Ferraria.* | IX. |

ORDRE III.

Tétrandrie.

TOUTES les fleurs des plantes de ce troisième ordre
ont quatre Etamines insérées sur leur Pistil ; comme

| La Népenthe. | *Nepenthus.* | VI. |

ORDRE IV.

Pentandrie.

TOUTES les fleurs des plantes de ce quatrième

ordre ont cinq Etamines portées sur leur Pistil ;
comme

La Grenadile , ou
Fleur de la Passion. *Passiflora.* VI.

ORDRE V.

Hexandrie.

TOUTES les fleurs des plantes de ce cinquième
ordre ont six Etamines insérées sur leur Pistil ;
comme

L'Aristoloche. *Aristolochia.* III.

ORDRE VI.,

Octandrie.

TOUTES les fleurs des plantes de ce sixième ordre
ont huit Etamines portées sur leur Pistil ; comme

La Scopaire. *Scoparia.* III.

ORDRE VII.

Décandrie.

TOUTES les fleurs des plantes de ce septième ordre
ont dix Etamines implantées sur leur Pistil ; comme

L'Hélictère. *Helicteres.* XXI.
La Kleinhovie. *Kleinhovia.* I.

ORDRE VIII.

Dodécandrie.

Toutes les fleurs des plantes de ce huitième ordre ont plus de douze et moins de vingt Etamines, portées sur leur Pistil; comme

L'Hypociste.	*Cytinus.*	III.

ORDRE IX.

Polyandrie.

Toutes les fleurs des plantes comprises dans ce neuvième ordre ont un nombre indéterminé d'Etamines, toutes portées sur leur Pistil; comme

Le Pied-de-Veau.	*Arum.*	III.
La Calle.	*Calla.*	III.

~~~~~~

CLASSE XXI.

La Monæcie.

Monœcie signifie, en grec, *une seule maison;* or, dans la classe vingt-unième cette maison est habitée par le mari et par la femme, mais séparément, c'est-à-dire, que sur un pied il y a des fleurs unisexuelles qui ne contiennent que des maris ou des Etamines seules, et sur le même pied il y a d'autres
~~~~~~

fleurs, toujours unisexuelles, qui ne renferment que des femmes ou des Pistils seuls ; ainsi le mari et la femme habitent, à la vérité, la même maison, mais ils sont logés dans des appartemens différens. Cette classe se divise en onze ordres, qui sont tirés du nombre des Etamines.

ORDRE PREMIER.

Monandrie.

Toutes les fleurs mâles et femelles de ce premier ordre sont distinctes sur le même pied, et les premières n'ont qu'une seule Etamine ; comme.

L'Elatère , Concombre sauvage.	*Elaterium.*	I.
L'Arbre à Pain.	*Pinus.*	XIX.
La Zanichelle.	*Zanichellia.*	XVIII.

ORDRE II.

Diandrie.

Toutes les fleurs mâles et femelles de ce second ordre sont distinctes sur le même pied ; les mâles ont deux Etamines, comme

L'Angourie.	*Anguria.*	I.
La Lentille-d'Eau.	*Lenticula.*	XVII.

ORDRE III.

Triandrie.

TOUTES les fleurs mâles et femelles de ce troisième ordre sont distinctes sur le même pied ; les mâleou trois Etamines ; comme

La Massette.	*Typha.*	XV.
Le Ruban-d'Eau.	*Sparganium.*	XV.
Le Maïs, ou Blé de Turquie.	*Zea.*	XV.
Le Tripsac.	*Tripsacum.*	XV.
L'Armille, ou Larme de Job.	*Coix.*	XV.
La Laîche.	*Carex.*	XV.
L'Axyris.	*Axyris.*	XV.

ORDRE IV.

Tétrandrie.

TOUTES les fleurs mâles et femelles de ce quatrième ordre sont distinctes sur le même pied : les mâles ont quatre Etamines ; comme

La Rivarine.	*Litorella.*	II.
L'Ortie.	*Urtica.*	XV.
Le Buis.	*Buxus.*	XVIII.
Le Bouleau.	*Betula.*	XIX.
Le Mûrier.	*Morus.*	XIX.

ORDRE V.

Pentandrie.

TOUTES les fleurs mâles et femelles de ce cinquième

ordre sont distinctes et séparées sur le même pied : les mâles ont cinq étamines ; comme

L'Amaranthe.	*Amaranthus.*	VI.
La Lampourde.	*Xanthium.*	XII.
L'Ambrosie.	*Ambrosia.*	XII.
L'Ive.	*Iva.*	XII.

ORDRE VI.

Hexandrie.

Toutes les fleurs mâles et femelles de ce sixième ordre sont séparées sur le même pied ; les mâles ont six Etamines ; comme

La Zizanie.	*Zizania.*	XV.

ORDRE VII.

Octandrie.

Toutes les fleurs mâles et femelles de ce septième ordre sont séparées sur le même pied : les mâles ont huit Etamines ; comme

La Guettarde.	*Guettarda.*	XVIII.

ORDRE VIII.

Polyandrie.

Toutes les fleurs mâles et femelles de ce huitième ordre sont séparées les unes des autres sur le même pied ; les mâles ont un nombre indéterminé d'Etamines ; comme

La Pimprenelle.	*Poterium.*	II.

(243)

Le Volant-d'Eau.	*Myriophyllum.*	V.
La Sagittaire.	*Sagittaria.*	VI.
Le Chêne.	*Quercus.*	XIX.
Le Noyer.	*Juglans.*	XIX.
Le Hêtre.	*Fagus.*	XIX.
Le Châtaignier.	*Fagus-Castanea.*	XIX.
Le Charme.	*Carpinus.*	XIX.
Le Coudrier.	*Corylus.*	XIX.
Le Platane.	*Platanus.*	XIX.

ORDRE IX.

Monadelphie.

TOUTES les fleurs mâles et femelles de ce neuvième ordre sont séparées les unes des autres sur le même pied : les mâles ont leurs Etamines réunies en un seul corps par leurs filets ; comme

Le Ricin, ou Palme-de-Christ.	*Ricinus.*	XV.
Le Pin.	*Pinus.*	XIX.
Le Sapin.	*Abies.*	XIX.
L'Arbre-de-Vie.	*Thuia.*	XIX.
Le Cyprès.	*Cupressus.*	XIX.

ORDRE X.

Syngénésie.

TOUTES les fleurs mâles et femelles de ce dixième ordre sont séparées les unes des autres sur le même pied ; les mâles ont leurs Etamines réunies en un seul corps par leurs Anthères ; comme

| L'Anguine. | *Trichosanthes.* | |

La Pomme de Mer- veille.	*Momordica.*	I.
La Courge.	*Cucurbita.*	I.
Le Melon.	*Melo.*	I.
Le Concombre.	*Cucumis.*	I.
La Brione.	*Bryonia.*	I.
Le Sicyos, ou Brio- nette.	*Sicyos.*	I.

ORDRE XI.

Gynandrie.

TOUTES les fleurs mâles et femelles de ce onzième ordre sont séparées les unes des autres sur le-même pied : les mâles ont leurs Etamines insérées sur le Pistil; comme

L'Andrachne.	*Andrachne.*	XV.

CLASSE XXII.

La Diæcie.

DANS cette classe Diœcie, qui, en grec, signifie *deux maisons*, le mari est dans une maison, c'est-à-dire, qu'un pied ne porte que des fleurs à Etamines seules, et la femme est dans une autre maison, c'est-à-dire, que sur un autre pied de même espèce il n'y a que des fleurs à Pistils seuls. La Diœcie se divise en quatorze ordres, qui sont fondés sur le nombre des Etamines ou sur leur réunion, soit par les filets, soit par les anthères avec le Pistil; savoir,

ORDRE PREMIER.

Monandrie.

Toutes les plantes de ce premier ordre ont leurs fleurs mâles sur un pied et leurs fleurs femelles sur un autre pied de même espèce : les mâles n'ont qu'une seule Etamine; comme

La Naïade.	*Naïas.*	XVI.

ORDRE II.

Diandrie.

Toutes les plantes de ce second ordre ont leurs fleurs mâles sur un pied et leurs fleurs femelles sur un autre pied de même espèce : les mâles ont deux Etamines; comme

Le Saule.	*Salix.*	XIX.

ORDRE III.

Triandrie.

Toutes les plantes de ce troisième ordre ont leurs fleurs mâles sur un pied et leurs fleurs femelles sur un autre pied de même espèce : les mâles ont trois Etamines; comme

La Camarine.	*Empetrum.*	XVIII.
Le Rouvet.	*Osyris.*	XIX.

ORDRE IV.

Tétrandrie.

TOUTES les plantes de ce quatrième ordre ont leurs fleurs mâles sur un pied et leurs fleurs femelles sur un autre pied de même espèce : les mâles ont quatre Etamines ; comme

L'Argoussier.	*Hippophaë.*	XXI.
Le Gui.	*Viscum.*	XX.
Le Térébinthe.	*Terebinthus Vulgaris.*	XVIII.

ORDRE V.

Pentandrie.

TOUTES les plantes de ce cinquième ordre ont leurs fleurs mâles sur un pied et leurs fleurs femelles sur un autre pied de même espèce : les mâles ont cinq Etamines ; comme

L'Epinars	*Spinacia.*	XV.
Le Chanvre.	*Cannabis.*	XV.
Le Houblon.	*Humulus.*	XV.
Le Pistachier.	*Pistacia.*	XVIII.
Le Clavalier.	*Zanthoxylum.*	XVIII.

ORDRE VI.

Hexandrie.

TOUTES les plantes de ce sixième ordre ont leurs fleurs mâles sur un pied et leurs fleurs femelles sur

(247)

un autre pied de même espèce : les mâles ont six
Etamines ; comme

Le Taminier.	*Tamus.*	I.
La Salsepareille.	*Smilax.*	VI.

ORDRE VII.

Octandrie.

TOUTES les plantes de ce septième ordre ont leurs
fleurs mâles sur un pied et leurs fleurs femelles sur
un autre pied de même espèce : les fleurs mâles ont
huit Etamines ; comme

La Rhodiole, ou Or- pin rose.	*Rhodiola.*	VI.
Le Peuplier.	*Populus.*	XIX.

ORDRE VIII.

Ennéandrie.

TOUTES les plantes de ce huitième ordre ont leurs
fleurs mâles sur un pied et les fleurs femelles sur un
autre pied de même espèce : les fleurs mâles ont neuf
Etamines ; cemme

La Mercuriale.	*Mercurialis.*	XV.
La Morène.	*Hydrocharis.*	VI.

ORDRE IX.

Décandrie.

TOUTES les plantes de ce neuvième ordre ont leurs

fleurs mâles sur un pied et leurs fleurs femelles sur un autre pied de même espèce : les fleurs mâles ont dix Etamines ; comme

| Le Rédoux. | *Coriaria.* | XIX. |

ORDRE X.

Dodécandrie.

TOUTES les plantes de ce dixième ordre ont leurs fleurs mâles sur un pied et leurs fleurs femelles sur un autre pied de même espèce : les fleurs mâles ont depuis douze jusqu'à dix-neuf Etamines ; comme

| La Cannabine. | *Datisca.* | XV. |
| Le Ménisperme. | *Menispermum.* | XXI. |

ORDRE XI.

Polyandrie.

TOUTES les plantes de ce onzième ordre ont leurs fleurs mâles sur un pied et leurs fleurs femelles sur un autre pied de même espèce : les fleurs mâles ont un nombre indéterminé d'Etamines ; comme

| La Clifforte. | *Cliffortia.* | XXI. |

ORDRE XII.

Monadelphie.

TOUTES les plantes de ce douzième ordre ont leurs fleurs mâles sur un pied et leurs fleurs femelles sur un autre pied de même espèce : les fleurs mâles ont

leurs Etamines réunies en un seul corps par leurs filets ;
comme

Le Genévrier.	*Juniperus*.	XVIII.
Le Cèdre.	*Cedrus.*	XVIII.
La Sabine.	*Sabina.*	XVIII.
L'If.	*Taxus.*	XVIII.
L'Ephèdre.	*Ephedra.*	XVIII.

ORDRE XIII.

Syngénésie.

Toutes les plantes de ce treizième ordre ont leurs
fleurs mâles sur un pied et leurs fleurs femelles sur
un autre pied de même espèce : les fleurs mâles ont
leurs Etamimes réunies par les anthères ; comme

Le Fragon, ou Petit Houx.	*Ruscus.*	I.

ORDRE XIV.

Gynandrie.

Toutes les plantes du quatorzième et dernier ordre de la Diœcie ont leurs fleurs mâles sur un pied
et leurs fleurs femelles sur un autre pied de même
espèce : les fleurs mâles ont leurs Etamines insérées
sur le Pistil, qui souvent est avorté ; comme

La Clutie.	*Clutia.*	XIX.

CLASSE XXIII.

La Polygamie.

POLYGAMIE est un nom composé de deux mots grecs qui, pris ensemble, signifient *plusieurs noces*. Dans cette classe, en effet, il y a quelquefois sur le même pied des fleurs uniquement mâles, d'autres uniquement femelles, et enfin d'autres qui sont mâles et femelles ou hermaphrodites; souvent cette variété de sexes se rencontre sur deux et même sur trois pieds différens. Le caractère de la Polygamie, qui se divise en trois ordres, se tire donc de la réunion des fleurs unisexuelles et hermaphrodites dans la même espèce, tandis que celui des ordres se prend ou de la réunion de ces fleurs sur un même individu ou de leur séparation sur des individus différens.

ORDRE PREMIER.

Monæcie.

DANS ce premier ordre Monœcie, il se trouve sur le même pied des fleurs à Etamines ou mâles, des fleurs à Pistils ou femelles et en même temps des fleurs hermaphrodites, c'est-à-dire, qui sont mâles et femelles. Néanmoins parmi ces fleurs hermaphrodites, il s'en rencontre, et toujours sur le même individu, dont la partie mâle est fertile, tandis que la

(251)

partie femelle est stérile ; d'autres dont la partie femelle est fertile, tandis que la partie mâle est stérile, ou dont les fleurs hermaphrodites sont réunies,
sur le même pied , avec des fleurs mâles ; on en
voit enfin qui ont, sur le même pied, des fleurs
hermaphrodites jointes à des fleurs femelles. On a ces
trois exemples dans les plantes suivantes :

La Croisette.	*Valantia.*	I.
L'Hellébore blanc.	*Veratrum.*	VI.
Le Barbon.	*Andropogon.*	XV.
La Houque.	*Holcus.*	XV.
La Racle.	*Cenchrus.*	XV.
L'Egilope.	*Ægilops.*	XV.
La Pariétaire.	*Parietaria.*	XV.
L'Arroche.	*Atriplex.*	XV.
L'Acacie.	*Mimosa.*	XX.
L'Erable.	*Acer.*	XXI.
L Mi cocoulier.	*Celtis.*	XXI.

ORDRE II.

Diæcie.

DANS ce second ordre les fleurs mâles ou à Etamines sont placées sur un pied et les fleurs femelles
ou à Pistils, sont placées sur un autre pied de même
espèce. Cependant on y trouve quelquefois des fleurs
hermaphrodites ; mais la partie mâle est seule
fertile ; ou bien , s'il se rencontre des fleurs hermaphrodites sur un autre individu, c'est la partie
femelle qui seule est fertile. Il est des cas où sur un

pied on trouve des fleurs hermaphrodites et sur un autre pied des fleurs mâles; ou bien des fleurs femelles sur un individu et des fleurs hermaphrodites sur un autre. Les plantes suivantes offrent de ces exemples.

Le Frêne.	*Fraxinus.*	XVIII.
Le Plaquemirier.	*Diospyros.*	XX.
Le Févier.	*Gleditsia.*	XXII.

ORDRE III.

Triæcie.

DANS la Triœcie, troisième ordre, on rencontre des individus dont les fleurs sont uniquement hermaphrodites; d'autres, de même espèce, dont les fleurs sont uniquement mâles; c'est-à-dire, pourvues d'Etamines seules; et enfin d'autres individus, toujours de même espèce, dont les fleurs sont uniquement femelles, c'est-à-dire, n'ayant que des Pistils seuls; tels sont

Le Caroubier.	*Ceratonia.*	XVIII.
Le Figuier.	*Ficus.*	XIX.

CLASSE XXIV.

La Cryptogamie.

DEUX mots grecs forment la Cryptogamie, et ils signifient conjointement *noces cachées*, c'est-à-dire, que les parties de la fructification des plantes de cette dernière classe du système de *Linné*, sont méconnues ou presque méconnues. Cette classe est divisée en cinq ordres.

ORDRE PREMIER.

Les Fougères.

LES caractères distinctifs des Fougères consistent en ce qu'elles ont leurs feuilles roulées en forme de béquilles avant leur parfait développement, et en ce que leur fructification est disposée ou sur le dos des feuilles, ou sur des racines dans des involucres, ou enfin sur des épis particuliers. Du nombre des fougères sont

La Prêle.	*Equisetum.*	XV.
L'Onocle.	*Onoclea.*	XVI.
La Langue-de-Serpent.	*Ophioglossum.*	XVI.
L'Osmonde.	*Osmunda.*	XVI.
L'Asplénie, ou Doradille.	*Asplanium.*	XVI.
L'Acrostique.	*Acrosticum.*	XVI.
La Fougère.	*Pteris.*	XVI.
Le Polipode.	*Polypodium.*	XVI.
Le Capillaire.	*Adianthum.*	XVI.
Le Trichomane.	*Trichomanes.*	XVI.

ORDRE II.

Les Mousses.

LES Mousses se reconnoissent en ce que leur fructification est placée dans des espèces d'urnes, ordinairement portées sur des pédoncules et recouvertes d'une sorte de coiffe, qui souvent affecte la forme d'un éteignoir. Les Mousses les plus généralement connues sont

Le Lycopode.	*Lycopodium.*	XVII.
Le Sphaigne.	*Sphagnum.*	XVII.
Le Phasque.	*Phascum.*	XVII.
Le Fontinale.	*Fontinalis.*	XVII.
Le Politric.	*Polytrichum.*	XVII.
Le Mnie.	*Mnium.*	XVII.
Le Bri.	*Bryum.*	XVII.
L'Hypne.	*Hypnum.*	[XVII.

ORDRE III.

Les Hépatiques.

La fructification des Hépatiques est en forme de globules, de tubes ou de cônes qui s'ouvrent en plusieurs valves renfermant une espèce de poussière dont la plupart des graines paroissent attachées à de petits pédoncules filamenteux ; comme dans

L'Hépatique.	*Marchantia.*	XVII.
La Jungermane.	*Jungermania*	XVII.

ORDRE IV.

Les Algues.

On connoît imparfaitement les organes de la fructification de ces sortes de plantes, dont la substance est filamenteuse, sèche ou coriace ; il y a néanmoins des espèces qui sont herbacés et comme feuillées. Les plus connues sont

Le Lichen.	*Lichen.*	XVII.
Le Varec.	*Fucus.*	XVII.
La Conferve.	*Conferva.*	XVII.

ORDRE V.

Les Champignons.

LES Champignons sont des espèces de plantes dépourvues de feuilles et qui sont d'une substance spongieuse, dont on soupçonne la semence une poussière fine qui est logée dans les lames inférieures du chapeau, et qui forment des sillons réguliers, ou bien dans les pores mêmes de leur tige. Les Champignons les plus vulgairement connus sont

L'Agaric.	*Agaricus.*	XVII.
Le Bolet.	*Boletus.*	XVII.
La Morille.	*Phallus.*	XVII.
La Pézize.	*Peziza.*	XVII.
La Clavaire.	*Clavaria.*	XVII.
La Vesse-de-Loup.	*Lycopordon.*	XVII.
La Moisisure.	*Mucor.*	XVII.

USAGE,

DANS LA PRATIQUE,

DU SYSTÈME SEXUEL

DE LINNÉ.

D'APRÈS ce que je viens de dire du système sexuel de *Linné*, d'après les détails surtout dans lesquels je suis entré , soit relativement à ses Classes , soit par rapport à ses Ordres , je vais essayer de faire voir comment , dans la pratique , on peut mettre en usage cette savante méthode.

Nous rencontrons , par exemple , la Primevère, nommée vulgairement Coucou, que je suppose que nous ne connoissons pas , parce que je suppose aussi que nous la voyons pour la première fois. Mais nous désirons de la classer suivant le système de l'illustre Botaniste Suédois. Pour cela , que devons-nous faire ?

D'abord nous devons porter nos regards sur la Corolle pour nous assurer si elle contient ou ne contient pas toutes les parties essentielles à la fructification. Nous y apercevons des Etamines et des Pistils : nous concluons premièrement qu'elle n'est pas de la

Cryptogamie, car, outre que les plantes que cette classe renferme sont sans Corolle, c'est que les parties de leur fructification sont peu apparentes, souvent même elles sont absolument invisibles : dans notre plante, au contraire, l'apparence sensible des Etamines et des Pistils nous donne la certitude qu'elle est hermaphrodite.

Nous devons également être assurés, et à la simple inspection, que cette Primevère n'est ni de la Polygamie, ni de la Diœcie, non plus que de la Monœcie. 1°. Elle n'est pas de la Polygamie ; car, dans cette classe, tantôt une fleur est uniquement mâle sur un pied, tantôt une autre fleur est uniquement femelle sur le même pied, et tantôt enfin une troisième fleur, toujours sur le même individu, est hermaphrodite, et d'autres fois c'est sur des pieds différens. Or, dans la plante que nous observons, nous n'apercevons que des fleurs hermaphrodites ; nous pouvons donc conclure qu'elle n'est pas de la Polygamie. 2°. Elle n'est pas non plus de la Diœcie ou de la Monœcie ; car dans la Diœcie les mâles, c'est-à-dire, les Etamines sont sur un pied et les femelles ou les Pistils sont sur un autre pied. Dans la Monœcie, une fleur est uniquement mâle sur un individu, et sur le même individu, une autre fleur est uniquement femelle ; elle n'appartient donc à aucune de ces trois classes, puisque nous voyons que sa corolle renferme des étamines et en même temps des pistils.

Mais ne seroit-elle pas de la Gynandrie ? Non ; car les fleurs de la Gynandrie sont, à la vérité, hermaphrodites ; mais leur organe mâle, ou l'Etamine, y est porté sur l'organe femelle qui est le Pistil : dans notre plante, au contraire, les organes hermaphrodites sont bien distinctement séparés les uns des autres; elle n'est donc pas de la Gynandrie.

Notre Primevère est, peut-être, de la Syngénésie, de la Polyadelphie, de la Diadelphie, ou enfin de la Monadelphie? Pour nous en assurer, rappelons-nous les caractères distinctifs de chacune de ces classes. Dans la Syngénésie, les Étamines, réunies par leurs anthères, forment une espèce de cylindre à travers lequel passe le Pistil. Dans la Polyadelphie, les étamines, réunies par leurs filets, constituent au moins trois corps dissincts et séparés. Dans la Diadelphie, les étamines, réunies de la même manière et par leurs filets, comme dans la Polyadelphie, forment deux corps. Dans la Monadelphie, les étamines, également réunies par leurs filets, ne forment qu'un seul corps. Nous devons donc conclure que notre plante n'appartient à aucune de ces quatre classes, puisque ses étamines, bien loin d'être réunies par aucune de leurs parties, sont au contraire très - distinctement séparées les unes des autres.

Mais ne seroit-elle pas de la Tétradynamie ou de la Didynamie? Notre conviction dépend de la comparaison que nous allons faire des caractères distinctifs de ces deux classes avec ceux de notre plante. Quels sont donc les caractères de la Tétradynamie? Ils consistent en ce que toutes les fleurs de cette classe ont six étamines, dont quatre sont grandes et les deux autres sont sensiblement plus courtes. Dans les fleurs de la Didynamie, il n'y a que quatre étamines, dont deux sont grandes et les deux autres petites. Dans la plante que nous examinons , loin de trouver cette disproportion de grandeur respective entre les étamines , nous voyons au contraire qu'elles sont toutes égales ; la Primevère ne peut donc appartenir à la Didynamie ou à la Tétradynamie ; elle doit donc être placée dans une des treize premières classes , et avec d'autant plus de raison que, de même que toutes les plantes comprises dans ces treize classes, la Primevère a toutes ses parties de la fructification visibles et hermaphrodites , ses étamines ne sont réunies par aucune de leurs parties , puisqu'elles sont absolument libres et séparées et qu'elles n'observent entr'elles aucune disproportion de grandeur respective.

Mais à laquelle de ces treize classes la Primevère appartient-elle? Pour nous en assurer , que devons-nous faire ? Nous devons compter ses étamines ; si elle n'en avoit qu'une elle seroit de la Monandrie, première classe ; si nous en trouvions deux , elle appartiendroit à la Dyandrie , seconde classe ; trois à la Tryandrie, troisième classe ; quatre à la Tétrandrie, quatrième classe ; mais nous en comptons cinq ; elle est donc de la Pentandrie, qui est la cinquième classe de ce système.

Voilà donc cette plante, qu'après un examen scrupuleux des parties de sa fructification , nous sommes parvenus à ranger dans sa classe ; mais quel est son ordre ?

Rappelons-nous d'avoir appris ci-devant que, comme les Classes se déterminoient par la seule inspection des Etamines, de même aussi les Ordres se fixoient, du moins dans les treize premières classes, par la seule considération des Pistils. Nous devons donc porter toute notre attention sur ces organes, afin de nous assurer de leur nombre : or nous n'en trouvons qu'un seul ; la plante que nous désirons classer est donc de la Monogynie , ordre premier : elle a cinq Etamines et un Pistil. La Primevère est donc de la Pentandrie , classe cinquième , Monogynie , ordre premier. C'est de cette manière que l'on doit procéder pour toutes les plantes relativement aux classes, ou par rapport aux ordres auxquels elles doivent appartenir.

Les détails minutieux dans lesquels je viens d'entrer pour tracer la marche que doivent suivre des commençans , dans la pratique du système sexuel de *Linné,* paroîtront d'une étendue démesurée et même fastidieuse aux personnes qui connoissent parfaitement ce système; mais elles en jugeront autrement, si elles veulent bien se rappeler que je n'ai pas eu l'intention orgueilleuse de prétendre écrire pour des savans, (j'aurois sûrement manqué le but que je me serois proposé); je n'ai eu d'autre désir que celui de pouvoir être encore de quelque utilité à la jeunesse qui, privée surtout des ressources qu'elle trouvoit dans les écoles centrales, désireroit se livrer à l'étude de la Botanique, et qui bientôt familiarisée , par l'habitude, avec l'usage des démonstrations, saura en abréger les circonvolutions.

Je lui recommande néanmoins, d'après l'expérience que j'ai acquise par le succès des élèves qui ont été confiés à mes soins, d'appuyer toujours, surtout dans les commencemens , ses démonstrations, soit relativement à la Méthode de *Tournefort*, soit par rapport au Système sexuel de *Linné*, par des négations, c'est-à-dire, que quand même, au premier coup d'œil, elle seroit assurée que la plante qu'elle a à démontrer est de telle Classe et de tel Ordre, elle doit néanmoins passer en revue toutes les Classes et tous les Ordres auxquels cette plante n'appartient pas, et c'est ce que j'appelle *appuyer une démonstration par des négations*.

En effet, en affirmant que telle plante n'est pas de telle Classe ou de tel Ordre de cette même Classe, parce qu'elle n'en a pas les caractères distinctifs, on est forcé, pour convaincre ses auditeurs, ou pour se convaincre soi-même, de faire l'énumération des caractères distinctifs de chaque Classe et de chaque Ordre auxquels on prétend que la plante dont il est question n'appartenoit pas, et on est obligé de faire la comparaison de ces mêmes caractères avec ceux que présente cette plante. Ce moyen, que j'ai constamment employé pour les démonstrations, dans mes Cours, m'a convaincu qu'il étoit le plus efficace pour familiariser promptement les jeunes élèves avec les caractères propres aux Classes, aux Ordres ou aux Sections de l'un ou de l'autre Systèmes que j'expose ici.

~~~~~~

MÉTHODE NATURELLE

DE JUSSIEU.

———

Jussieu, cet observateur infatigable autant que scrupuleux des productions végétales de la nature, a établi sa Méthode naturelle des plantes sur l'Embryon, (1) qu'il emploie pour former ses trois premières et principales divisions.

L'Embryon est toujours composé d'une plumule, (2)

————————————

(1) L'Embryon est cette partie la plus essentielle de la semence ; c'est l'abrégé du végétal, c'est la plante elle – même en miniature. L'Embryon n'a pas la même forme dans tous les végétaux : le plus ordinairement il consiste dans une plumule, une radicule, et dans deux lobes ou cotylédons. Néanmoins, dans quelques plantes, on ne rencontre qu'une plumule, une radicule, avec un seul cotylédon ; dans d'autres, ces parties du végétal sont accompagnées de deux cotylédons, et enfin il s'en trouve d'autres qui en sont absolument dépourvues.

(2) La Plumule est l'élément de la partie montante de l'Embryon, qui devient plante. Avant le développement de la graine, toutes les parties qui doivent constituer un végétal existent en miniature dans la Plumule de l'embryon ; c'est là que, pour se développer, elles attendent la germination et la nourriture qui leur est nécessaire.
~~~~~~

quelquefois d'un seul Lobe ou Cotylédon, (1) mais le plus généralement de deux.

Cette triple modification de l'Embryon a donc fourni à *Jussieu* un moyen certain d'établir ses trois divisions majeures des végétaux. La première, qui renferme les plantes Acotylédones, se distingue des deux autres en ce qu'elle est dépourvue de lobes ou cotylédons. La seconde, qui contient le Monocotylédones, a pour caractère distinctif un seul lobe ou cotylédon; et enfin la troisième, qui est composée du plus grand nombre des plantes, se nomme Dycotylédone, à raison de deux lobes ou cotylédons dont est pourvu l'embryon des végétaux qu'elle contient.

Ces trois divisions, du moins celles qui sont les plus nombreuses en genres, se partagent ou se divisent en classes, dont les caractères, qui ont nécessairement de l'uniformité entr'eux, se tirent de la situation des étamines et des pistils, ainsi que de leurs insertions respectives.

L'Etamine est susceptible de trois positions différentes ; elle est placée ou au-dessus, ou au-dessous, ou à côté du pistil. Quand l'étamine ou les étamines sont posées sur le pistil, l'insertion se nomme Epigine ; si elles sont placées dessous le pistil, on appelle l'in-

---

(1) Les Cotylédons ou Lobes séminaux consistent, du moins dans la plupart des plantes, en un ou deux corps charnus, convexes extérieurement, et appliqués l'un sur l'autre par leur surface intérieure, qui est ordinairement aplatie. Ils n'adhèrent entr'eux qu'au seul point de leur contact avec l'embryon, dont ils sont une partie intégrante.

(264)

sertion Hypogyne ; lorsqu'enfin les étamines sont
situées autour du pistil, ou, ce qui est la même chose,
sur le calice, alors l'insertion prend le nom de Périgyne.

Il y a une quatrième manière d'insertion à laquelle
on a donné la dénomination d'Epipétale ; c'est lorsque
les étamines sont posées sur la Corolle : cette insertion
a lieu surtout dans les labiées, les caryophillées et les
fleurs composées de *Tournefort*. Par exemple, les
étamines sont Périgynes dans les légumineuses, et
cependant elles sont le plus souvent Epipétales dans
l'Acacia et le Trèfle ; comme il se trouve fréquemment, dans les caryophillées, cinq étamines qui sont
Hypogynes, et cinq autres qui sont Epipétales ; mais
on ne doit regarder ces insertions que comme des
jeux accidentels de la nature, surtout lorsque, dans
le caractère de l'ordre, les étamines sont séparées des
pétales ; si au contraire elles sont réunies à la base
de la corolle, alors on ne doit plus les considérer que
comme si elles étoient insérées à la partie qui porte
la corolle.

La présence, l'absence et la forme de la Corolle
établissent encore, dans la Méthode de *Jussieu*, un
mode de division entre les Dicotylédones ; il est des
plantes, comme l'on sait, qui ont une corolle, et
d'autres qui n'en ont point. Les premières se nomment Pétalées et les secondes Apétales : parmi celles
qui sont pétalées, les unes sont Monopétales, c'est-
à-dire, formées d'un seul pétale, et les autres sont
Polypétales, c'est-à-dire, composées d'un certain
nombre de pétales distincts et séparés les uns des autres.

C'est d'après la forme de la corolle que l'insertion

des étamines est ou Médiate, ou simplement Immédiate, ou enfin Immédiate nécessaire.

On dit que l'insertion est Médiate, quand la fleur est pourvue d'une corolle sur laquelle les étamines sont insérées, et cette insertion n'a lieu que dans une corolle monopétale.

L'insertion simplement Immédiate est celle où les étamines sont attachées sur le calice ou sur les pétales, et dans ce cas la corolle est polypétale.

Enfin l'insertion est Immédiate nécessaire, quand les étamines sont immédiatement et nécessairement insérées sur l'ovaire, sur sa base ou sur le calice, puisque la fleur est apétale et que conséquemment elle n'a point de corolle.

Quand l'embryon de la graine est dépourvu de cotylédons, alors toutes les plantes qui ont ce caractère, se nomment Acotylédones, et elles entrent dans la première des trois grandes divisions qui partagent ce système, par la raison que les organes sexuels (1) des plantes qu'elle renferme étant ou invisibles, ou du moins très-difficilement apparens, il ne peut y avoir entr'eux aucun mode d'insertion distincte. C'est pourquoi l'auteur s'est contenté de diviser cette classe en six ordres, dont le premier renferme les champignons; le second, les Algues; le troisième, les Hépatiques; le quatrième, les Mousses; le cinquième, les Fougères, et enfin le sixième contient les Naïades.

____

(1) On sait que les étamines et les pistils sont les organes sexuels, par la raison que les étamines sont les parties mâles, et les pistils les parties femelles.

Toutes les plantes comprises dans cette première grande division des Acotylédones sont, comme on le voit, les apétales sans fleurs ni fruits de *Tournefort*, et les cryptogames de *Linné*.

Lorsque l'embryon de la semence, formé de la plumule et de la radicule, (1) n'a qu'un seul cotylédon, alors les plantes dont la graine a ce caractère, entrent dans la seconde division, qui est celle des Monocotylédones. Ce sont toutes des plantes apétales ou des fleurs sans corolle.

Cette seconde division de la Méthode de *Jussieu* renferme trois classes, dont les caractères sont tirés uniquement de la disposition des étamines. La première de ces classes, qui renferme quatre ordres, a ses étamines Hypogynes ; la seconde, qui contient huit ordres, a ses étamines Périgynes; et la troisième, qui est composée de quatre ordres, a ses étamines Epigynes.

Quand l'embryon de la graine, outre la plantule et la radicule, présente deux cotylédons, alors toutes les plantes dont la semence a ce caractère se nomment Dicotylédones.

Mais comme cette troisième division des plantes renferme un nombre très-considérable de végétaux, l'auteur de la Méthode, pour en faciliter l'intelligence, y a employé des caractères secondaires, d'après lesquels il a établi ses classes ; et c'est de l'absence, de

---

(1) La Radicule est une partie de l'embryon que la nature a destinée à devenir la racine d'une plante, comme la plumule doit en devenir la tige.

la présence ou de la forme de la corolle qu'il a tiré ces mêmes caractères. Néanmoins, dans tous les cas, soit que les fleurs des plantes qu'il a placées dans cette dernière division soient monopétales, soit qu'elles soient polypétales, toutes sont hermaphrodites, à l'exception cependant de celles qui constituent sa quatrième classe, et qui sont dyclines ou unisexuelles, et s'il arrive quelquefois que celles des autres classes de cette dernière division paroissent être unisexuelles, ce n'est que parce que leurs étamines ou leurs pistils sont avortés.

Cette troisième division est donc partagée en onze classes, qui forment trois groupes bien tranchés et bien caractérisés, d'après l'absence, comme je viens de le dire, la présence ou la forme de la corolle, et chacune de ces classes est distinguée par l'Epigynie, la Périgynie et l'Hipogynie. (1)

Le premier de ces groupes est composé de plantes Dicotylédones Apétales; il renferme trois classes : la première, qui a ses étamines Epigynes, ne contient qu'un seul ordre; la seconde classe, dont les étamines sont Périgynes, comprend six ordres; et la troisième classe, qui est composée de quatre ordres, a ses étamines Hipogynes.

Le second groupe comprend quatre classes, qui

---

(1) Je me suis permis de partager la troisième division de la méthode de *Jussieu*, qui est celle qui renferme les plantes dicotylédones en trois familles, parce que l'expérience m'a convaincu que cette coupe facilitoit singulièrement aux élèves l'intelligence de la méthode de ce Botaniste profond, dont elle ne change que l'ordre numérique des classes.

sont formées des plantes Dicotylédones Monopétales : la première de ces classes a sa Corolle Hipogyne ; elle renferme dix-huit ordres ; la seconde, qui contient quatre ordres, a sa Corolle Périgyne ; la troisième et la quatrième classes ont leurs Corolles Epigynes, et la différence qui se trouve entre l'une et l'autre consiste en ce que la troisième, qui comprend trois ordres, a ses anthères réunies, tandis que la quatrième qui est aussi composée de trois ordres, a ses anthères distinctes et séparées les unes des autres.

Le troisième groupe de la troisième division de la Méthode de *Jussieu*, comprend les plantes Dicotylédones Polypétales. Ce dernier groupe est aussi composé de quatre classes, qui se distinguent les unes des autres par l'insertion ou par la séparation des étamines d'avec le pistil. La première classe, qui ne renferme que deux ordres, a les étamines de ses fleurs Epigynes ; la seconde classe, qui contient vingt-deux ordres, a ses étamines Hipogynes ; la troisième, qui est composée de treize ordres, a ses étamines Périgynes ; la quatrième classe enfin des plantes Dicotylédones Apétales, renferme celles dont les étamines sont séparées du pistil, et que, pour cette raison, l'on nomme Etamines Idiogynes.

Telles sont en général les bases fondamentales de la savante Méthode de *Jussieu*, tels sont aussi les caractères qui en établissent les classes. Je passerai ici sous silence ceux des ordres, dont les détails me conduiroient trop loin ; qu'il me suffise de les donner à la suite de chacune des classes dont on trouvera ci-après une exposition détaillée.

~~~~~~~~~~~~~~~~~~~~~~~~~~~~~~~~~~~~~~

USAGE,

DANS LA PRATIQUE,

DE LA MÉTHODE NATURELLE

DE JUSSIEU.

On sentira, sans peine, combien il est important
pour l'intelligence de cette savante Méthode botanique, qu'un jeune élève qui en commence l'étude,
se pénètre d'abord du mode des diverses insertions
Epigynes, Périgynes, Hipogynes, Médiates, Simplement Immédiate et Immédiate nécessaire : il n'est
pas moins important, pour ses succès, qu'il se sou-
vienne de la différence qui se trouve entre une Corolle Apétale, une Corolle Monopétale, et enfin une
Corolle Polypétale.

D'après ces préliminaires, je vais essayer de lui
tracer une manière d'étudier cette Méthode, qui l'em-
pêchera, j'espère, de se rebuter, dès les commencemens,
dans l'application qu'il voudra en faire aux végétaux.

D'abord il doit ne pas oublier que la présence ou
l'absence des lobes ou cotylédons établissent les trois
grandes et principales divisions du Système botanique de *Jussieu* ; mais une difficulté qui va peut-
être l'arrêter au premier pas, est la petitesse de l'em-
~~~~~~~~~~~~~~~~~~~~~~~~~~~~~~~~~~~~~~

bryon d'un grand nombre de semences, qui est telle, que souvent, avec le secours du microscope, on ne peut, que très-difficilement, quelquefois même il est impossible d'en distinguer l'organisation. Que fera donc un jeune homme dans cette circonstance ? Rien autre chose, sinon qu'il se rappellera que *Jussieu* n'a placé dans sa première division, qui est celle des Aco-tylédones, que quelques Mousses et quelques plantes Aquatiques, submergées, qui ne sont point confor-mées comme les autres végétaux. Il se souviendra que, dans la seconde division, qui n'est composée que des Monocotylédones, l'auteur de cette Méthode n'a placé que les Graminées, les Joncs, les Palmiers, les Lis, les Asphodèles, les Narcisses, les Ananas, les Iris, etc. Or, certainement il ne confondra pas ces plantes avec des Champignons, des Algues, des Mousses, des Fougères, etc. ; lorsqu'il trouvera dans les unes une corolle éclatante des couleurs les plus vives, ou bien un chaume dépourvu de corolle, à la vérité, mais garni de bâles contenant des étamines extrèmement sensibles par leur saillie, à coup sûr il ne prendra pas de telles plantes pour des Cryptogames. Tous les autres végétaux qui auront des caractères différens de ceux qui sont indiqués pour les plantes qui entrent dans chacun des ordres qui composent la seconde division, il les placera dans la troisième.

On voit combien il est important d'étudier non-seulement les parties constituantes des plantes, mais aussi les caractères qui les différencient. Or, ce n'est point dans la Schérarde ou le Caille-Lait, par exemple, qu'un jeune élève doit faire cette première étude,

mais c'est dans une fleur où ces différens organes sont
très-sensibles , comme dans la Tulippe , le Lis, etc.;
c'est là qu'il distinguera les étamines, les pistils, les
anthères, les stygmates et l'ovaire qui, dans ces fleurs
sont tellement apparens, qu'on ne peut s'y méprendre;
c'est dans ces mêmes fleurs qu'il lui sera très-facile de
bien connoître la différente conformation des capsules, la division des loges, la situation de leurs valves
et la manière dont les semences y sont attachées.

Quand , dans une fleur telle qu'une Renoncule ,
par exemple , il verra l'insertion des étamines sur
l'ovaire , et que l'adhérence des pétales au même
point se trouvera être telle, qu'il ne pourra en enlever
aucun sans détacher en même temps quelques étamines, il ne manquera certainement pas de conclure
que ces étamines sont Hipogynes. Qu'il examine ensuite une fleur de Pêcher , de Poirier, ou celle du
Rosier ; qu'il en arrache les pétales les uns après les
autres, il se convaincra bientôt que leurs étamines
étant placées sur le calice , il est impossible qu'en
effeuillant ces fleurs il en arrache aucune; il concluera donc qu'elles sont Périgynes. S'il porte ses
regards attentifs sur une Ombellifère, telle que l'Angélique, ou la Carotte , il s'apercevra facilement que
les étamines sont insérées sur le pistil , et il en concluera qu'elles sont Epigynes.

Il se souviendra encore que certaines classes tirent
leurs caractères distinctifs de la position différente de
la corolle, soit en dessus , soit en dessous , soit autour du
pistil; or, quand dans une fleur composée, par exemple,
telle que la Paquerette , ou Petite-Marguerite , dans le

Soleil ou dans la Scabieuse, etc., il distinguera plusieurs corolles rassemblées dans un calice commun, et qu'il se sera assuré que chacune de ces corolles est insérée sur un pistil, il en déduira la conclusion que cette corolle est Epigyne ; s'il voit que la corolle qu'il examine est, comme celle du Lizeron, insérée autour du pistil, il jugera que cette corolle est Périgyne ; désire-t-il avoir l'idée d'une corolle Hypogyne ? qu'il examine celle d'une Primevère, et alors il sera satisfait.

D'après cette première étude, et qui est importante, de l'insertion soit des étamines, soit des différentes parties qui composent les végétaux, un élève doit chercher les moyens d'en faire l'application, et ces moyens sont moins difficiles qu'ils ne le paroissent au premier abord.

Supposons que la première plante qui lui tombe sous la main n'ait ni corolle ni calice, et qu'au lieu d'être renfermé dans des anthères, son pollen ou sa poussière fécondante soit contenu dans de petites capsules disposées sur le dos des feuilles, comme dans les Fougères ; à coup sûr il concluera qu'elle est de la première classe de la première division, qui est celle des plantes Acotylédones.

Mais la plante qu'il rencontre est munie d'un chaume cylindrique et fistuleux ; il y aperçoit des feuilles engaînantes, qui sont alternes, longues et étroites ; il y cherche en vain un calice et une corolle ; il n'y voit rien autre chose que des bâles, et chacune de ces bâles renferme trois étamines, un ovaire supérieur et une seule semence. Peut-il con-

(273)

clure autre chose , sinon que cette plante est nécessairement un Graminée ; or, il sait que les Graminées
appartiennent à la seconde des divisions générales ,
qui est celle des Monocotylédones : c'est donc dans
cette division qu'il placera cette plante.

Il en cueille ensuite une troisième ; mais celle-ci
est bien différente des deux premières : loin d'être
apétale et sans calice , il y aperçoit au contraire un
calice qui contient une corolle brillante de couleurs :
à cette vue peut - il balancer de placer cette plante
dans la troisième division , dans celle des Dicotylédones ? non.

Mais cette troisième division étant très-nombreuse
en classes , à laquelle de ces classes cette plante , que je
suppose être , par exemple , une scabieuse , doit - elle
appartenir? Ici l'élève doit se rappeler les caractères
qui distinguent toutes les classes de cette dernière division les unes d'avec les autres ; s'il les a oubliés, il doit
recourir à son tableau méthodique, afin de s'en rappeler le souvenir ; mais supposons qu'il les a présens
à sa mémoire ! il voit que cette plante a sa corolle
Monopétale et Épigyne ; il y distingue des étamines qui sont insérées à la corolle; dès lors il doit
être certain que cette plante est ou de la dixième
ou de la onzième classes; il ne s'agit donc plus que
de s'assurer à laquelle de ces deux classes elle doit
appartenir. Mais comment aura - t - il cette certitude? il la puisera dans l'examen qu'il fera non-seulement du calice qui est commun et qui renferme
plusieurs fleurs ; mais encore dans celui des anthères des étamines, pour s'assurer si elles sont adhé-

18

rentes entre elles ou si elles sont distinctes et séparées ;
il les verra séparées : il concluera donc que cette
Scabieuse est de la onzième classe et non de la
dixième , dans laquelle toutes les fleurs ont leurs an-
théres adhérentes.

Il est facile de concevoir, d'après cet exposé,
combien il importe à un éleve de bien se pénétrer
d'abord de l'idée de tous les caractères qui établissent
la différence qui se trouve entre les trois grandes et
principales divisions de la Méthode de *Jussieu*; c'est
pourquoi je les ai exposées dans le tableau ci-contre:
il doit également étudier ceux qui partagent les
classes ; mais pour le faire, avec plus de succès, il
doit n'en faire l'application qu'à des plantes qui lui
soient bien connues, et c'est par ce moyen seul qu'il
parviendra à classer, dans la suite , celles qu'il ne
connoîtra pas.

TABLEAU MÉTHODIQUE DE JUSSIEU.

Toutes les plantes de cette Méthode naturelle, qui ne renferme que 15 classes, sont   CLASSES.

1°. ou ACOTYLÉDONES ; c'est-à-dire, que leurs lobes, n'étant pas apparens , sont inconnus. . . . . I.

2°. ou MONOCOTYLÉDONES : à un seul lobe séminal ; leurs Etamines sont.
- Hipogynes (sur le réceptacle) . I.
- Périgynes (sur le calice) . . . II.
- Epigynes (sur le pistil). . . . III.

3°. ou DICOTYLÉDONES ; c'est - à - dire, à deux lobes séminaux ; leurs Fleurs sont. . . . . . .

ou HERMAPHRODITES, et ces mêmes Fleurs sont. . . . . . .

ou APÉTALES.

Ier. GROUPE ou Ire. FAMILLE. Leurs Etamines, dont l'insertion est nécessairement immédiate, sont. . . . .
- Epigynes. . . . . I.
- Périgynes. . . . . II.
- Hipogynes. . . . . III.

ou MONOPÉTALES.

IIe. GROUPE ou IIe. FAMILLE. L'insertion de leurs Etamines est médiate.

Leur Corolle est. . . . . . .
- Hipogyne. . . . . I.
- Périgyne. . . . . II.
- Epigyne.
  - Anthères adhérentes. . . III.
  - Anthères séparées. . . IV.

ou POLYPÉTALES.

IIIe. GROUPE ou IIIe. FAMILLE. Leurs Etamines, dont l'insertion est simplement immédiate, sont. . . . .
- Epigynes. . . . . I.
- Hipogynes. . . . . II.
- Périgynes. . . . . III.

ou UNISEXUELLES. (On les nomme aussi *Diclines irrégulières*). . . . . II.

EXPOSITION
DE LA MÉTHODE
DE JUSSIEU.

PREMIÈRE DIVISION.
Plantes Acotylédones.

Les plantes Acotylédones sont celles dont l'Embryon est nu et dépourvu de Lobes, ou du moins s'il y en a, ils sont si peu apparens, qu'ils ne sont jusqu'à présent que très-imparfaitement connus. (1) Cette premiere division ne renferme qu'une seule classe, qui est sous-divisée en six ordres. (2)

(1) On conçoit facilement que les plantes Acotylédones n'offrant point d'organes sexuels, ou du moins d'organes parfaitement connus jusqu'alors, il est impossible d'indiquer leur mode d'insertion.

(2) D'après ce que nous avons vu ci-devant, page 263, relativement aux plantes Acotylédones, je me contenterai de rapporter, dans chacun des ordres de la classe de ces végétaux, les genres seulement les plus connus qui doivent lui appartenir.

CLASSE UNIQUE.

ORDRE Ier.

Les Champignons.

La Moisisure, la Vesse-de-Loup, la Trufle, le Chlâtre, la Morille, la Pézize, la Chanterelle, l'Amanite, l'Erinace, l'Agaric, la Mérule, l'Auriculaire et la Clavaire.

ORDRE II.

Les Algues.

Le Bysse, la Conferve, la Trémelle, l'Ulve, le Varec, le Cyanthe et les Lichens.

ORDRE III.

Les Hépatiques.

La Jongermance, l'Hépatique et la Riccie.

ORDRE IV.

Les Mousses.

La Splanc, le Polytric, le Mnie, l'Hypne, le Fontinale, le Bry ; le Phasque, le Capillaire, le Sphaigne, et le Licopode.

ORDRE V.

Les Fougères.

L'Ophioglosse, l'Onoclée, l'Osmonde, l'Acrostique,

(278)

le Polypode, la Doradille , l'Hémionite, le Blégne ,
la Fougere, le Trichomane, la Zamie, le Cycas , la
Pilulaire , l'Isote et la Prèle.

ORDRE VI.

Les Naïades.

La Pesse, la Charagne, le Cornifle, le Volant-
d'Eau, la Naïade, le Saurure, l'Apomogeton ou l'Epi-
d'Eau, la Ruppie , la Zanichelle, le Callitric et la
Lentille-d'Eau.

SECONDE DIVISION.

Plantes Monocotylédones.

*Embryon de la graine composé d'une plumule, d'une
radicule et d'un seul cotylédon , ou lobe séminal.*

(Cette seconde division contient trois classes.)

CLASSE Ire.

Les caractères généraux des plantes Monocotylédones de cette première classe consistent en ce que
leurs Etamines sont Hypogynes, ou insérées sur
l'ovaire ou sur le réceptacle du pistil; que le calice
inférieur manque quelquefois ; qu'il n'y a point de
corolle ; que l'ovaire est simple ; que le style et le

stygmate sont ou simples ou partagés; que les semences sont solitaires, nues ou couvertes ; que le fruit
est uniloculaire , à une ou plusieurs semences ; et
enfin en ce que leurs feuilles sont presque toujours
alternes et engaînantes. Cette classe est sous-divisée
en quatre ordres.

ORDRE Ier.

Les Aroïdes.

LES caracteres particuliers au genre des Aroïdes
consistent dans une fructification en épi et dans un
Albumen (1) charnu et farineux ; dans un calice nu
et simple; dans des étamines insérées sur le Spadice; (2)
dans des ovaires placés de même et qui sont nus ou
environnés d'un calice ; ces ovaires sont mêlés aux
étamines ou en sont séparés en autant de styles ou
de stygmates qu'il y a d'ovaires ; en autant de fruits
uniloculaires ; et enfin en un embryon placé au
centre d'un périsperme charnu ; tels sont la Calle
d'Éthiopie, l'Arum , la Rostere , le Dragonte, le pothos, l'Oronce et l'Acore

---

(1) L'Albumen est un petit corps ligneux ou farineux qui
entoure l'embryon de certaines plantes ; dans quelques autres
cependant il est seulement contigu à l'embryon, et dans d'autres il en est lui-même entouré.

(2) Un Spadice est un assemblage, un groupe d'étamines et
de pistils qui sont disposés sur un réceptacle commun, et environnés d'une spathe qui s'élève de la base du réceptacle , sans
aucune apparence de calice ou de corolle.

(280)

ORDRE II.

Les Massettes.

Le genre des Massettes présente pour caractères particuliers une fructification en chaton (1) et un albumen farineux ou charnu ; des fleurs monoïques (2) ; les mâles à trois étamines renfermées, de même que les fleurs femelles, dans un calice trifile ; l'ovaire supérieur, le style simple, la semence solitaire et enfin des feuilles alternes et engaînantes, (ce sont des plantes aquatiques.) De ce nombre sont le Ruban-d'Eau et la Massette.

ORDRE III.

Les Souchets.

Les caractères particuliers au genre des Souchets consistent en huit points principaux ; savoir, dans des fleurs hermaphrodites munies de paillettes ; dans un style ; dans un stygmate, souvent triple ; dans une tige en chaume ; dans une fructification en épi ; dans un albumen farineux ; dans des feuilles florales sessiles, tandis que les caulinaires sont engaînantes, et enfin dans une gaîne entière ; tels que le Souchet,

---

(1) On doit se rappeler que la Fructification en chaton consiste en ce que les semences des plantes ainsi conformées sont rangées autour et le long d'un axe commun.

(2) Les Fleurs Monoïques sont celles où les organes mâles sont séparés des organes femelles sur le même pied.

le Scirpe, le Caret, le Choin, la Linaigrette et la Kyllingie.

ORDRE IV.

Les Graminées.

Les caractères particuliers au genre des Graminées sont faciles à saisir : leur fructification est presque toujours en épi ; leurs fleurs sont munies de bâles ou glumes (1) ; elles ont deux styles : leur albumen est farineux ; leurs étamines, ordinairement au nombre de trois, sont insérées sous le calice ; leurs anthères sont longues ; leur ovaire, supérieur et unique, est environné, à sa base, de deux petites écailles, et enfin les deux styles sont plumeux et la semence est solitaire, comme dans le Blé, l'Orge, le Seigle, l'Avoine, le Riz, le Maïs, la Flouve, le Cinna, le Vulpin, le Fléau, le Phalaris, le Paspal, le Panis, le Millet, l'Agrostis, la Stype, l'Agurier, le Sucre, la Houque, le Barbon, le Tripsaque, la Racle, l'Egilope, la Roltbole, la Canche, la Mélique, le Dactyle, la Cynosure, l'Yvraie, l'Elyme, le Brome, le Fétuque, le Paturin, l'Uniole, la Brize, le Roseau et l'Armille.

CLASSE II.

Les plantes Monocotylédones de cette seconde classe ont pour caractères généraux leurs Etamines

---

(1) Les Bâles ou Glumes sont ces petites écailles qui recouvrent les organes sexuels des Graminées.

Périgynes; un calice monophyle; point de Corolle; des étamines insérées au bas ou au sommet du calice; des filets distincts; des anthères biloculaires; un ovaire; un style; une baie ou capsule triloculaire et un embryon placé dans un périsperme corné. Huit ordres partagent cette classe.

ORDRE Ier.

Les Palmiers.

UNE fructification sur un Spadice, qui produit un fruit qui est un drupe (1) uniloculaire, renfermant trois graines osseuses; des feuilles en éventail, un calice persistant partagé en six, avec six étamines au bas des divisions ; un ovaire simple supérieur; une tige simple et cylindrique, tels sont les caractères particuliers au genre des Palmiers, parmi lesquels on range le Palmier en éventail, le Dattier, le Cocotier, le Rotang, l'Arec, l'Indel, le Coryphe et le Rondier.

ORDRE II.

Les Asperges.

LE premier genre des Asperges a pour caractères particuliers des fleurs hermaphrodites; une baie triloculaire; un calice régulier divisé en six ; six étamines; un ovaire simple ; un style et un stygmate simples

---

(1) Le Drupe est un noyau dur et ligneux, renfermé dans une enveloppe charnue, succulente ou coriace.

(283)

ou trifides et un fruit en baie ; comme dans les As-
perges, le Muguet, le Sang-Dragon, la Dianelle, la
Flagellaire, la Médiole, le Trillium , la Parisette, le
Fragon , le Smilace , l'Igname, le Tame et la Rajane.

ORDRE III.

Les Asperges.

Des fleurs unisexuelles ou diclines et un fruit tri-
loculaires sont les caractères particuliers au second
genre des Asperges; de ce nombre sont le Sceau-de-
Nôtre-Dame, la Salsepareille, etc.

ORDRE IV.

Les Joncs.

On reconnoît le genre des Joncs par leurs fleurs
hermaphrodites; par leurs fruits qui consistent dans
des graines assez nombreuses, fixées confusément aux
angles internes d'une capsule triloculaire; par leur
calice à six divisions; par leurs six étamines , souvent
insérées au fond du calice ; par leurs feuilles inférieures qui sont alternes et environnantes ; par les
supérieures qui sont sessiles, et par leurs fleurs environnées de feuilles florales semblables à des spathes ;
tels sont le Jonc , le Colchique , la Commeline, le
Bragalou, la Callise et l'Ephémere.

ORDRE V.

Les Joncs.

Ce second ordre du genre des Joncs se distingue

du premier en ce qu'il n'a point, comme lui, d'albumen ; que son fruit consiste en une capsule uniloculaire et que ses fleurs sont pourvues de plusieurs
ovaires : tels sont le Jonc Fleuri , *Butomus* , l'Alisma,
le Fluteau , le Plantin - d'Eau , la Fléchière , la
Scheuchzère , le Troscart , le Narthé , l'Hélonias et
le Mélanthe.

ORDRE VI.

Les Lis et les Asphodèles.

LES caractères particuliers au genre des Lis et
des Asphodèles, consistent dans des fleurs hermaphrodites ; dans un fruit qui est une capsule triloculaire, dont les graines , disposées sur deux rangs,
adherent au point central de chaque cloison; dans
un calice coloré, inférieur , à six divisions presque
toujours égales et régulières ; dans six étamines insérées au bas des divisions du calice ; dans un ovaire
simple et supérieur ; dans un stygmate triple ; dans
un style plus long que les étamines ; et dans une tige
ordinairement herbacée , avec des feuilles radicales ,
très - souvent amplexicaules ; comme dans la Tulipe ,
la Fritillaire ou Couronne Impériale, l'Hyacinthe, les
Lis , la Dent - de - Chien , la Superbe , l'Uvulaire ,
l'Yucca , l'Alétris, l'Aloès, l'Anthéric, la Phalangère,
les Asphodèles, la Basilée, l'Achenale, la Lanaire ,
la Massone , la Cyanelle, l'Albuca, la Scille , l'Orni-
thogale et l'Ail.

(285)

ORDRE VII.

Les Narcisses et les Ananas.

L e genre des Narcisses, de même que celui des
Ananas , a pour caractères particuliers des fleurs
hermaphrodites , contenant six étamines et un ovaire
simple, adhérent, qui est inférieur quand le calice ,
partagé en six , est supérieur , et *vice versâ* (réciproquement); les divisions du calice sont inégales ; les six
étamines sont insérées au fond ou au milieu du calice ;
il y a un seul style et un seul stygmate trifide ; un
fruit triloculaire ; des fleurs en épi, en panicule ou
en corymbe, et des feuilles radicales embrassantes :
dans cet ordre sont placés les Ananas , la Tubéreuse,
le Narcisse, le Perce-Neige, l'Amaryllis, la Tilland-
sie, l'Agve, la Gethillide, le Bulbocode, l'Hémero-
calle, le Crinole, la Tulbagia, l'Hemanthe, le Pancrais,
la Galatine, l'Hypoxis, le Pontederia et l'Alstrœmère.

ORDRE VIII.

Les Iris.

L e s caractères particuliers au genre des Iris sont
des fleurs hermaphrodites à trois étamines , avec un
ovaire inférieur adhérent ; un calice supérieur, coloré,
tubulé à sa base et divisé en six dans son limbe ;
les étamines sont insérées à ce tube ; leurs filets sont
séparés ou réunis en un cylindre traversé par le style ;
des feuilles ensiformes, (1) alternes et en gaîne ; des

---

(1) Les feuilles Ensiformes ou Gladiées sont celles qui sont

fleurs enfin munies d'une spathe souvent bivalve,
comme dans les Iris, le Safran, le Glayeul, la Ber-
mudienne, la Tigride, la Ferrare, la Morée, l'Ixie,
l'Antholise et la Wachendorphe.

___

CLASSE III.

Dans cette troisième classe, qui est sous-divisée en
quatre ordres, les plantes Monocotylédones qui la
composent ont pour caractères généraux leurs étamines Epigynes; leur calice monophyle, supérieur,
tubulé ou partagé; point de corolle; des étamines
posées sur le style ou sur l'ovaire qui est simple et
inférieur; un ou point de style; un stygmate ou simple ou divisé, et un fruit à une ou plusieurs loges.

ORDRE Ier.

Les Bananiers.

Six étamines posées sur l'ovaire; un fruit triloculaire rénfermant plusieurs semences; un calice supérieur partagé en deux divisions; un style simple; un
stygmate de même ou divisé; un embryon placé dans
la cavité d'un périsperme farineux; des feuilles alternes et des fleurs disposées en faisceaux environnés
de spathes et sortant du milieu des feuilles; tels sont
les caractères particuliers au genre des Bananiers,

___

épaisses dans le milieu de toute leur longueur, et dont les côtés
son tranchans. Ces espèces de feuilles se rétrécissent insensiblement de la base au sommet, qui se termine en pointe.

parmi lesquels on compte le Bananier, le Ravenal et la Bihai.

ORDRE II.

Les Balisiers.

On distingue le genre des Balisiers par les caractères suivants, qui lui sont particuliers ; savoir, une seule étamine attachée à la base du style ; un calice supérieur coloré et partagé en plusieurs divisions pétaloïdes inégales ; un ovaire inférieur ; un style simple, souvent filiforme ; un stygmate simple ou divisé ; un fruit triloculaire renfermant plusieurs semences ; des feuilles alternes ou embrassantes et des fleurs environnées de spathes ; comme le Gingembre, le Balisier, la Globbée, l'Amome, le Caste, l'Alpinia, le Galanga, le Curcuma et la Zédoaire.

ORDRE III.

Les Orchidées.

Le genre des Orchidées a bien pour caractères particuliers une seule étamine et un calice comme celui des Balisiers, mais il en diffère en ce que son fruit, quoique contenant de même plusieurs semences, n'a qu'une seule loge ; son ovaire est inférieur ; son style est ascendant ; son stygmate est dilaté ; son anthère sortant du sommet du style sous le stygmate, ses fleurs, terminales, sont accompagnées de spathes ; comme dans l'Orchis, l'Elléborine, le Satyrion, l'Ophrys, la Limodore, le Sabot, l'Arethuse et l'Angrec.

ORDRE IV.

Les Morènes.

Le genre des Morènes présente pour caractères particuliers neuf étamines au moins, posées sur le pistil; un calice supérieur, monophylle, entier ou divisé; un ovaire simple et inférieur; un style simple ou multiple; un stygmate simple ou divisé; un fruit multiloculaire (1); (ce sont des plantes aquatiques, herbacées); comme la Morène, le Nénuphar, le Stratiote et la Macre.

---

(1) On doit se souvenir qu'un fruit Multiloculaire est celui qui est divisé en plusieurs loges; Triloculaire, Biloculaire et Uniloculaire signifient un fruit, une capsule, etc., qui sont partagés en trois, en deux cavités, auxquelles on a donné le nom de Loges, ou bien qui n'en contiennent qu'une seule sans divisions.

~~~~~~~~~~~~~~~~~~~~~~~~~~~~~~~~~~~~~

TROISIEME DIVISION.

Plantes Dicotylédones.

Embryon de la graine composé d'une plumule, d'une radicule et de deux cotylédons, ou lobes séminaux. (1)

(Cette troisième division est partagée en trois groupes ou familles.) (2)

Ier. GROUPE OU Ire. FAMILLE.

PLANTES DICOTYLÉDONES APÉTALES.

Ce premier groupe ou cette première famille des plantes Dicotylédones Apétales renferme trois classes.

CLASSE Ire.

Les plantes Dicotylédones Apétales de cette première classe ont pour caractères généraux des Etamines Epigynes; un calice supérieur qui est mono-

---

(1) Le Pin cependant, et quelques autres Conifères, semblent être Polycotylédones, ou à un plus grand nombre de cotylédons.

(2) Dans la méthode de Jussieu, sa troisième division, celle des plantes Dicotylédones, n'est point partagée en trois groupes ou familles, comme je la présente ici : on doit se rappeler que je ne me suis permis cette coupe en trois familles que dans l'intention d'en faciliter l'intelligence aux élèves, ainsi que je l'ai dit dans la note de la page 267.
~~~~~~~~~~~~~~~~~~~~~~~~~~~~~~~~~~~~~

phyle; (1) sans corolle; des étamines posées sur le pistil; un ovaire inférieur ; un style simple ou multiple ou nul ; un stygmate simple ou divisé, et un fruit multiloculaire. Cette classe ne renferme qu'un seul ordre, dont les caractères particuliers sont les mêmes que les caractères généraux de la classe.

ORDRE UNIQUE.

Les Aristoloches.

L'ARISTOLOCHE, le Cabaret et l'Hypociste.

———

CLASSE II.

LES caractères généraux des plantes Dicotylédones de cette seconde classe consistent en ce qu'outre que leurs étamines sont Apétales, elles sont encore Périgynes ; leur calice , entier ou divisé, est monophyle ; et au lieu de corolle, il se trouve de petites écailles en forme de pétales, qui sont placées au haut du calice, sur lequel les étamines sont insérées ; ces plantes ont un ou plusieurs styles , ou bien elles sont dépourvues de cet organe ; elles offrent une semence supérieure qui est nue; et enfin leurs sexes sont quelquefois séparés. Cette classe se sous-divise en six ordres.

ORDRE Ier.

Les Chalefs.

DES étamines placées au sommet du tube du ca-

———

(1) Un calice Monophyle est celui qui est formé d'une pièce unique, sans division quelconque.

lice, qui est supérieur, tubulé et monophyle; un albumen charnu; un ovaire inférieur, adhérent; une corolle nulle; un seul style; un stygmate presque toujours simple; un fruit monosperme en baie; un embryon sans périsperme, tels sont les caractères particuliers au genre des Chalefs, du nombre desquels sont l'Argusier, le Chalef ou Olivier de Bohême, la Thésie, le Rouvet, le Tupelo, le Conocarpe, le Grignon et le Badamier.

ORDRE II.

Les Thymélées.

LES caractères particuliers au genre des Thymélées sont les mêmes que ceux du genre précédent, quant à l'insertion des étamines, mais ils en different quant à l'ovaire qui est simple et qui n'est point adhérent. Le calice des Thymélées est inférieur, monophyle, tubulé et divisé; il n'y a point de corolle; des écailles pétalées seulement sont placées à l'ouverture du calice; il n'y a qu'un style; le stygmate est simple; l'embryon est sans périsperme (1) et les feuilles sont ordinairement alternes; (ce sont presque tous des arbrisseaux); comme dans la Passerine, le Garou, le Bois à Dentelle, le Dirca, la Stellaire, la Stratiote, l'Achnée, le Daïs et la Guidienne.

---

(1) Ce que l'on nomme Périsperme est un petit corps tantôt ligneux, et d'autres fois farineux, qui entoure, dans certaines plantes, l'embryon, auquel il est simplement contigu, et qui en est quelquefois séparé.

ORDRE III.

Les Protées.

ON reconnoît le genre des Protées en ce que ces plantes n'ont point d'albumen ; que leur radicule est inférieure ; que leur ovaire, supérieur, n'est point adhérent ; que leurs étamines, qui sont au nombre de quatre ou cinq, dont la base est garnie de poils ou de paillettes écailleuses, sont placées au sommet des divisions du calice ; et en ce que l'embryon est sans périsperme : (ce sont des arbrisseaux) ; tels sont la Protée et la Banksie.

ORDRE IV.

Les Lauriers.

LE genre des Lauriers a pour caractères particuliers une radicule supérieure ; un ovaire aussi supérieur et non adhérent ; des étamines situées à la base du calice qui est persistant et divisé en six ; des anthères attachées au filet et s'ouvrant de bas en haut ; enfin un embryon sans périsperme. (Ce sont des arbres ou des arbrisseaux.) Tels sont le Laurier et le Muscadier.

ORDRE V.

Les Polygonées.

UNE radicule supérieure, un albumen farineux qui entoure l'embryon ; un ovaire non adhérent ; des étamines situées à la base du calice ; plusieurs styles et plusieurs stygmates , avec des feuilles alternes engaînantes , tels sont les caractères particuliers à l'ordre des Polygonées , parmi lesquelles sont rangés l'Oseille , la Rhubarbe, la Renouée , le Raisinier , l'Atraphare, la Patience , la Kenige et le Callinon.

ORDRE VI.
Les Arroches.

Il est facile de reconnoître le genre des Arroches par leur radicule , qui est inférieure ; par leur albumen farineux que l'embryon entoure ; par leur ovaire supérieur qui n'est point adhérent , et enfin par leurs étamines, qui sont situées à la base du calice monophyle , souvent profondément divisé ; comme dans la Bette , la Baselle, l'Anserine, le Phytolacca, la Rivine , le Bosé , le Pétivier, le Policnème, la Galiène , l'Epinard , l'Arroche , l'Axiris, la Salicorne et le Corisperme.

CLASSE III.

Les plantes Dicotylédones qui composent cette troisième classe sont toutes Apétales et elles ont pour caracteres généraux des étamines Hipogynes : leur calice est inférieur , entier ou divisé : ces plantes n'ont , le plus ordinairement, point de corolle ; leurs étamines sont insérées sur le réceptacle ; leurs filets sont séparés ; elles ont un ou plusieurs styles et un stygmate simple ou multiple. Cette classe est sousdivisée en quatre ordres.

ORDRE Iᵉʳ.

Les Amaranthes.

LES caracteres particuliers au genre des Amaranthes consistent dans un albumen farineux que l'embryon entoure; dans l'absence d'une seconde enveloppe des parties sexuelles ; dans un calice divisé dont la base est souvent environnée d'écailles ; dans des étamines réunies ou séparées ; dans un ovaire simple et dans une capsule uniloculaire : leurs fleurs sont réunies en tête ou en épi et les sexes sont quelquefois séparés; comme dans l'Amaranthe, l'Herniole, l'Amaranthine , le Passevelours , l'Œrve , l'Irésine , le Cadelari , l'Illecebrum , la Paronique et la Turquette.

ORDRE II.

Les Plantins.

LES végétaux du genre des Plantins ont pour caractères particuliers un albumen corné qui entoure l'embryon ; un tube intérieur qui est pétaloïde, (1) alongé et monophyle (2); une corolle ordinairement partagée en quatre ; quatre étamines dont les filets sont longs et saillans ; un ovaire ; un style et un

---

(1) Un tube Pétaloïde , avons-nous déjà dit , est celui qui se dilate comme un pétale.

(2) Nous avons déjà vu qu'un tube Monophyle étoit celui qui étoit formé d'une seule pièce , et qui n'avoit aucune espèce de divisions.

stygmate simple : les sexes sont quelquefois séparés ;
comme dans le Plantin, la Pulicaire et la Littorelle.

ORDRE III.

Les Nictages.

LE genre des Nictages renferme des plantes Dicotylédones Apétales, dont les caractères particuliers
consistent dans un albumen farineux que l'embryon
entoure ; dans un calice tubulé, pétaloïde, intérieur,
qui est très-développé et qui assez souvent est renfermé dans un second petit calice ; dans des étamines
insérées sur une glande qui environne l'ovaire : les
feuilles des plantes de cet ordre sont opposées ou
alternes, comme dans la Belle-de-Nuit, la Boërrhaave
et la Pisone.

ORDRE IV.

Les Dentelaires.

LES caractères particuliers aux Dentelaires consistent dans un albumen farineux qui entoure l'embryon ; dans un calice tubulé ; dans une corolle Hipogyne Monopétale ou Polypétale ; dans des étamines
Hipogynes dans la Dentelaire, et Epipétale dans le
Statice ; dans un ovaire supérieur ; dans un ou plusieurs styles ; dans plusieurs stygmates ; dans une
capsule monosperme en forme de coiffe et dans une
semence attachée, par un filet, au réceptacle ; tels
sont le Statice et la Dentelaire.

IIe. GROUPE OU IIe. FAMILLE.

PLANTES DYCOTYLÉDONES MONOPÉTALES.

Ce second groupe est partagé, de même que le premier, en quatre classes.

CLASSE Ire.

LES caractères généraux des plantes de cette première classe se tirent de leur Corolle qui est Hipogyne; de leurs étamines qui sont insérées dans la corolle, et qui alternent avec ses divisions, quand elles sont en nombre égal; de leur ovaire, qui est supérieur, simple, avec un style et un stygmate; et de leurs fruits ou semences nus ou bien renfermés dans une capsule. Cette classe se sous-divise en dix-huit ordres.

ORDRE Ier.

Les Lisimachies.

LES caractères particuliers au genre des Lisimachies sont d'autant plus faciles à saisir qu'ils sont plus nombreux. D'abord, la corolle des plantes de ce genre est régulière; leur Placenta (1) est central et libre; leur calice est divisé; leur fruit consiste dans une baie uniloculaire qui renferme un grand nombre de

---

(1) On a vu précédemment, et pour plus grande facilité, je le répète ici, que l'on nomme Placenta la partie sur laquelle reposent immédiatement les semences.

graines. En second lieu, leurs étamines sont opposées aux divisions de la corolle, et elles égalent, en nombre, ces mêmes divisions, comme dans le Mouron rouge, la Lisimachie, la Primevère, le Ciclame, la Centenille, l'Hottone, le Coris, la Limoselle, le Trientale, l'Arétie, l'Endrosace, la Cortuse, la Soldanelle, la Gyroselle, la Globulaire, le Samole, l'Utriculaire, la Grassette et le Ményanthe.

ORDRE II.

Les Pédiculaires.

PLUSIEURS caractères réunis sont particuliers à l'ordre des Pédiculaires ; savoir, une corolle qui est irrégulière ; un calice divisé ; des étamines, qui sont Didynames ; (1) un placenta Adné (2) longitudinalement au milieu des valves ; et une capsule uniloculaire, polysperme et bivalve, renfermant un grand nombre de graines, comme l'Orobanche, la Clandestine, la Sibtorpie, la Disandre, l'Erine, la Manulée, et la Bartsie.

---

(1) Le mot Didyname n'est employé que lorsque, dans une même fleur, il y a quatre étamines disposées en deux paires, et que l'une de ces deux paires excède sensiblement l'autre en longueur.

(2) Adné signifie une adhérence intime d'une partie du végétal sur une autre, dont elle suit la direction.

ORDRE III.

Les Pédiculaires.

Ce troisième ordre du deuxième genre des Pédiculaires a, pour caractères particuliers, un albumen
charnu; une capsule biloculaire, avec des cloisons
seminifères, qui sont opposées et contiguës aux valves, et qui contiennent des semences nombreuses,
comme le Polygala, la Pédiculaire, l'Eufraise, la
Véronique, la Cocrète, la Calcéolaire et le Mélam-
pyre.

ORDRE IV.

Les Acanthes.

Une corolle irrégulière; un calice divisé, persistant
et souvent accompagné de bractées; quatre étamines
didynames, et quelquefois deux seulement; un ovaire;
un style; un stygmate souvent bilobé; une capsule
biloculaire; une cloison opposée et contiguë aux valves, dont les divisions sont munies de cordons ombilicaux, semblables à des filamens crochus, et qui s'ouvrent, avec élasticité, du sommet à la base, tels sont
les caractères particuliers à l'ordre des Acanthes, dans
le nombre desquelles sont placées la Carmantine,
l'Acanthe, la Barrelière et la Ruellie.

ORDRE V.

Les Jasminées.

Les caractères particuliers à ce premier ordre des

(299)

Jasminées consistent dans une corolle en tube, régulière, renfermant deux étamines ; dans un calice tubulé ; dans un ovaire ; un style et un stygmate bilobé ;
dans un embryon droit et plane qui, le plus souvent,
est environné d'un périsperme charnu ; et enfin dans
une capsule biloculaire, ayant une cloison interne,
opposée aux valves, et ne contenant qu'une ou deux
graines dans chaque loge. Ce sont tous des arbres ou
des arbrisseaux, qui ont leurs rameaux opposés, et
leurs fleurs en panicule ou en corymbe, tels que le
Frêne, le Lilas, le Chionanthe, le Filaria et le
Mogori.

ORDRE VI.

Les Jasminées.

Ce second ordre des Jasminées a, de même que le
précédent, une corolle régulière à deux étamines ;
mais son fruit consiste dans une baie quelquefois uniloculaire, d'une à quatre graines, et d'autres fois biloculaire, à deux graines : tels sont l'Olivier, le Jasmin
et le Troëne.

ORDRE VII.

Les Gattiliers.

Les caractères particuliers à l'ordre des Gattiliers
sont un calice tubulé ; une corolle aussi tubulée, presque toujours découpée irrégulièrement ; le plus souvent quatre étamines didynames, avec un seul style,
un seul stygmate simple ou bilobé ; des fleurs opposées,
en corymbe, ou alternes en épi, et un fruit qui con-

siste le plus ordinairement en un péricarpe charnu, qui renferme un, et quelquefois quatre osselets unis ensemble par un tissu cellulaire, comme dans la Verveine, le Gattilier, le Péragu, le Volkamer, le Callicarpe, l'Ægiphile, l'Agnante, la Tek, le Cotelet, la Durante, le Camara, la Spilman, l'Eranthème, l'Aselagne, l'Hébenstrète et le Lantana.

ORDRE VIII.

Les Labiées.

On reconnoît facilement l'ordre des Labiées, en se rappelant ce qui a été dit de leurs caractères particuliers, à l'occasion de la classe IVe. de *Tournefort*. Ces caractères consistent dans une corolle monopétale, tubulée, irrégulière, presque toujours à deux lèvres ; dans quatre étamines didynamiques, insérées sur la lèvre supérieure de la corolle. Quelquefois cependant il y en a deux d'avortées : ce qui en réduit le nombre à deux seulement ; dans un ovaire quadrilobé, entre les lobes duquel s'élève un style simple, et enfin dans un stygmate bifide, ayant pour fruit quatre graines nues, fixées, par leur base, sur le placenta au fond du calice : tels sont la Sauge, la Germandrée, la Bugle, la Lavande, la Menthe, la Mélisse, le Licope, l'Améthyste, la Cunile, la Ziziphore, la Monarde, le Romarin, la Collinsone, la Sarriette, l'Hyssope, la Cataire, la Pérille, la Crapaudine, le Lierre-Terrestre, le Lamier, le Galéope, la Bétoine, le Stachide, la Ballotte, le Marrube, l'Agripaume, le Phlomide, la Molucelle, le Clinopode, l'Origan, le Thym, le

(301)

Thymbra, le Dracocéphale, le Mélissot, la Germaine,
le Basilic, la Trichosthème, la Brunelle, la Toque,
le Prasi, l'Ortie blanche et la Marjolaine.

ORDRE IX.

Les Scrophulaires.

L'ORDRE des Scrophulaires présente un grand
nombre de caractères particuliers, qui ne sont pas
toujours constans. D'abord leur corolle irrégulière,
à Limbe divisé, a toujours ses étamines didynames ;
un ovaire ; un style et un stygmate simples, et souvent bifides. En second lieu, leur capsule est quelquefois biloculaire, et d'autres fois uniloculaire. Sa
cloison, qui est seminifère et parallèle, est tantôt
simple et contiguë aux valves qui ne se séparent pas
entièrement ; tantôt elle est double, et formée par
les bords rentrans des valves, qui s'ouvrent entièrement. L'albumen des plantes de ce genre est charnu ;
tels sont le Mufle de-Veau, la Budleje, la Scopaire,
la Capraire, l'Haller, la Dodart, la Gérarde, la Linaire, la Calcéolaire, la Colomnée, la Gratiole, la
Grassette, la Scrophulaire, la Digitale, le Mimule
et la Bronale.

ORDRE X.

Les Solanées.

LES plantes de l'ordre des Solanées offrent, pour
caractères particuliers, cinq étamines attachées au
bas de la corolle, qui souvent est régulière, et divisée
en cinq ; un calice presque toujours persistant, divisé

aussi en cinq ; un ovaire ; un style ; un stygmate simple ; un fruit qui est une baie à deux loges, et un albumen charnu : tels que le Bouillon-Blanc, la Mandragore, la Belladone ; la Pomme-de-Terre, le Coqueret, la Celsie, l'Hémithome, la Jusquiame, le Tabac, le Stramoine, la Morelle, le Piment, le Liciet, le Cestréau, le Daphnot, la Brunsfelle et le Calbassier.

ORDRE XI.

Les Borraginées.

UNE corolle régulière à cinq étamines ; un ovaire (1) simple ; un calice à cinq divisions ; un style ; un stygmate bifide, sillonné ou simple ; un péricarpe charnu, et quelquefois une capsule qui renferme un petit nombre de graines : tels sont les caractères particuliers à l'ordre des Borraginées, dans lequel se trouvent l'Hydrophylle, la Tournefortia, le Sébestier, le Cabrillet, la Varrone, la Pittone, l'Allise, l'Arguze, la Coldène, l'Héliotrope, le Gremil, l'Onosme, le Lycopside, la Buglosse, la Rapette, la Cynoglosse, la Nolane et la Falkie.

ORDRE XII.

Les Borraginées.

CE second ordre des Borraginées diffère du précé-

---

(1) L'Ovaire est, comme l'on sait, la partie inférieure du pistil, qui contient les ovules et les organes qui servent à la nutrition.

(303)

dent en ce que les caractères qui lui sont particuliers
consistent bien en une corolle régulière à cinq étamines, mais leur ovaire est quadrilobé. Leur fruit
consiste en deux noix à deux graines, et souvent en
quatre noix qui ne renferment qu'une seule graine.
Ces noix sont fixées intimement, et de côté, contre
la base du style, comme dans le Mélinet, la Consoude, la Pulmonaire, la Scorpione, la Vipérine et la
Bourrache.

ORDRE XIII.

Les Lizerons.

Les plantes de l'ordre des Lizerons ont, pour caractères particuliers, une corolle régulière, à cinq
étamines, insérées au bas de la corolle, et alternes
avec ses divisions; un calice presque toujours persistant, aussi à cinq divisions; un style et un stygmate
simple ou partagé; un fruit capsulaire : l'angle du
placenta, qui est central, se prolonge en autant de
saillies qu'il y a de sutures aux valves, sans cependant
y adhérer, comme on le voit dans le Lizeron, le
Quamoclit et la Liserolle.

ORDRE XIV.

Les Polémoines.

L'ordre des Polémoines se distingue particulièrement par une corolle régulière à cinq lobes, à cinq
étamines, insérées au milieu du tube de la corolle;
par un ovaire et un style; par un triple stygmate ;
par un calice divisé, et par un fruit qui est une capsule

triloculaire, ayant des cloisons qui s'élèvent sur le milieu des valves, et qui correspondent aux angles du
placenta, qui est triangulaire : tels sont le Polémoine,
le Phlox, le Cantua et l'Héritier.

ORDRE XV.

Les Bignones.

Les caractères particuliers à l'ordre des Bignones
sont une corolle irrégulière à quatre ou cinq lobes;
un calice divisé; ordinairement cinq étamines; un
ovaire; un style, et un stygmate ou simple ou bilobé;
un fruit qui consiste en une capsule biloculaire, munie d'une cloison parallèle ou opposée aux valves, et
point d'albumen : tels sont le Catalpa, la Martynia ou
Bicorne, le Chelone, le Sisame, la Bignone, le Té-
coma et le Pédalium.

ORDRE XVI.

Les Gentianes.

L'ordre des Gentianes a, pour caractères particuliers, une corolle régulière, dont les divisions du
limbe, ordinairement au nombre de cinq, sont aussi
régulières; un calice monophylle, divisé et persistant;
cinq étamines insérées au sommet ou au milieu de la
corolle, ayant les anthères penchées; un ovaire et un
style simples ou fendus; un stygmate simple ou lobé;
un fruit capsulaire, tantôt uniloculaire et tantôt biloculaire, mais dont les valves forment, par leurs bords,
qui sont rentrans, une demi-cloison ou une cloison

entière, et qui contient des graines attachées sur les bords des valves : telles sont la Gentiane, la Gentianelle, la Swertie, la Chlore, la Chirone et la Spigélie.

ORDRE XVII.

Les Apocinées.

On reconnoît l'ordre des Apocinées par la corolle des fleurs qu'il renferme, et qui est régulière, à cinq étamines insérées au bas de la corolle, et alternes avec les lobes; par les cinq lobes de sa corolle, communément obliques; par cette même corolle, qui quelquefois est nue, et d'autres fois est garnie intérieurement de cinq appendices; par son calice à cinq divisions; par son ovaire multiple, et par ses deux follicules membraneuses, qui, quelquefois, sont charnues, comme dans la Pervenche, l'Asclépias, le Laurier-Rose, le Tabernier, le Franchipanier, le Camirier, l'Aurose, l'Echite, la Céropège, la Stapélie, le Périploque, l'Apocin, le Cinanche, l'Allamanda, le Mélodin, le Calac et l'Ahouaï.

ORDRE XVIII.

Les Sapotilliers.

Les plantes comprises dans ce dix - huitième et dernier ordre de la classe des plantes Dicotylédones monopétales à corolle Hipogyne, ont pour caractères particuliers une corolle régulière, qui a autant de divisions que le calice, qui est persistant; des étamines opposées aux divisions du calice et en nombre égal ; un ovaire ; un style ; un stygmate presque toujours simple ; un fruit qui consiste en une baie ou drupe à une ou plusieurs loges , dont chacune ne renferme qu'une seule graine osseuse, grande, luisante, et marquée d'un très-long ombilic qui est placé sur le côté, comme le Sapotillier, l'Argan, l'Illipé, le Jacquinier, le Caïmitier, le Lucuma, le Myrsyne , la Lée et le Bardottier.

CLASSE II.

Les plantes Dicotylédones qui composent cette deuxième classe , ont toutes leur corolle Périgyne, ou insérée sur le calice qui est monophylle, ayant l'un et l'autre leurs divisions régulières et très-profondes, et leur ovaire simple ; elles n'ont souvent qu'un seul style avec un stygmate, quelquefois simple et quelquefois divisé. Cette classe est partagée en quatre ordres.

ORDRE Ier.

Les Plaqueminiers.

Les caractères particuliers au genre des Plaqueminiers consistent dans un calice monophylle, divisé à son sommet ; une corolle monopétale, profondément divisée , et qui s'élève du fond du calice ; des étamines insérées au calice, réunies, par leurs filets, en un ou plusieurs corps ; un ovaire ordinairement supérieur ; un style et un stygmate ; et enfin dans un fruit multiloculaire à une seule graine dans chaque loge : tels

sont l'Aliboufier ou Styrax, l'Ebénier, le Plaquemi-
nier, la Royène, l'Halésie, l'Hopée et la Rose du Japon.

ORDRE II.

Les Rosages.

Un calice divisé, persistant; une corolle au fond
d'un calice monopétale, lobée profondément; des
étamines insérées sur ou au fond de la corolle; un
ovaire supérieur; un style; un stygmate simple,
souvent en tête; un fruit multiloculaire; chaque loge
renfermant plusieurs graines, et séparée par autant de
cloisons que forment les rebords rentrans des valves,
avec un placenta général, tels sont les caractères particuliers au genre des Rosages, au nombre desquels
sont placés le Rhododendrum, le Lédum, l'Azalée,
la Kalmia, la Rhodorace, la Béfarle et l'Ité.

ORDRE III.

Les Bruyères.

Les plantes de l'ordre des Bruyères ont, pour caractères particuliers, un calice monophylle, persistant, ordinairement inférieur et profondément partagé; une corolle monopétale, quelquefois divisée,
au fond du calice ou sur une glande calicinale; des
étamines insérées de même, avec des anthères souvent bicornes à leur base; un ovaire presque toujours
supérieur; un seul style; un seul stygmate ordinairement simple; un fruit multiloculaire, à plusieurs
graines dans chaque loge, et des cloisons longitudi-

males sur le milieu des valves : tels sont la Bruyère, l'Airelle, la Pyrole, l'Arbousier, la Cyrille, la Blæirie, l'Andromède, la Cléthra, l'Epigie, la Gaultherie et la Camarine.

ORDRE IV.

Les Campanulées.

L'ORDRE des Campanulées offre, pour caractères particuliers, un calice ordinairement supérieur, à limbe divisé ; une corolle au haut du calice, presque toujours régulière, aussi à limbe divisé ; des étamines insérées sous la corolle, ordinairement au nombre de cinq ; des anthères quelquefois réunies ; un ovaire glanduleux en-dessus ; un style et un stygmate ; un fruit multiloculaire, dont chaque loge contient plusieurs graines adhérentes à l'angle intérieur de chacune d'elles, et qui s'ouvrent par des trous situés à la base, au côté ou au sommet du fruit : tels sont la Campanule, la Lobélie, le Phyteuma, la Canarine, la Trachélie, la Roella, la Jasione et la Goudénie.

CLASSE III.

LES trois ordres qui sous-divisent cette classe sont particulièrement caractérisés par leurs fleurs tubulées, qui sont presque toujours réunies plusieurs ensemble dans un calice et sur un réceptacle communs ; dans les unes il est nu, dans les autres il est pailleux, et dans un grand nombre il est couvert de poils. Cette réunion de plusieurs fleurs, dans un même calice, les a fait nommer Fleurs composées. Aucune n'a de calice particulier : la corolle de toutes est monopétale, tubulée et insérée sur le pistil ; elle est conséquemment Epigyne. Il y a de ces corolles qui ont leur bord régulier, et souvent divisé en cinq parties : ce sont les Flosculeuses de *Tournefort* ; d'autres, qui sont les Semi-Flosculeuses du même auteur, ont le limbe de leur corolle en languette alongée. Chacune de ces fleurs a cinq étamines séparées, distinctes et insérées dans la corolle. Leurs anthères, presque toujours réunies en tube, sont néanmoins quelquefois seulement rapprochées ; leur ovaire, qui est inférieur et simple ; il a son insertion sur le réceptacle commun. Un seul style, à un seul stygmate, qui souvent est partagé en deux, et qui s'élève en traversant le tube que forment les anthères réunies. Les semences de toutes ces fleurs sont solitaires ; les unes sont nues et les autres sont aigrettées ; leur embryon n'a point de périsperme. Il se trouve parmi ces fleurs composées, des espèces qui sont Flosculeuses dans le disque, et Semi-Flosculeuses dans la circonférence.

ORDRE Ier.

Les Chicoracées.

TOUTES les Chicoracées sont des herbes laiteuses, à fleurs presque toujours jaunes et hermaphrodites, réunies dans un calice commun ; leur sommet se termine en une languette entière ou dentée ; leur stygmate est double, et leurs feuilles sont alternes. Ce sont toutes des Semi-Flosculeuses de *Tournefort*. De ce nombre sont la Chicorée, le Laitron, le Pissenlit, le Salsifis, la Scorsonère, la Lampsane, l'Epervière, le Rhagadiole, le Prénanthes, la Chondrille, la Laituë, la Crépide, la Drépanie, l'Hédipnoïde, l'Hyosère, le Lion-Dent, la Picride, l'Helmintie, la Barbouquine, le Géropogon, la Sériole, l'Andriale, la Cupidone et le Scolyme.

ORDRE II.

Les Cynarocéphales.

Les Cynarocéphales sont généralement des Flosculeuses de *Tournefort*; leurs fleurs sont ou hermaphrodites ou composées de neutres ou de femelles; elles sont renfermées dans un calice commun et presque toujours imbriqué; leurs fleurons sont neutres, et les hermaphrodites ont cinq étamines : tels sont l'Artichaut, le Chardon, le Carthame-Safran bâtard; la Sarrète, la Carline, la Bardane, le Bluet, l'Atractyle, la Quenouille, la Stokésie, le Pédane, la Centaurée, la Chaussetrape, le Stébé, la Jacée, la Zoégie, le Rapontic, le Ptéronia, la Stéline, la Boulette, le Corymbiole, la Gundelle et l'Onoporde.

ORDRE III.

Les Corymbifères.

Dans ce troisième ordre, toutes les fleurs sont ou des Flosculeuses ou des Radiées de *Tournefort*; toutes sont renfermées dans un calice commun, qui, quelquefois, est monophylle, et d'autres fois polyphille; leurs fleurons sont le plus souvent à cinq divisions;

leurs languettes sont entières ou dentées à leur sommet. Il n'y a point d'étamines dans les fleurs neutres, non plus que dans les femelles, et elles sont au nombre de cinq dans les hermaphrodites ; le stygmate est double, comme dans la Paquerette, ou petite Marguerite, le Souci, l'Œillet-d'Inde, l'Absinthe, l'Eupatoire, l'Armoise, la Santoline, la Tanaïsie, le Soleil, le Tussilage, la Camomille, l'Aunée, l'Aster, l'Erigeron, la Verge-d'Or, la Cacalie, la Stevie, l'Agérat, l'Eléphantope, l'Immortelle, le Gnaphale, la Leysère, l'Armoselle, la Conyze, la Baccante, la Chrysocome, la Vergerolle, l'Inule, le Perdicium, le Seneçon, la Cinéraire, l'Othonne, le Didelta, la Tagette, le Bellium, le Doronic, l'Arnique, la Gortère, le Porte-Collier, le Chrysanthême, la Matricaire, la Cenie, la Lidbeckia, la Cotule, la Grangée, la Carpesie, l'Etulie, l'Hippie, le Tarconante, le Calea, le Micrope, l'Anacycle, l'Achillée, l'Erixéphale, le Buphtalme-Œil-de-Bœuf, la Millerie, l'Encelie, la Baltimore, la Sigesbec, la Polymnie, le Spylanthe, le Bident, l'Eclipte, la Verbésine, le Silphide, le Coriope, la Zinne, l'Hélianthe, le Mélampode, la Rudbecque, l'Hélénie, l'Agryphylle, la Galardienne, l'Amelle, l'Arctétide, la Parthénie, l'Iva, l'Ambrosie et la Lampourde.

CLASSE IV.

LES plantes Dycotylédones qui composent cette classe, ont toutes une corolle monopétale, régulière ; ce n'est que très-rarement qu'elle est polypétale. Dans ce dernier cas, les pétales sont réunis par une large base qui est posée sur le pistil ; leur corolle est Epigyne ; les étamines, qui sont insérées à la corolle par leurs filets, ont leurs anthères distinctes et séparées. Le calice propre est monophylle et supérieur ; l'ovaire, qui est simple, est inférieur : il n'y a ordinairement qu'un style, qui, quelquefois, est multiple ; leur stygmate est tantôt simple et tantôt divisé ; le fruit, qui est inférieur, consiste ou dans une capsule, ou dans une baie à une ou plusieurs loges, qui renferment une ou plusieurs semences. Cette classe est sous-divisée en trois ordres.

ORDRE Ier.

Les Dipsacées.

LES caractères qui sont particuliers à l'ordre des Dipsacées, se tirent de leur corolle, qui est tubulée, et dont le limbe est divisé ; de leur calice, tantôt simple et tantôt double ; de leurs étamines multiples et déterminées ; de leur ovaire, qui est unique de même que le style ; d'un seul stygmate simple ; du fruit, qui consiste en une capsule ordinairement monosperme, ne s'ouvrant point, et qui quelquefois est composée de deux ou trois loges également monospermes ; de leur albumen charnu qui entoure l'embryon ; de leurs fleurs, presque toujours aggrégées sur un réceptacle commun et pailleux ; enfin, des feuilles de la tige, qui sont opposées et dépourvues de Stypules (1) : tels

---

(1) Les Stypules sont, comme on sait, des productions filamenteuses qui naissent à la base des feuilles ou des pétioles.

sont le Chardon-à-Foulon, la Mâche, la Valériane,
la Scabieuse, la Cardère et la Knautie.

ORDRE II.

Les Rubiacées.

L'ORDRE des Rubiacées est particulièrement caractérisé par un calice monophylle, simple, supérieur, dont le limbe est ordinairement divisé; par une corolle régulière, le plus souvent tubulée, et à bords divisés; par quatre ou cinq étamines insérées au tube de la corolle; par un ovaire inférieur; un style et un stygmate communément double; par un très-grand albumen corné qui entoure un petit embryon; par un fruit qui, dans quelques espèces, consiste en deux graines nues, et qui, dans d'autres, est renfermé dans un péricarpe tantôt uniloculaire, et tantôt multiloculaire; enfin, par des feuilles opposées ou verticillées, mais toujours réunies soit par des stypules intermédiaires, soit par une petite gaîne ciliée (1), comme dans l'Aspérule, la Garance, la Crucianelle, le Caille-Lait; la Croisette, la Schérarde, l'Antosperme, la Spermacoce, l'Houstone, le Phyllis, la Catesbée, l'Oldenlandia, le Gratgal, le Quinquina, le Rondelet, le Gardène, le Génipayer, la Portlande, l'Ixore, la Coutarée, le Caffeyer, la Chiococ, la Danïade, le Canti, l'Azier, la Guettarde, la Mitchelle, le Céphalanthe, l'Hamel et la Serissa.

---

(2) Une gaîne ciliée est celle qui est bordée tout autour de poils soyeux et parallèles, à peu près comme les cils des paupières de l'homme.

ORDRE III.

Les Chèvrefeuilles.

Toutes les plantes de l'ordre des Chèvrefeuilles ont, pour caractères particuliers, un calice monophylle, supérieur, souvent accompagné, à sa base, de deux bractées ; une corolle ordinairement monopétale, avec cinq étamines épipétales, tantôt Epigynes et tantôt posées sur le milieu des pétales ; un ovaire ; un style ; un stygmate ; un albumen charnu, au sommet duquel l'embryon est placé dans une petite cavité ; un fruit qui est un péricarpe, quelquefois uniloculaire, et d'autres fois multiloculaire ; des feuilles, enfin, quelquefois alternes, mais plus fréquemment opposées, et toujours dépourvues de stypules : tels sont le Chèvrefeuille, la Viorne, le Lierre, le Camérisier, le Cornouiller, le Sureau, la Linnée, le Trioste, le Symphoricarpos, la Dierville, le Gui et l'Oranthe.

IIIe. GROUPE OU IIIe. FAMILLE.

PLANTES DICOTYLÉDONES POLYPÉTALES.

Cette dernière famille des plantes Dicotylédones est, comme la précédente, composée de quatre classes.

CLASSE Ire.

Dans cette première classe toutes les plantes ont pour caractères généraux leurs étamines Epigynes ; un calice monophylle et supérieur ; une corolle polypétale posée sur le pistil ; un ovaire inférieur et simple ; plusieurs styles et autant de stygmates ; un embryon oblong, placé au sommet d'un périsperme ligneux, et enfin des fleurs réunies en ombelle. Cette classe n'est sous-divisée qu'en deux ordres.

ORDRE Ier.

Les Aralies.

LES caractères particuliers au genre des Aralies consistent dans un calice à bord entier ou denté ; dans une corolle polypétale ayant un nombre égal d'étamines ; dans plusieurs styles et autant de stygmates ; dans un fruit à baies, qui est un péricarpe renfermant plusieurs graines, comme l'Aralie et le Ginseng.

ORDRE II.

Les Ombellifères.

UN calice à cinq divisions ; une corolle à cinq pétales avec le même nombre d'étamines ; deux styles et deux stygmates ; des graines nues sont les seuls caractères particuliers aux plantes du genre des Ombellifères : de ce nombre sont la Carotte, le Panais, le Cerfeuil, le Persil, la Ciguë, l'Angélique, la Coriandre, la Podagraire, le Boucage, le Carvi, l'Anet, la Thapsie, le Séséli, l'Impératoire, le Myrrhide, l'Æthuse, la Cicutaire, l'Œnanthe, le Phellandri, le Cumin, le Bubon, le Sison, la Berle, la Livèche, le Laser, la Berce, la Férule, le Peucédan, l'Armarinte, la Baoille, l'Athamanthe, le

Sélin, la Terre-Noix, l'Ammi, le Caucalide, le Tor-
dyle, l'Hasselquistia, l'Artedie, le Buplèvre, l'As-
trance, la Sanicle, l'Arctope, l'Echinophore, le Panicaut, l'Hydrocotyle et l'Agoué.

CLASSE II.

Les caractères généraux des plantes Dicotylédones
de cette classe se tirent non-seulement de leur corolle
qui est Polypétale, mais aussi de leurs étamines qui
sont Hipogynes. Leur calice a une ou plusieurs divisions ; leurs pétales sont insérés sous le pistil, où ils forment, par la réunion de leur base, une corolle comme
monopétale. Cette classe est sous-divisée en vingt-un
ordres.

ORDRE Ier.

Les Renonculacées.

Le genre des Renonculacées présente pour caractères particuliers une corolle composée de cinq pétales ; un calice souvent polyphylle ; plusieurs étamines ; un ou plusieurs ovaires posés sur un réceptacle commun ; un style ; un stygmate simple ; autant
de capsules ou de baies que d'ovaires ; un albumen
corné ; un embryon droit placé au sommet de l'albumen dans une petite cavité ; une radicule inférieure ;
des anthères adnées (1) aux filamens ; des feuilles

---

(1) On dit des anthères qu'elles sont Adnées, lorsqu'elles
sont attachées sur le côté ou sur la partie moyenne des filamens, et qu'elles y adhèrent dans toute leur longueur.

alternes , et une tige presque toujours herbacée , comme la Clématite , l'Anémone , la Renoncule, l'Atragène , le Pigamon , la Ficaire , le Myosure, le Trolli , l'Hellébore, la Garidelle , l'Ancolie , le Populage , l'Hydraste , l'Adonide , la Dauphinelle , l'Aconit , la Pivoine, la Zanthorhire, la Ciculaire , l'Actée et le Podophille.

ORDRE II.
Les Magnoliers.

Un albumen charnu ayant à sa base un embryon droit ; une radicule supérieure ; plusieurs ovaires ; des anthères adnées aux filamens ; une tige arborescente ; un calice polyphille souvent accompagné de bractées ; des pétales hipogynes ; des étamines très-nombreuses , séparées et aussi hipogynes ; plusieurs baies ou capsules uniloculaires renfermant une ou plusieurs semences ; et des feuilles alternes, ce sont là les caractères particuliers aux plantes de l'ordre des Magnoliers ; tels sont le Magnolier, le Tulipier , le Drimis, la Badiane, le Champac et le Simarouba.

ORDRE III.
Les Anones.

Les Anones sont caractérisées par un albumen cartilagineux et silloné transversalement ; par un embryon situé à l'ombilic; par plusieurs ovaires ; par six pétales à la corolle disposées sur deux rangs; par des feuilles alternes ; un calice court, trilobé et persistant ; des étamines nombreuses à anthères sessiles, plus larges au sommet et couvrant un réceptacle hémisphérique; plusieurs baies ou capsules à une ou plusieurs semences, et enfin par une tige arborescente; tel est le Corossol.

ORDRE IV.

Les Ménispermes.

Les caractères particuliers à l'ordre des Ménispermes se tirent du calice qui est polyphille; des pétales qui sont opposés au calice; des étamines en nombre égal et opposées aux pétales; des ovaires qui sont multiples avec autant de styles et de stygmates; des fleurs axillaires ou terminales souvent réunies en épis fasciculés, accompagnés d'une bractée; de l'albumen biloculaire qui est charnu; de l'embryon qui est situé au sommet de chacun des lobes de l'albumen, et qui sont renfermés dans une de ses loges; des semences qui sont contenues dans une baie, et enfin des feuilles qui sont alternes; tels sont le Ménisperme et la Paraire.

ORDRE V.

Les Vinettiers.

On reconnoît les plantes de l'ordre des Vinettiers à leur calice partagé; à leurs pétales nombreux; à leurs étamines dont le nombre égale celui des pétales qui leur sont opposées; à leur fruit qui est une capsule uniloculaire et polysperme; à leur albumen charnu qui est unique; à leurs anthères qui s'ouvrent de la base au sommet; et enfin à leurs f uilles qui

sont alternes; comme dans l'Epine - Vinette, l'Epi-
méde, le Léontice et l'Hamamelis.

ORDRE VI.

Les Papaveracées.

Les plantes de l'ordre des Papaveracées ont pour
caractères particuliers un calice ordinairement composé de deux folioles caduques; quatre pétales; plusieurs étamines; un seul ovaire; un albumen charnu;
un embryon droit; des lobes cylindriques et dés
feuilles alternes; comme la Chélidoine, le Pavot,
l'Argemone, la Sanguinaire, la Glauciène, la Bac-
cone, l'Hypecoon et la Fumeterre.

ORDRE VII.

Les Crucifères.

Les Crucifères ont un calice composé de quatre
folioles ordinairement caduques; de quatre pétales disposés en croix; de six étamines insérées au disque sous
le pistil; d'un seul ovaire simple sans albumen; leur
radicule est courbée sur les lobes qui sont planes;
leurs étamines sont Tétradactyles (1) et leurs feuilles
alternes; tels sont le Radis, le Cresson, le Chou, la
Rave, la Moutarde, la Lunaire, la Giroflée, le Rai-

---

(1) Cette dénomination de Tétradactyle, qui veut dire
Quatre Puissances, n'est employée que lorsque, dans une
fleur à quatre pétales, il y a six étamines; dont deux opposées sont plus courtes que les quatre autres.

fort, la Tourette, l'Arabette; la Julienne, l'Hélio-
phile, le Vélar, le Sisymbre, la Dentaire, la Ricotie,
la Lunetière, la Clipéole, l'Alysse, la Subulaire, la
Drave, le Cochléaria, l'Hibéride, le Thlaspi, la Passerage, la Jérose, la Vella, la Caméline, le Bunias,
le Crambé et le Pastel.

ORDRE VIII.

Les Capriers.

LES caractères particuliers qui distinguent les
plantes de l'ordre des Capriers sont un calice polyphille ou monophille partagé; quatre ou cinq pétales;
plusieurs étamines; un ovaire simple; ordinairement
point de style; un stygmate simple; un fruit siliqueux
ou une baie uniloculaire polysperme; point d'albumen;
des lobes cylindriques sur lesquels la radicule est
courbée, et enfin des feuilles alternes : tels sont le
Caprier, le Mozambe, le Réséda, le Rossolis et la
Parnassie.

ORDRE IX.

Les Savoniers.

JUSSIEU a assigné aux plantes de l'ordre des Sa-
voniers, comme caractères qui leur sont particuliers
un calice polyphille ou monophille qui est souvent
partagé; quatre ou cinq pétales posés sur un disque
hipogyne et sur lequel sont insérées huit étamines;
un ovaire simple; un style ou bien trois avec autant
de stygmates ; point d'albumen ; des lobes courbés
sur lesquels la radicule est couchée ; des étamines

(521)

presque toujours au nombre de huit; des pétales souvent doublés à leur onglet et des feuilles alternes ;
tels que le Savonier, la Paullinie, le Pois-de-Merveille, l'Itchi, le Knepied et la Cupane.

ORDRE X.
Les Malpighies et les Erables.

On remarque, comme caractères particuliers à
l'ordre des Malpighies et des Erables, de n'avoir point
d'albumen; d'être pourvus d'un ovaire tantôt simple
et tantôt à trois lobes ; d'avoir une radicule courbée
sur les lobes quand ils sont droits, où droite lorsque les
lobes sont courbés; d'avoir une corolle Pentapétale (1)
et unguiculée ; un calice à quatre ou cinq divisions et
des feuilles opposées qui quelquefois sont munies de
stipules ; comme l'Erable, le Marronier d'Inde, la
Malpighie, le Béjucor et la Banistère.

ORDRE XI.
Les Mille-Pertuis.

Les Mille-Pertuis se reconnoissent en ce qu'ils ont
un calice à quatre ou cinq divisions ; quatre ou cinq
pétales ; qu'ils n'ont point d'albumen ; que leur embryon est droit, qu'ils ont un ovaire simple ; que leur
radicule est inférieure ; que leurs lobes sont demi-
cylindriques; que leurs étamines sont polyadelphes;(2)

---

(1) Une corolle Pentapétale est celle qui est composée de
cinq pétales.

(2) On dit des étamines qu'elles sont Polyadelphes, lorsqu'elles sont réunies, par leurs filets, en plusieurs corps.

que leurs graines ou semences sont très-petites ; et
enfin en ce que leurs feuilles, qui sont opposées, sont
presque toujours ponctuées, comme les Mille-Pertuis et l'Ascyrion.

ORDRE XII.

Les Guttiers.

Les plantes que l'on trouve dans l'ordre des Gut-
tiers sont particulièrement distinguées de celles de
l'ordre précédent, non pas seulement par leur ovaire
simple ; par leur défaut d'albumen ; par leur radicule
qui est inferieure et par leur embryon droit qui sont
autant de caractères communs à ces deux ordres ;
mais par leur calice polyphille ou monophille partagé ; par leurs pétales qui sont au nombre de quatre ;
par leurs lobes planes qui sont coriaces ; par leurs
étamines qui sont toujours libres ; et par leurs semences
ou graines qui sont très-grandes ; telles sont celles du
Guttier, du Dusier et du Mamei.

ORDRE XIII.

Les Orangers.

L'ordre des Orangers a un calice monophille souvent partagé ; des pétales larges à leur base, insérés
autour d'un disque hipogyne ; des étamines insérées
au même disque, à filets séparés ou réunis en un ou
plusieurs corps ; il n'a point d'albumen ; son embryon
est droit ; sa radicule est supérieure ; ses lobes, convexes et planes, sont charnus ; son ovaire est simple ;

et ses feuilles, toujours alternes, sont le plus souvent
ponctuées; tels sont l'Oranger, le Citronnier, le Thé,
le Ximenier , le Murrai , la Terustrome et la Ca-
mellie-Rose du Japon.

ORDRE XIV.

Les Azédarachs.

ON trouve dans cet ordre les plantes dont les caractères particuliers consistent à être pourvues d'un calice
monophille partagé et divisé seulement au sommet, de
quatre ou cinq pétales à onglet large , le plus souvent
réunis à leur base et à n'avoir point d'albumen, ou
bien à en avoir un qui est charnu; dans un embryon
droit et souvent arqué; à n'avoir qu'un ovaire simple;
des anthères placées au sommet de l'espèce de tube
que les étamines forment par leur réunion; et des
feuilles alternes; tels sont l'Azédarach , le Quivi, le
Winterania, l'Aitone, la Portesie, le Trichilia, le
Mahogon ou Acajou et le Cédrel.

ORDRE XV.

Les Vignes.

UN calice monophille très-petit à divisions peu
apparentes; quatre, cinq ou six pétales à base large ;
autant d'étamines opposées aux pétales, à filets séparés, insérés dans un disque hipogyne; un ovaire;
un style et un stygmate simples; point d'albumen;
un embryon droit; des lobes planes; un ovaire simple; une radicule inférieure ; des graines osseuses;

des pétales dilatés à leur base et des feuilles alternes toujours stipulées , c'est en cela que consistent les caractères particuliers aux plantes de l'ordre des Vignes ; tels sont la Vigne et le Cissus.

ORDRE XVI.

Les Géraines.

On reconnoîtra facilement les plantes de l'ordre des Geraines si l'on fait attention que leur calice est simple ; qu'il est partagé en cinq parties et qu'il est persistant ; qu'elles ont un ovaire simple ; un style et cinq stygmates oblongs ; que leur fruit est à cinq loges ou capsules renfermant une ou deux sémences ; qu'elles n'ont point d'albumen ; que leur radicule est un peu courbée ; que leurs lobes sont aussi recourbés sur eux-mêmes de bas en haut ; que leurs étamines sont réunies en anneau à leur base ; que leurs pétales sont séparés ; et enfin que leurs feuilles sont stipulées, comme la Capucine, les Géraines ou Becs-de-Grue , la Monsone, la Balsamine et la Surelle.

ORDRE XVII.

Les Malvacées.

Les caractères particuliers qui distinguent les plantes du genre des Malvacées se tirent de leur ovaire qui est simple ; de l'absence de l'albumen ; des lobes de l'embryon qui sont comme recoquillés et courbés sur la radicule ; des filets des étamines, qui, dans quelques espèces, sont réunis en un tube cylin-

(325)

drique couvert d'anthères éparses, et qui , dans d'autres, sont simplement unis en anneaux à leur base ;
du calice qui tantôt est simple et tantôt environné
d'un second calice , mais qui toujours est partagé en
cinq parties et qui renferme cinq pétales égaux et
attachés au bas des étamines Hipogynes ; un ovaire
unique; un seul style ; un seul stygmate multiple ; un
fruit à plusieurs loges séparées par une cloison contenant des semences solitaires ; et enfin des feuilles
stipulées qui sont alternes; comme dans les Mauves,
les Guimauves, les Sides , les Ketmies, le Cacaoyer,
le Malope , la Lavatère ; l'Alcée, la Malachre , la
Pavonie, l'Urène , la Napée , l'Anoda, la Solandra,
la Mauvique, le Cotonnier , la Milochie, la Malacorde,
la Gordone, le Fromager, le Pain-de-Singe , l'Am-
brome, la Gnarume , la Dombay , la Buttaire , l'Aine,
l'Hélictère , le Stereulier et la Pachire.

ORDRE XVIII.

Les Tiliacées.

On rencontre dans les plantes de l'ordre des
Tiliacées les caractères particuliers suivans ; savoir,
un calice polyphille ou partagé ; des pétales alternes
avec les folioles ; un fruit capsulaire à plusieurs loges
à une ou plusieurs semences ; un stygmate simple ou
divisé ; un albumen charnu ; un embryon qui quelquefois est un peu courbé ; des lobes planes ; un
ovaire simple ; des étamines Monadelphes en nombre
déterminé ou bien en nombre indéterminé et distinctes ; enfin des feuilles stipulées et toujours alternes ,

(326)

comme dans le Tilleul, le Grewier , la Walterie,
l'Hermane , la Maherne, la Corète, l'Héliocarpe,
l'Apulier , l'Apeiba , la Galabure, la Ramontohi et
le Rocou.

ORDRE XIX.

Les Cistes.

Les Cistes ont un calice à cinq divisions renfermant cinq pétales ; un ovaire simple ; un style et un
stygmate ; un fruit à capsule polysperme uniloculaire
renfermant des semences fines ; des fleurs souvent
solitaires en épis ou en corymbe ombellé ; un albumen
charnu ; un embryon roulé en spirale ; une radicule
courbée sur les lobes et des étamines distinctes et
nombreuses , comme dans le Ciste , l'Hélianthême
et la Violette.

ORDRE XX.

Les Rutacées.

Les caractères particuliers aux plantes de l'ordre
des Rutacées consistent en un calice monophille ordinairement partagé en cinq divisions presque toujours à cinq pétales alternes avec ces divisions ; un
fruit multicapsulaire ; des fleurs axillaires ou terminales ; un albumen charnu ; un embryon droit ; un
ovaire simple ; des lobes foliacés et des étamines à
filamens distincts , presque toujours au nombre de
dix ; comme dans la Rue , la Herse, la Fraxinelle,
la Fagone, la Fabagelle, le Cayac , le Pégane, le
Mélianthe, la Diosma et l'Emplèvre.

(327)

ORDRE XXI.

Les Cariophillées.

LE vingt-unième ordre enfin de la classe des plantes Dicotylédones, à corolle Polypétale et à étamines Hipogynes, renferme celles de ces plantes qui ont pour caractères particuliers un calice monophille, persistant, tubulé ou partagé ; des pétales en nombre égal, alternes avec les divisions du calice, le plus souvent unguiculés ; des étamines en nombre égal aux pétales; plusieurs styles et autant de stygmates ; des fleurs ordinairement terminales ; un fruit capsulaire et polysperme ; un albumen central et farineux ; un embryon courbé en spirale ; un ovaire simple et des feuilles opposées ; tels sont l'Œillet, la Saponaire, le Céraiste, la Morgeline, la Stellaire, l'Ortège, la Lefflinge, l'Holoste, le Polycarpe, le Mollugo, la Buffone, la Sagine, le Pharnace, la Méringine, l'Elatine, la Spargoute, la Cherlerie, la Sabline, la Gypsophile, le Silène, le Cucubale, la Lychnide, la Coquelourde, la Vélisie, le Drypis, la Sarothra, la Franqnenne et le Lin.

CLASSE III.

LES plantes qui composent cette troisième classe ne sont pas seulement Dicotylédones, mais elles sont encore Polypétales ; elles ont pour caractères généraux leurs étamines Périgynes ; un calice monophille divisé profondément à son sommet avec une corolle insérée au fond et qui est polypétale; des étamines insérées sur le calice, souvent séparées et quelquefois réunies par leurs filets. Treize ordres partagent cette classe.

ORDRE Ier.

Les Portulacées.

LES plantes de l'ordre des Portulacées ont pour caractères particuliers un calice inférieur divisé à son sommet; des étamines insérées au fond et au milieu du calice; un ovaire simple supérieur; un, deux ou trois styles; des feuilles souvent succulentes; un albumen central et farineux; un embryon annulaire ou courbé; et une corolle qui quelquefois est insérée à la base et d'autrefois au milieu du calice; comme le Pourpier, le Tamaris, le Talice, la Turnère, la Montie, le Téléphe, la Gnavelle; la Trianthême, le Liméole, la Claytone et le Gisèque.

ORDRE II.

Les Ficoïdes.

UN calice monophylle, inférieur ou supérieur, mais toujours partagé; des étamines insérées au sommet du calice et souvent très-nombreuses; des anthères oblongues et penchées; un ovaire simple; plusieurs styles et autant de stygmates; une capsule à autant de loges que de styles; un albumen central ou latéral, mais toujours farineux; un embryon annulaire ou courbé, et une corolle placée au sommet du calice; tels sont les caractères particuliers à

(329)

l'ordre des Ficoïdes, du nombre desquelles sont la Glinole, le Ficoïde, la Nitraire, le Sésuve, la Lanquelte et le Tétragone.

ORDRE III.

Les Joubarbes.

JUSSIEU a assigné, comme caractères particuliers à l'ordre des Joubarbes, un calice inférieur, partagé; des pétales en nombre égal et alternes avec les divisions du calice; une corolle monopétale, tubulée ou partagée ; des étamines alternes et aussi nombreuses que les pétales ; des anthères obrondes; autant de styles et de stygmates que d'ovaires ; des feuilles succulentes et un embryon droit ; un albumen charnu ; une radicule inférieure et plusieurs ovaires ; tels sont l'Orpin , la Joubarbe , la Crassule, la Tillée, le Cotylet, la Rhodiole , le Septas et le Penthorune.

ORDRE IV.

Les Saxifrages.

ON trouve dans les plantes de l'ordre des Saxifrages des caractères particuliers qui les font aisément reconnoître ; savoir, un calice ordinairement inférieur, fendu en quatre ou cinq pétales , alternes avec les divisions du calice au fond duquel ils sont insérés ; des étamines en nombre double des pétales ; un fruit capsulaire et polysperme armé de deux pointes à son sommet ; un embryon droit ; un albumen charnu ; une radicule inférieure ; un ovaire simple avec deux

styles , et des feuilles sans stipules ; de ce nombre
sont la Saxifrage , la Moscatelle, l'Euchère , la Tia-
relle , la Mitelle, la Cecunone , l'Hydrangée et la
Dorine.

ORDRE V.

Les Cactes.

LES Cactes se reconnoissent par leur calice supérieur, divisé au sommet; par leurs pétales nombreux
insérés au haut du calice ; par leur ovaire qui est
simple ; par leur style unique; leur stygmate partagé; leur embryon presque courbé en spirale; leurs
étamines en nombre indéterminé; et enfin par l'absence de leur albumen; comme le Cierge, le Groselier et le Cassis.

ORDRE VI.

Les Melastomes.

LES caractères particuliers à l'ordre des Mélastomes se tirent de l'absence de l'albumen ; de l'embryon qui est courbé; des étamines dont le nombre
est toujours double de celui des pétales qui sont insérés au sommet d'un calice monophylle ; de leurs
filets qui sont munis de deux soies ; de leur ovaire
supérieur ou inférieur, mais toujours couvert par le
calice; de leur style à stygmate simple ; de leurs fleurs
opposées , axillaires ou terminales ; et enfin de leurs
anthères qui sont courbées au sommet ; tels sont les
Mélastomes, la Blakée et la Rhexie.

(33i)

ORDRE VII.

Les Salicaires.

Les plantes de l'ordre des Salicaires ont pour caractères particuliers un calice tubulé ou en godet; des pétales insérés au haut du calice et qui alternent avec ses divisions; des étamines en nombre égal ou double des pétales, attachées au milieu du calice; une capsule à une ou plusieurs loges, environnée du calice; des fleurs terminales ou axillaires; un embryon droit sans albumen; une radicule inférieure; un ovaire simple, libre; et des feuilles sans stipules; tels que la Salicaire, le Lagerstromia, l'Ausone, la Cuphée, l'Isnarde, l'Ammane, le Glaux et le Péplide.

ORDRE VIII.

Les Onagres.

L'ordre des Onagres est caractérisé particulièrement par un calice supérieur, monophylle, tubulé et à limbe partagé; par des pétales insérés au haut du calice, avec les divisions duquel ils alternent; par un seul style; un stygmate partagé; par un embryon droit, sans albumen; des étamines en nombre déterminé, attachées au haut du calice; par un ovaire simple, adhérent; et par des feuilles sans stipules; comme l'Onagre, l'Epilobe, le Santal, la Cercodée, le Montia, la Circée, la Ludnige, la Jussie, le Gama et la Fuchsie.

ORDRE IX.

Les Myrtes.

Les Myrtes n'ont point d'albumen ; leur embryon est tantôt droit, tantôt courbé ; leur calice est monophylle, supérieur, en godet ou tubulé ; leur ovaire est simple et inférieur ; ils ont un style et un stygmate qui est quelquefois divisé ; leurs pétales sont en nombre déterminé ; leurs étamines sont plus ou moins nombreuses ; et leurs feuilles, souvent ponctuées, sont sans stipules, comme le Myrte, le Giroflier, le Syringa, la Mélalenque, le Leptosperme, le Goyavier, le Jambosier, la Décuniaire, le Grenadier et la Butonie.

ORDRE X.

Les Rosacées.

Toutes les plantes de l'ordre des Rosacées, qui sont fort nombreuses, ont pour caractères particuliers un calice supérieur, tubulé ou inférieur, en godet et quelquefois en roue, dont le limbe est ordinairement divisé et presque toujours persistant ; il renferme communément cinq pétales alternes et insérés au sommet du calice ; des anthères souvent obrondes ; un ovaire simple, à style et à stygmate souvent multiple ; un embryon droit sans albumen ; des étamines presque toujours en nombre indéterminé, attachées sous les pétales, et des feuilles stipulées qui sont alternes ; tels que le Pommier, le Poirier, le Prunier, le Pêcher, l'Abricotier, l'Aigre-

moine, le Coignassier, le Néflier, l'Alisier, le Sorbier, le Rosier, la Pimprenelle, la Sanguisorbe,
l'Ancistre, la Clifforte, le Percepier, le Pied-de-Lion,
la Sibaldie, la Tormentile, la Potentile, le Fraisier,
le Comaret, la Benoite, la Driade, la Ronce, le
Framboisier, la Spirée, l'Hirtelle, la Jacquier, le
Cerisier, le Putiet, le Laurier-Cerise, l'Amandier,
la Plinie, le Calycanthe et l'Acomat.

ORDRE XI.

Les Légumineuses.

On reconnoîtra facilement les plantes de l'ordre des
Légumineuses, si l'on fait attention que leur calice
est monophylle, diversement divisé ; qu'elles ont
quelquefois cinq pétales réguliers et presque égaux ;
cependant le plus souvent elles n'en ont que quatre,
qui sont irréguliers ; que leurs anthères sont petites,
obrondes et séparées ; que leur ovaire est simple, avec
un style et un stygmate ; que leur corolle est toujours
polypétale et papilionacée ; qu'elles n'ont point d'albumen ; que leur embryon est assez souvent courbé ;
que leurs étamines sont presque toujours réunies par
leurs filets, et enfin que leur fruit est un légume,
comme le Pois, la Fève, la Lentille, la Vesce, le
Baguenaudier, la Sensitive, le Genêt, le Lupin, l'A-
cacie, le Févier, le Chicot, le Caroubier, le Tama-
rinier, la Parkinset, la Scotie, la Casse, la Ben, le
Campêche, la Poincillade, le Brésillet, le Bonduc,
le Courbaril, la Bohine, le Gaînier, l'Anagyre, la
Sophore, l'Ajouc, l'Aspalet, la Borbone, la Liparie,

le Cytise, la Crotalaire, la Bugrane, l'Arachide, l'Antillide, la Psoralée, la Dalée, le Trèfle, le Mélilot, la Luzerne, le Fenugrec, le Lotier, le Dolic, le Haricot, l'Erythrine, la Clitore, la Glicine, l'Abrus, l'Amorphe, la Piscidie, le Robinier-faux-Acacia, le Couragon, l'Astragal, la Pélécine, le Phaca, la Réglisse, le Galéga, l'Indigotier, la Gesse, l'Orobe, l'Ers, le Pois-Chiche, la Chenille, le Pied-d'Oiseau, le Fer-à-Cheval, la Coronille, le Sainfoin, l'Agaty, l'Amari, la Dalberge, l'Angelin, la Nissole, le Ptérocarpe, le Copan et le Sécuridaca.

ORDRE XII.

Les Térébintacées.

LES Térébintacées n'ont point d'albumen ; leur embryon est courbé ; leur corolle, régulière, est composée de pétales qui s'insèrent à la base du calice, qui est monophylle, inférieur et partagé ; l'ovaire supérieur, simple ou multiple, a le même nombre de stygmates ; leurs étamines, en nombre déterminé, sont libres ; et enfin les loges du fruit capsulaire ne renferment qu'une seule graine ou semence ; comme le Lentisque, le Sumac, l'Acajou, le Manglier, la Camelée, le Comoclade, le Balsamier, le Schinus, la Spathélie, le Thérébinthe, le Gomaret, le Tolut, le Monbin, l'Aynante, le Bruce, le Fagarier, le Clavalier, le Ptéléa, la Dodonée, le Carambolier et le Noyer.

ORDRE XIII.

Les Nerpruns.

Ce treizième et dernier ordre des plantes Dicoty-lédones Polypétales, à étamines Périgynes, renferme celles qui ont pour caractères particuliers un calice inférieur, monophylle, à bords partagés; quatre, cinq ou six pétales insérés au sommet du calice, avec autant d'étamines insérées de même; un style et des stygmates simples ou multiples; un fruit multilocu-laire et monosperme; un embryon droit et plane; un albumen charnu; un ovaire simple et des feuilles sti-pulées, comme le Houx, le Fusin, le Nerprun, le Staphylin, le Célastre, la Cassine, l'Apalachine, le Samara, le Jujubier, le Paliure, le Céanothe, le Phylique, la Brunie, la Gouane et l'Ancuba.

CLASSE UNIQUE et DERNIÈRE.

Cette dernière classe de la méthode de *Jussieu*, et qui est la seule pour les Unisexuelles, renferme les plantes Dicotylédones, dont les caractères géné-raux ne consistent pas seulement en ce que ces plantes sont toutes Apétales, mais aussi en ce que leurs éta-mines sont Idyogynes, c'est-à-dire, séparées du pistil. Leur calice est toujours monophylle; leur corolle, nulle, a quelquefois les divisions de son calice pétalées. Cette classe est sous-divisée en cinq ordres.

ORDRE Ier.

Les Euphorbes.

Les caractères particuliers aux plantes de l'ordre des Euphorbes, se tirent de leurs fleurs monoïques ou dioïques ; de leur calice divisé ou partagé, et quelquefois partagé dans ses divisions ; de leur style simple ou multiple, à plusieurs stygmates ; de leur albumen, qui est charnu ; de leurs cotylédons, qui sont planes ; de leur fruit, qui est formé d'une seule ou de plusieurs coques ; de leurs étamines insérées sur le réceptacle, et enfin du suc laiteux de leurs tiges : tels sont l'Euphorbe, le Ricin, le Hura, la Mercuriale, le Niruri, la Xylaphylle, le Bois-à-Dentelle, la Kiggellaire, la Clutelle, l'Andrachné, le Buis, l'Adélie, le Médicinier, l'Alevrit, le Croton, l'Acalypha, la Tragia, la Stellingia, le Mancénillier, le Sablier, le Gluttier, l'Omphale et la Déléchamp.

ORDRE II.

Les Cucurbitacées.

Les plantes de cet ordre ont leurs fleurs monoïques ; leur calice supérieur, resserré sur l'ovaire, divisé en cinq parties, et souvent coloré ; point de corolle ; cinq étamines insérées au calice ; un fruit en baie, ordinairement charnue ; des semences cartilagineuses. Ces plantes n'ont point d'albumen ; leur écorce est ordinairement solide, et leur tige, rampante ou grimpante, est toujours sarmenteuse : comme la Brione, la Pomme-de-Merveille, le Potiron, la Gronove, la

Mélothrie , le Concombre , la Courge , l'Anguine , la Grenadille , le Papayer et le Melon.

ORDRE III.
Les Orties.

On trouve dans les plantes de l'ordre des Orties , des fleurs tantôt distinctes et séparées les unes des autres , et tantôt rassemblées dans un involucre (1) commun ; un calice monophylle et divisé ; point de corolle ; des fleurs mâles ; des étamines insérées au fond du calice , et opposées à ses divisions. Dans les fleurs femelles , l'ovaire est supérieur ; point de style ; quelquefois cependant il y en a un qui est double ; un fruit , qui consiste en une seule graine recouverte dans certaines espèces , tandis que dans d'autres il se trouve plusieurs graines portées sur un réceptacle commun. Ces plantes , qui souvent sont laiteuses , n'ont point d'albumen , et leurs feuilles sont presque toutes rudes au toucher , comme le Figuier , l'Arbre-à-Pain , le Mûrier , l'Ortie , le Houblon , le Chanvre , le Coulequin , la Lampourde , le Broussonet , la Forskale , la Pariétaire , l'Ambrosie , le Bois-Trompette et le Poivre.

ORDRE IV.
Les Amentacées.

Des monoïques ou dioïques , de fleurs mâles disposées en chatons écailleux , autour et le long d'un axe commun ; des étamines à filets séparés ; des fleurs

---

(1) On doit se rappeler que l'Involucre ou Colerette est une foliole florale , ou bien un assemblage de folioles florales placées à la base de plusieurs fleurs.

femelles, aussi en chatons, à calice monophylle ; un ovaire supérieur et simple, avec un style simple à plusieurs stygmates ; un embryon sans périsperme ; une radicule droite ; des graines nues ou renfermées dans une capsule à une seule loge, et point d'albumen : tels sont les caractères particuliers aux plantes de l'ordre des Amentacées, tels que le Saule, le Peuplier, le Bouleau, le Noisetier, le Châtaignier, le Chêne, le Charme, le Platane, le Galé, l'Orme, le Micocoulier, le Cirier, le Hêtre, le Liquidambar, la Comptone et le Platane.

ORDRE V.
Les Conifères.

Dans ce dernier ordre sont renfermées toutes les plantes, dont l'albumen est charnu ; qui ont leurs fruits taillés en cône ; dont les cotylédons sont cylindriques ; dont les fleurs mâles sont le plus souvent disposées en chaton ; et dont les filets des étamines sont séparés ou réunis sur un pédicule simple ou rameux ; qui ont leurs femelles solitaires disposées en cônes écailleux, ou en tête. Chacune des fleurs de ces plantes est placée dans un calice, ou dans une écaille qui en tient lieu ; leur ovaire est supérieur, conique, simple ou multiple, avec le même nombre de styles et de stygmates ; leurs semences sont monospermes ; leur embryon est cylindrique, charnu et central ; leurs feuilles, enfin, sont toujours vertes, comme dans le Pin, le Sapin, le Cyprès, le Thuya, l'If, le Genévrier, l'Ephèdre, le Filao et le Mélèze.

PLAN

D'UN JARDIN DE BOTANIQUE,

dont l'exécution est facile dans le terrain même le plus circonscrit.

Il n'est point de moyen plus efficace de hâter les progrès que l'on désire de faire dans l'étude de la Botanique, que celui d'avoir constamment sous les yeux les végétaux, afin d'en suivre les développemens successifs, depuis l'instant de leur germination jusqu'au terme de leur maturation. Les campagnes, sans doute, fournissent, sur ce point, de grandes ressources, surtout dans certains départemens, tels que ceux des Alpes, des Pyrénées, des Vosges, etc.; mais, outre qu'il faut fréquemment se déplacer, pour aller chercher, çà et là, les plantes que l'on veut connoître, et que l'on désireroit de suivre dans les différentes périodes de leur vie, c'est qu'il arrive souvent que l'intempérie de la saison, ou bien quelques autres accidens, les dérobent à nos regards curieux, avant que nous n'ayons eu le temps oportun pour jouir de la satisfaction de les observer à notre aise; des courses, d'ailleurs, toujours dispendieuses, et souvent très-longues, mettent quelquefois un obstacle insurmontable à nos désirs.

Un Jardin de Botanique est infiniment plus commode, et il présente une utilité d'autant plus réelle, qu'on y trouve, sans peine, parce qu'on y a presque constamment sous les yeux les végétaux dont on veut étudier plus particulièrement l'histoire. Là, on peut les suivre depuis la graine qui les renferme, jusqu'à l'instant où les rigueurs de l'hiver en suspendent, pour quelques mois, l'étude, dont on reprend le cours au printemps suivant, qui en ranime la vie végétative.

A cette idée d'un Jardin de Botanique, un particulier, souvent peu fortuné, se présente aussitôt à l'imagination cette entreprise comme colossale, et par-là même infiniment au - dessus de ses moyens, et conséquemment de ses espérances.

Ce projet, sans doute, seroit téméraire, si, pour son exécution, on concevoit le plan d'un jardin, que l'on voulût faire rivaliser avec celui de Paris, ou seulement qui fût l'émule de ceux qui existent dans certaines grandes écoles de l'Empire Français. Mais si on proportionne son ambition sur ce point, avec ses facultés pécuniaires, il est peu d'individus, surtout dans les départemens, où presque tous les particuliers jouissent d'un petit jardin, qui ne trouvent facilement les moyens de satisfaire leurs désirs sur ce point. Je vais leur en fournir la preuve, dans ce que j'ai fait moi - même pour l'organisation du jardin de Botanique de l'Ecole Centrale des Vosges, dont je conçus le plan en l'an IV, et que je fis exécuter de suite en l'an V. (*Voyez* ci-après, planc. VII, le plan que j'en ai dessiné et fait graver exprès, pour servir de modèle aux amateurs qui désireroient d'en organiser un.)

Appelé, en l'an IV, par le concours ouvert dans

ce département, pour y enseigner l'Histoire Naturelle, dont l'étude faisoit l'objet de mes délices depuis plus de trente ans, je me hâtai, dès mon installation, de solliciter, près de l'administration centrale, un terrain propre à être converti en jardin de Botanique. (1) Il ne restoit alors, dans cette commune, d'autre propriété nationale disponible, que le jardin attenant au ci-devant collége. Ce terrain, abandonné, depuis la révolution, à l'insipide avarice, qui n'avoit d'autre but que celui d'en retirer, sans frais, le plus de produit possible, étoit par elle converti en un semis de chanvre et de lin, qui, à défaut d'engrais, ne produisoit plus que des brins maigres et si chétifs, que le plus élevé d'entr'eux, lors de sa maturité, n'excédoit pas six à sept pouces de hauteur, depuis le collet jusqu'à son sommet.

Ce même jardin, qui ne contient en tout qu'un arpent de surface, étoit encore à moitié couvert de masures, de charmilles, et d'arbres antiques abandonnés, sans culture, aux débris languissans d'une ancienne

---

(1) Moins heureux, malgré mes importunités fréquentes et fondées sur la loi, pour obtenir un local propre à la formation d'un cabinet d'histoire naturelle, que les riches productions de ce département auroient bientôt rendu recommandable par la collection que j'en ai faite, et que j'eusse pu considérablement augmenter, il a fallu que mon propre cabinet servît seul aux progrès toujours marqués des élèves nombreux qui ont été confiés à mes soins, et dont les témoignages publics d'applaudissemens furent, chaque année, ma flatteuse récompense. Je ne suis pas moins sensible à ceux que me prodiguent encore aujourd'hui mes anciens élèves, qui furent et seront constamment les amis chéris de mon cœur.

vigueur. Et cependant j'avois des espérances fondées, soit sur le Jardin des Plantes de Paris, soit sur les promesses, qui toutes ont été réalisées par mes correspondans ou mes amis particuliers, d'y rassembler, sous peu, plusieurs milliers de végétaux. Mais qu'étoit mon sol stérile et étroitement circonscrit, en comparaison des richesses immenses qui m'arrivèrent de toute part?

Pressé par la nécessité, et plus encore par des entraves, dont je sais rougir pour la basse jalousie et la stupide ignorance, je n'en conçus pas moins l'idée d'une distribution méthodique, qui remplit mes vues au-delà de mon attente. Le plan que j'en ai tracé ci-après, servira, peut-être utilement, à ceux de mes concitoyens qui, n'ayant à leur disposition qu'un petit terrain, pourront néanmoins en former un jardin de Botanique, dont l'arrangement ne manquera pas d'offrir quelqu'intérêt.

Cet arpent de terrain contenoit déjà, en l'an **VI**, 957 espèces de plantes herbacées, et 120 arbres ou arbrisseaux, dont j'ai accru considérablement le nombre chaque année. Il n'eût fallu, pour en empêcher la destruction annuellement successive, qu'un jardinier qui fût botaniste; et malgré tous mes efforts, la malveillance s'y opposa avec une sorte d'acharnement, qu'un seul mot devoit anéantir, si celui qui en avoit le droit eût mis quelqu'intérêt à cette branche de l'instruction publique.

Je partageai d'abord ce jardin par une allée de douze pieds de largeur, qui le traversoit du septentrion **A** au midi **B**, dans toute sa longueur. Je divisai sa partie, du côté de l'orient, en huit carreaux, **C**, **D**,

(343)

E, F, G, H, I, K, et celle qui est située à l'occident en
sept, L, M, N, O, P, Q, R ; ce qui me donna la somme
de quinze divisions correspondantes aux quinze premières classes de la méthode de *Tournefort*, que j'ai
adoptée pour cette distribution. (1)

Pour plus grande régularité, et pour satisfaire en
même temps l'œil attentif des personnes amoureuses des
productions de la nature, outre que je partageai la
totalité de ces carreaux par une allée transversale,
d'orient en occident, (S, T) je fis placer dans celle
du milieu (A, B) des caisses de Troëne, qui alter-
noient avec des ovales de gazon. Les premières con-
tenoient des arbustes les plus curieux, les plus rares
et les plus agréables à la vue ; les seconds formoient
des espèces de corbeilles remplies de Liliacées, d'Anémones, de Renoncules, etc., et d'autres espèces de
fleurs de saisons différentes, dont l'ensemble offroit
un aspect enchanteur.

---

(1) On devinera facilement, sans doute, le motif qui m'a
déterminé à donner, à la méthode de *Tournefort*, la préférence sur le système sexuel de *Linné*, pour la distribution de
ce jardin, si l'on veut réfléchir que cet illustre Botaniste suédois, en établissant ses classes sur les parties seules de la fructification, confond nécessairement les herbes avec les arbres,
en sorte que la Pimprenelle, qui, dans ce système, doit se
trouver au pied du Chêne, établiroit, dans un jardin, une
confusion d'autant plus fatigante pour la vue que l'espace en
seroit plus circonscrit ; au lieu que, dans la méthode de *Tournefort*, la séparation des herbes d'avec les arbres forme une
sorte d'arrangemeut symétrique, qui plaît autant aux yeux
qu'il est utile et agréable.

Je fis entourer chaque division ternée ou quater-
née des carreaux, par une bordure de buis qui la cei-
gnoit dans son pourtour, et chacune d'elles étoit divisée en planches plus ou moins nombreuses, suivant
que la classe étoit plus ou moins abondante en genres
ou en espèces.

Chaque carreau de ce jardin étoit séparé de son voi-
sin par une haie de Troëne, (V) qui est susceptible de la
tonte la plus régulièrement touffue, et mon projet étoit
d'interdire par-là, aux profanes, l'entrée libre du sanctuaire auguste de la nature ; la porte (X) en étoit la barrière, qui ne devoit être ouverte qu'aux amis de ses productions. (La promenade et la vue étoient plus que suf-
fisantes à ceux qu'elle a punis en les rendant insensibles,
ou stupidement indifférens, à ses riches beautés.)

En tête et au milieu de chaque division, j'avois placé
un montant en bois, élevé de deux pieds et demi, couronné par une planche proprement travaillée, longue
de deux pieds et large de six pouces. (*Voyez-en* la
fig. planch. VIII, fig. Ire.) Cette planche, un peu
inclinée, soit pour l'écoulement des eaux de la pluie,
soit afin de faciliter aux amateurs la lecture de l'écriteau qu'elle offroit, étoit enduite, ainsi que son montant, de plusieurs couches d'une couleur grise à
l'huile ; elle présentoit, en caractères très-lisibles et
peints en noir, le numéro de chaque classe, ainsi que
son nom propre. Par exemple, dans la première division, on lisoit sur cette planche : *Ire. Classe, Campaniformes* ; dans le second, *IIe. Classe, Infundibuliformes* ; ainsi de suite. (Pour plus grande intelligence, j'ai dessiné et fait graver une de ces planches

(345)

avec son montant. (Planche VIII , figure Iere.)

En avant de chaque plante, j'avois placé un autre montant d'un pied et demi d'élévation , portant une étiquette en faïence, (on peut faire cette étiquette en tolle ou en fer-blanc peint à l'huile) qui avoit la surface carrée d'une carte à jouer. Sur cette étiquette on lisoit le nom spécifique, de la plante, celui de son genre et celui de sa classe, suivant les trois méthodes de *Tournefort*, de *Linné* et de *Jussieu*. Prenons pour exemple de cette inscription le Muguet-de-Mai. C'est ainsi qu'elle étoit conçue : *Convallaria Maïalis*, le Muguet 2⨍- TOURN. *sect. IIe*. (Je n'avois pas besoin d'énoncer sa classe, puisque la plante et son étiquette s'y trouvoient placées.) *Hexandrie-Monogynie.* LIN. *Monocoty.* JUSS. *class. IIe*. , *ord. II.* (*Voyez* une de ces plaques, pl. VIII, fig. IIe.)

On conçoit, sans doute, la facilité avec laquelle un jeune élève pouvoit et devoit se familiariser avec la connoissance parfaite des végétaux.

Mais nous avons laissé notre jardin composé seulement de quinze classes , tandis que la méthode de *Tournefort*, que nous suivons, pour cette distribution , en renferme vingt-deux ! Il nous en reste donc encore sept; savoir, deux pour les herbes, et cinq pour les arbres et les arbrisseaux. Où allons-nous les trouver dans ce jardin? Dans celui d'après lequel j'ai tracé le plan que je donne ici, j'avois réservé une large plate-bande, qui régnoit le long du mur placé du côté de l'orient (n°. 16), dans laquelle, à raison de son ombre, qui n'étoit presque jamais interrompue,

j'avois placé le petit nombre des végétaux des XVIe.
et XVIIe. classes qu'il m'avoit été possible d'y naturaliser.

Il ne paroissoit pas aussi facile de ranger méthodi-
quément, dans un aussi petit espace de terrain, les cinq
classes d'Arbres et Arbrisseaux, comme j'avois fait
pour les quinze classes d'Herbes : il falloit donc trouver un moyen qui remplît mes vues; et pour atteindre
ce but, je réunis l'agréable à l'utile. Je plaçai d'abord
les arbrisseaux d'élite dans les caisses de Troëne de la
grande allée du milieu du jardin : dans l'allée située à
l'orient, je disposai deux superbes rangées d'arbres,
(*Voyez* pl. VII, n°. 17) qui, d'après le choix que
j'avois fait de ceux dont l'élévation, peu considérable,
ne pouvoit, en aucune manière, porter ombrage
aux plantes des carreaux voisins. Le long de l'allée
à l'occident, (pl. VII, n°. 18) je fis planter une
double rangée d'arbres susceptibles d'une haute
crue, tels que des Pins, des Peupliers, etc. A
l'extrémité méridionale des carreaux, je disposai en
quinconce le plus grand nombre possible d'Arbres de
toutes les classes et de toutes les sections de *Tournefort*, presque tous produits de mes semis, et dont je
formai deux bois, (*Voyez* pl. VII, n°. 19) entourés,
comme les carreaux, d'une haie de Troëne, et qui,
comme eux, devoient être fermés à la clef. Ces deux
bois, outre l'agrément qu'ils offroient à la vue, pré-
sentoient un avantage précieux pour les plantes ;
c'étoit celui de les mettre à l'abri des influences per-
fidement froides des eaux de la Moselle, qui, dans ce
point surtout, baignoient les murs du jardin.

Afin d'atteindre au but réel d'utilité pour la science, que je m'étois proposé dans ces différentes plantations d'Arbres, qui ne sembloient être que de pur agrément, mon projet étoit (la suppression inattendue des écoles centrales l'a heureusement rompu pour ma tranquillité) de suspendre, à la première bifurcation de chaque Arbre, une inscription, semblable à celles des Herbes, non pas fixée par un fil de fer, cette méthode est doublement perfide; car, outre que la rouille, dont il est nécessairement susceptible, devient nuisible à l'écorce, c'est que toujours il arrive que l'Arbre, en grossissant, renferme dans cette même écorce, souvent dans le liber, et quelquefois jusque dans la substance du bois même, l'anneau que forme ce fil de fer, qui ne peut se prêter, et qui toujours y forme un chancre.

Pour obvier à cet inconvénient, je me proposois de faire usage, comme cela se pratique au Jardin des Plantes de Paris, d'une lame de plomb, épaisse d'une demi-ligne, large de cinq ou six, et longue de trois ou quatre pouces, que l'on tourne autour de la première branche de l'arbre, en manière de ruban de queue. On conçoit que le peu de résistance qu'oppose cette lame élastique à la crue de l'arbre, ne l'empêche pas de grossir, et qu'elle se prête doucement à son accroissement insensible, sans lui nuire en aucune manière, et que lorsque la branche, par la suite des temps, a outre-passé le diamètre de cet anneau ductile, il tombe naturellement, et il n'en coûte que la peine de lui en substituer un plus long, qui le remplacera pendant un grand nombre d'années.

Mais quel est le moyen le plus sûr et le plus prompt d'organiser un jardin de Botanique tel que celui dont nous donnons ici le plan ?

On peut, par trois moyens, se former un jardin de Botanique, qui, dès son origine, ne sera qu'agréable, mais qui bientôt offrira une utilité réelle.

Le premier de ces moyens, et qui est le plus simple de tous, est de recueillir indistinctement dans les bois, dans les haies, comme dans les prairies, tous les végétaux qu'on y rencontre, pourvu que, dans leurs feuilles seulement, ils présentent une différence sensible. (Le printemps ou l'automne sont les saisons les plus commodes pour faire cette moisson.) On enlève chacune de ces plantes en mottes avec toutes leurs racines, et on les transplante dans quelque coin de son jardin, en les espaçant de manière à ce qu'il ne règne entr'elles aucune espèce de confusion.

On remarque la corolle de la première qui fleurit ; si c'est une Primevère, on voit que sa corolle est Infundibuliforme. Si la seconde qui s'épanouit est une Paquerette ou Petite Marguerite, elle a sa corolle en soleil, et on en conclut qu'elle est Radiée. Si la troisième qui paroît est une Anémone des Bois, sa corolle indique qu'elle est Rosacée ; ainsi de suite pour toutes les autres.

Dans le moment de leur floraison, on assigne à chacune une marque distinctive qui rappelle le souvenir de sa classe : en automne, on les relève toutes en motte, et on les place les unes après les autres dans leurs classes respectives; la Primevère dans la deuxième, la Paquerette dans la quatorzième, l'Anémone des Bois dans la sixième classes , et on continue de cette manière pour toutes les autres.

Voilà donc des plantes recueillies sans connoissance de cause , et placées d'abord confusément , qui se trouvent rangées dans un ordre méthodique; et c'est déjà un premier pas en avant vers la science.

L'année suivante, on parcourt de même, et aux mêmes époques, les campagnes; on y rencontre de nouvelles plantes ; on les rapporte de même , on les traite comme les premières, et on éprouve la satisfaction de voir son petit domaine s'agrandir ainsi chaque année.

Mais , objectera-t-on , voilà un certain nombre de plantes rangées , à la vérité, dans leurs classes respectives ; il s'agit maintenant d'en savoir les noms, et comment y parvenir? Rien n'est si facile : il suffit de lire attentivement les excellentes descriptions de l'estimable *Gilibert*, ou celles de quelques autres Botanistes aussi simplement profonds que lui, ou bien de communiquer avec quelques Botanistes instruits , qui ne manqueront pas de se faire un vrai plaisir d'éclairer de leurs lumières les pas chancelans d'un élève qui commence à parcourir cette agréable carrière. (L'âme des naturalistes est aussi bonne, aussi complaisante qu'elle est généreuse et sensible ; jamais leur physionomie durement austère n'indiqua qu'ils cherchassent la quadrature du cercle.)

Mais, dira-t-on encore, de quel prix peuvent être des plantes que l'on rencontre partout dans le pays? Pour réponse à cette espèce de blasphème, je demande si l'on ne se croit instruit que lorsque l'on foule avec indifférence, sous les pieds, les plantes indigènes, ou bien parce que l'on voit certains hommes, qui, quelquefois, par ostentation, ont traversé les mers, afin de colliger des végétaux exotiques, au mépris des indigènes, que souvent ils ne connoissoient pas ?

Le second moyen d'organiser un jardin de Botanique, est de recueillir çà et là les plantes les plus rares que quelques curieux cultivent par amusement ou par fantaisie, et de les associer à celles que l'on a déjà rassemblées. Mais, de tous les moyens, le plus sûr de parvenir au but que l'on se propose, est de demander, avec la confiance qu'inspire cette douce et agréable occupation, aux directeurs des divers jardins de Botanique qui existent encore en France, les graines des végétaux qu'ils possèdent, et j'ai, d'après mon expérience, la certitude qu'aucun ne se refusera aux demandes d'un jeune homme qui cherche les moyens de s'instruire. Si l'envoi des espèces qu'il reçoit est plus considérable que le terrain qu'il possède, il en exclut alors les plantes de son pays, qu'il a appris à connoître, pour leur substituer celles qu'il ne connoît pas.

Je terminerai ce chapitre intéressant, en indiquant aux commençans la marche tout à la fois instructive que je suivois moi-même, pour placer, avec certitude, dans leurs classes respectives, chacune des espèces de plantes, dont je recevois, chaque année, des envois de graines nombreux, surtout de la part de l'estimable M. Thoüin, directeur du jardin, et l'un des professeurs du Muséum-National d'Histoire Naturelle de Paris, (1) et dont je faisois moi-même le semis, soit sous châssis, sur couches ou en pleine terre, ainsi que leur plantage.

Chaque paquet que ce savant distingué avoit la bonté de me faire passer en plusieurs centaines, tous les ans, étoit lisiblement et complaisamment par lui étiqueté. Je prenois donc au hasard, dans la collection, le premier de ces paquets qui se présentoit, et j'y appliquois, à côté ou au-dessus de l'inscription, le N°. 1er. Portant de suite, sur une feuille de papier, ce même N°. 1er., avec le nom de l'espèce de graine que ce premier paquet contenoit, j'en faisois autant pour les numéros 2, 3, etc., ainsi de tous, tant qu'il m'en restoit à numéroter et à inscrire sur mon premier catalogue.

On conçoit qu'il devoit régner dans ce catalogue une grande confusion, du moins quant aux classes : pour le régulariser, je m'y prenois ainsi : Supposons que le premier numéro sorti étoit le Ricin commun ; en marge, et en avant du numéro, ou bien à la suite du nom spécifique, je plaçois le chiffre romain XV, qui indiquoit que le Ricin étoit de cette classe. Si le second numéro étoit l'Asphodèle jaune, j'inscrivois le chiffre IX, parce que cette plante est des Liliacées, classe IX ; et c'est ainsi que je procédois pour tous les numéros, tant qu'il m'en restoit. Lorsque j'étois embarrassé pour la classification de quelques espèces,

----

(1) Qu'il me soit permis d'offrir à ce savant, aussi modeste qu'il est profond, un tribut public de mon respectueux attachement et de mon éternelle reconnoissance.

alors je recourois ou à mon *Gilibert*, ou bien au système sexuel de *Linné*.

Quand ce premier catalogue étoit entièrement
achevé, j'en formois un second plus régulièrement méthodique. Après avoir écrit en tête, et en gros caractères, *Ire. Classe, Campaniformes*, je parcourois de
l'œil le premier catalogue, et j'en extrayois toutes
les espèces qui portoient avant ou après elles le chiffre
indicatif qu'elles étoient de cette classe, ainsi de suite,
ayant l'attention de copier la dénomination de chacune
d'elles, de même que le numéro de la série du premier
catalogue.

Lorsqu'il s'agissoit du semis, après avoir groupé
par dixaines tous mes paquets de semences, je fabri-
quois de petites marques en lattes de sapin, sur lesquelles je peignois en noir et à l'huile tous les numéros
depuis un jusqu'à deux, trois et même quatre cents,
quand j'avois ce nombre de paquets. Je plaçois sous les
châssis, ou sur les couches découvertes, la série de
tous ces numéros, et en avant de chacun je traçois
la petite rigole qui devoit recevoir les graines notées
sous le même numéro que celui de chaque latte. De
cette manière, il étoit impossible que je me trom-
passe sur la vraie dénomination de chaque espèce,
en même temps que chaque jour je puisois, dans le
génie même de M. *Thoüin*, des connoissances nouvelles en Botanique.

Quand ce semis étoit assez fort pour être repiqué
dans sa classe, alors, au moyen de mon catalogue,
chaque plante trouvoit place au sein de sa famille; et
pour ne plus confondre cette nouvelle venue avec une

autre , si le carreau de sa classe étoit partagé en dix planches ou sections , renfermant chacune vingt plantes , par exemple , et que ces planches fussent remplies jusqu'au n°. 44 , je plaçois au n°. 45 de la classe IX des *Liliacées*, l'*Asphodèle jaune* , qui se trouvoit être la cinquième de la troisième planche de cette classe , et il me suffisoit, pour ne jamais la confondre, d'ajouter à mon second catalogue le n°. 45 , après le nom de l'Asphodèle.

C'est par ce moyen , et d'après ces précautions, qui ne sont pas très - pénibles , que le jardin naissant de l'Ecole Centrale des Vosges passoit pour un des plus régulièrement et des plus méthodiquement disposés aux yeux de plusieurs savans qui m'ont honoré de leur visite.

———

MANIÈRE DE SE FORMER
UN HERBIER.

LA saison la plus favorable, sans doute, pour se livrer à l'étude enchanteresse de la Botanique, est celle où les rayons bienfaisans de l'astre qui vivifie la nature, après avoir réchauffé la superficie glacée de la terre, a mis en fuite le sombre hiver, qui, chaque année, fait disparoître, pour un temps, cette riante verdure, qui ne laisse après elle, durant les frimas, que les traces d'une espèce de destruction, ou tout au moins d'une désorganisation générale.

C'est immédiatement après ces momens de deuil de la nature, lorsque les premiers beaux jours de chaque printemps renaissent, que le Botaniste ardent et zélé commence ses courses, qu'il continue, sans relâche, jusqu'en automne, où les premiers froids moissonnent peu à peu, et détruisent successivement les objets de ses recherches et ceux de ses innocens plaisirs.

L'étude de la Botanique seroit donc réduite à une stagnation pénible pour un amateur zélé, durant la moitié de l'année, dans la plupart des départemens, puisque, pendant ce laps de temps, presque tous les végétaux ont disparu, ou du moins sont privés de cette agréable verdure, qui, en récréant la vue, donnent l'espérance certaine d'une floraison prochaine.

Le Botaniste passionné pour cette science si utile, a

trouvé , dans ses ingénieuses méditations, les moyens
de tromper la nature et de jouir encore de ses beautés ,
lors même qu'elle semble ensevelie dans une espèce
de néant momentané. A l'exemple de l'abeille labo-
rieuse, il a su recueillir , pendant l'été , les objets de
ses jouissances réelles pour le temps de l'hiver : il a su
se former un jardin, qui, quoique sec , suffit encore
pour satisfaire au zèle studieux qui l'anime.

On a donné à ce jardin sec le nom d'Herbier, et sa
composition, lorsqu'elle est bien soignée, ne présente
pas un intérêt moindre qu'un jardin de Botanique méthodiquement rangé. Mais comment former cet Herbier ? Quel est le moyen de le rendre le plus instructif
possible ? C'est ce que je vais indiquer, d'après les
procédés que j'ai constamment mis en usage , et qui
m'ont parfaitement bien réussi. L'arrangement et
l'ordre méthodique de mon Herbier, qui, en l'an XI,
renfermoit déjà deux mille et quelques cents espèces
de plantes, m'ont mérité l'approbation et des éloges
flatteurs de la part de plusieurs savans, dont les
lumières illustrent notre siècle. (1).

Personne n'ignore que c'est dans le temps de la floraison des plantes qu'un Botaniste zélé, muni d'une
boîte de fer-blanc, de quelques feuilles de papier gris

---

(1) M. *Thouïn* , particulièrement , l'un des professeurs
du Jardin des Plantes , a bien voulu examiner une partie
de cet herbier, avant que je n'eusse l'avantage d'être attaché
à cet établissement, et il l'a trouvé parfaitement conservé ; il
a même applaudi à l'ordre méthodique de son arrangement,
qu'il a regardé comme très-instructif.

non collées, d'une petite bêche, propre à enlever les
végétaux avec leurs racines, se met en quête, dans les
plaines, au sein des forêts, sur le penchant ou le sommet des montagnes les plus escarpées, afin d'y recueillir
les plantes qui ne se trouvent point dans son jardin.

Il importe, pour ces sortes de courses, de choisir un
temps sec, et jamais on ne doit cueillir de plantes
pour l'herbier, qu'après que les rayons du soleil en ont
pompé toute l'humidité que la rosée du matin y a répandue. Sans cette précaution, on courroit les risques
de voir non-seulement la corolle et les feuilles de ces
plantes changer de couleur, mais encore se couvrir de
moisissure, entrer en fermentation, et communiquer,
en peu de temps, un germe de destruction certaine à
tous les végétaux qui les avoisineroient dans l'Herbier.

A mesure donc que l'on a cueilli une plante bien sèche,
on la place entre deux ou plusieurs feuilles de papier
gris, non collées; on l'y dispose de manière qu'aucune
branche, aucune feuille, et surtout aucune corolle,
n'y prennent une mauvaise forme : on enferme ensuite cette feuille ou ces feuilles de papier dans une
boîte de fer-blanc, où les plantes conservent assez de
fraîcheur, et conséquemment de souplesse, pour être
travaillées, lorsque l'on est de retour à la maison. On
peut même, afin d'empêcher les plantes d'être trop
ballottées dans la boîte, la remplir de mousse sèche,
dont on diminue le volume à mesure qu'on y ajoute
de nouvelles plantes (1)

------

(1) Chacun fait construire sa boîte à la manière qui lui paroît
la plus commode ; cependant, après en avoir fait exécuter de

(357)

Lorsqu'après avoir terminé ses courses, on est de
retour chez soi, si le jour le permet encore, on s'occupe sans relâche de l'arrangement de ses plantes.
(Toujours elles sont mieux conservées, lorsqu'elles
ont été plus promptement travaillées.) Si cependant
le jour baissant ne permettoit pas de s'en occuper, on
remettroit l'opération au lendemain matin : il faut ne
pas oublier de placer cette boîte dans un endroit frais,
mais où il ne règne surtout aucune humidité.

Après avoir essayé tous les moyens indiqués par
divers Botanistes de former un Herbier, je les ai
tous successivement abandonnés, et particulièrement
l'usage de la presse vicée, pour m'en tenir à celui que
l'expérience m'a appris être le meilleur.

Sur le point de travailler une plante, j'examine
d'abord sa forme; je me la représente telle qu'elle doit
figurer le plus agréablement, à la vue, sur le papier.
Pour y réussir, je conserve tout le côté chargé des

différentes formes, je n'en ai point trouvé de plus propre à
remplir mes vues, que celle dont je fais usage depuis plusieurs
années : elle a une forme cylindrique, comprimée par les deux
flancs diamétralement opposés; elle a vingt pouces de longueur, huit pouces dans son plus grand diamètre, et cinq
pouces dans le plus petit. Au milieu d'un des flancs il se trouve
une porte à charnière qui n'a que quinze pouces de longueur
et cinq pouces de largeur ; cette porte se ferme au moyen d'une
petite clavette placée du côté opposé à sa charnière ; à chacune
des extrémités de cette boîte, il doit y avoir un anneau, auquel on adapte un cordon ou un ruban, afin de la porter en
travers du corps et en sautoir. On peut faire peindre et vernisez
cette boîte pour plus grande propreté ; mais cette précaution
ne concourt en rien à la conservatiou des plantes.

fleurs les plus complètes, les mieux épanouies, et en même temps les boutons, et même le fruit, lorsque cela est possible; les plus belles feuilles entrent également dans le choix du côté que je destine à paroître; et alors, avec des ciseaux, je retranche toutes les branches et les fleurs du dessus et du dessous, ainsi que celles des côtés, de même que les feuilles qu'on ne pourroit placer, sans croisement, les unes sur les autres.

Ma plante étant ainsi disposée, je la place snr un des côtés d'une feuille de papier gris non collée et ouverte; je l'y arrange le plus symétriquement qu'il m'est possible, soit avec mes doigts, soit avec le secours d'une espèce de petite pince, que les horlogers nomment *Bruxelles*.

Muni d'une multitude infinie de petits carrés de papier gris non collé, et placés à portée de moi sur la table, je commence par la fleur ou la feuille la plus élevée : si c'est une corolle qui soit bien développée, et qui ait six pétales, par exemple, avec des étamines et des pistils bien conservés, je pose sur le calice un de ces petits carrés, sur lequel je rabats le premier pétal inférieur, que je couvre d'un autre petit carré de papier; je rabats ensuite le second pétale à côté et un peu à cheval sur celui-ci, et je le couvre de même d'un petit papier. Il est facile de concevoir, que, par cette première opération, les étamines et les pistils, qui reposent sur les quatre pétales restans de la fleur, sont nécessairement à découvert. Je les soulève doucement avec mes bruxelles, et je pose entr'eux et les pétales restans autant de petits papiers, qui empêchent qu'aucunes de ces parties ne se touchent et ne s'altèrent par la pression des unes sur les autres.

Lorsque ces quatre pétales sont couverts en totalité de petits carrés de papier, je pose dessus ces carrés le pistil ou les pistils, après les avoir séparés les uns des autres, et je les couvre de même d'un papier, sur lequel je dispose séparément chaque étamine, de manière à ce qu'elles laissent voir le ou les pistils, et alors je recouvre le tout d'un plus grand carré de papier.

Il est bon d'observer ici qu'avant de passer à une autre corolle développée, à un bouton prêt à s'épanouir, ou aux feuilles, pour les arranger symétriquement, il faut fixer, d'une manière invariable, tous ces divers petits carrés placés sur la première corolle qui est terminée. Pour cela, il faut avoir fait provision d'une certaine quantité de cette grosse monnoie, nommée *décime*, dont on place un ou plusieurs sur la masse de ces premiers petits papiers. On use du même secours pour toutes les parties achevées, jusqu'à ce que la besogne soit absolument terminée.

On passe de suite à une autre corolle qu'on développe ou qu'on ne développe pas, si on le juge à propos ; de celle-ci à un bouton, puis aux feuilles, pour lesquelles on procède de même, ayant la plus grande attention de les espacer d'une manière qui soit toujours la plus agréable à la vue, et surtout qu'elles ne croisent pas l'une sur l'autre. Les plantes arrangées avec ces soins ont l'air, après la dessication, d'avoir été dessinées ou peintes dans l'Herbier.

Quand l'opération du placement de tous les petits papiers est terminée ; quand toutes les parties de la plante en sont couvertes, on enlève les pièces de m*mnoie; et après avoir écrit le nom de la plante sur un petit papier, on place ce papier sur les autres, puis on rabat sur tous la contrefeuille du papier gris, dans l'une des moitiés duquel on a arrangé la plante pour la dessication. On revêt cette feuille de plusieurs autres, et au lieu de les placer entre les parois d'une presse dont la force, toujours trop grande et trop inégale, malgré les précautions qu'on a prises, extrait subitement des sucs nuisibles à la dessication, on les loge de préférence dans un livre *in-folio*, dont le poids médiocre laisse à ces sucs le temps de se dessécher insensiblement avec la plante.

Après vingt-quatre heures, et quelquefois après cinq ou six, suivant la nature de la plante, on l'examine; on en soulève seulement les petits papiers qui couvrent les feuilles, afin de s'assurer si elles n'ont pas pris de faux plis (dans ce cas on les redresse et on les recouvre.) Le lendemain on examine de nouveau la plante; on enlève avec précaution tous les petits papiers, et on la replace sur de nouvelles feuilles de papier gris bien sèches; puis on la remet en place. On est obligé de changer quelquefois ces papiers à six ou sept reprises, et la plante, qui conserve parfaitement bien, par ce moyen, ses couleurs, demeure en presse, jusqu'à ce qu'on la place à l'Herbier, dans sa classe.

Tout mon Herbier, qui offre le plus grand luxe, est disposé sur des feuilles de papier d'un bleu céleste, sur lesquelles la plante est fixée au moyen de petits ténons (*Voyez* la pl. VIII, fig. III.) de cartes à jouer ou de gros papier de dessin, d'une demi-ligne de largeur sur un demi-pouce de longueur, ayant à chacune de leurs

extrémités une espèce de petite lance, que je reploie à
moitié pour les faire entrer dans une entaille propor-
tionnée que j'ai faite de chaque côté de la partie de la
plante que je veux fixer ; lorsque les deux côtés de ce
tenon ont traversé la feuille de papier bleue, alors je
redresse, de l'autre côté ou au *verso*, les dards (*Voy.* la
pl. VIII, fig. IV.) qui se trouvent plus larges que l'entaille, et qui conséquemment ne peuvent plus en sortir.

Au haut de chaque feuille, (*voyez* la pl. VIII, fig. V.)
j'écris en gros caractères les noms français et latin de
la plante ; la classe, la section de *Tournefort* ; celles
de *Linné* et de *Jussieu.* Au bas j'en trace la description anatomique, si je puis parler ainsi, d'après ces trois
illustres auteurs ; le temps de sa floraison, de sa maturation ; l'indication du lieu où elle se trouve, et enfin
ses vertus et ses propriétés médicinales, que je puise
dans les meilleurs auteurs Botanistes-Médecins. (1) De
cette manière, mon Herbier est un cours complet de
cette belle partie de l'histoire naturelle.

J'ai vingt-deux porte-feuilles en carton, sur chacun
desquels il est écrit, en gros caractères, une des vingt-
deux classes de *Tournefort,* et de cette manière, j'ai
un jardin sec méthodiquement rangé, qui est plus
complet que la plupart des jardins de Botanique.

---

(1) Un jeune Botaniste qui voudra adopter cette méthode,
que je regarde comme infiniment avantageuse pour les progrès de la science, après s'être fait donner par quelques Botanistes instruits et complaisans, le nom des plantes qu'il ne connoît pas, trouvera dans l'ouvrage de *Gilibert,* tous les moyens
de satisfaire ses désirs sur ce point.

TABLEAU ALPHABÉTIQUE
DES VERTUS MÉDICINALES DES PLANTES

LES PLUS VULGAIREMENT CONNUES,

ou de leurs diverses parties, puisées dans plusieurs Auteurs Botanistes-Médecins, avec l'Explication de chacune des vertus énoncées. (1)

A.

ADOUCISSANTES. Les plantes ou les parties des plantes auxquelles on donne l'épithète d'*Adoucissantes*, sont celles qui sont propres à corriger, à envelopper les parties irritantes et piquantes des corrosifs, des émétiques et des drastiques; elles tempèrent l'acrimonie des humeurs, elles s'emparent des sels dont la présence agace et irrite l'estomac et les intestins. De-là vient qu'on s'en sert, avec succès, pour arrêter

____

(1) En accordant ici aux plantes désignées à chaque article, les vertus médicinales qui sont reconnues leur être propres par plusieurs auteurs, je suis bien éloigné de chercher à persuader que toutes peuvent être prises intérieurement, et sans distinction, dans les vues curatives que je leur assigne. D'après des auteurs accrédités, je suis convaincu, au contraire, qu'il s'en trouve beaucoup qui ne doivent qu'être appliquées à l'extérieur, et que plusieurs autres, si elles ne sont dirigées par une main habile, étant prises intérieurement, seroient de véritables poisons. C'est pourquoi je conseille de recourir toujours aux lumières et à la prudence des gens de l'art, lorsque l'on voudra faire usage de la plupart d'entre elles.

l'effet des poisons corrosifs ou des médicamens irritans, pris en trop grande quantité. En général, les Adoucissantes sont d'excellens remèdes dans tous les cas d'inflammation violente, soit pris intérieurement, soit appliqués, en topiques, extérieurement ; tels sont les Mauves, la Racine de Guimauve ordinaire, l'Alcée, les Feuilles de la Pomme-Epineuse, l'Herbe aux Puces, *Plantago Cynops*, la Mâche ou Blanchette, les Semences du Pavot des Jardins ; les Fleurs du Coquelicot, la Morgeline, la Racine de la Réglisse ordinaire, le Réséda, le Pois de Merveille, la Pulmonaire des Français, le Laitron, le Tussilage-pas-d'Ane, les Tubercules du Topinambour, la Farine du Froment, du Seigle, de l'Orge et de l'Avoine ; le Chanvre mâle et femelle, le Fruit du Caroubier, celui du Châtaignier, la Gomme de l'Ecorce de l'Abricotier, le Fruit du Jujubier et les Semences du Coignassier.

Alexipharmaques ou *Alexiternes*. Ces espèces de plantes augmentent les forces vitales, en rendant la circulation plus libre, et en divisant les humeurs : prises intérieurement, elles s'opposent à l'action et aux effets des poisons ; on les administre dans les fièvres malignes. De ce nombre sont la Racine du Dompte-Venin, la Semence du Persil de Macédoine, le Thym de Crête, le Serpolet, le Scordium, la Rue-des-Jardins, le Galéga-Rue-de-Chèvre, le Chardon-Marie, les Scabieuses des Prés et des Bois, la Racine de la Scorsonère, celle de l'Enule-Campane et celle de la Carline.

Anodines. L'effet des Anodines est d'émousser le sentiment, et de produire, dans les nerfs, une espèce de stupeur ; elles calment ainsi et adoucissent les douleurs. Les unes s'administrent intérieurement, et les autres extérieurement ; tels sont les grand et petit Lizerons, la Pomme de Merveille, la Nicotiane ou Tabac, la Jusquiane, les Fleurs

(364)

de la Pomme Epineuse , celles de la Primevère ; la Morelle
à Fruit noir , seulement appliquée extérieurement et sans
la Racine ; le Coqueret-Alkekenge , la Fleur du Giroflier
ou Violier jaune , le Raisin-de-Renard , les Feuilles du
Pavot des Jardins , les Fleurs du Coquelicot , les Feuilles
du Ra sin d'Amérique , les Stygmates du Pistil du Safran ,
la Racine et les Fleurs du Lis blanc et les Amandes
Douces.

Anti-Apoplectiques. On donne ce nom à toutes les
plantes ou parties des plantes que l'on croit propres à prévenir les attaques d'apoplexie. Le seul végétal que nous
connoissons doué de la vertu anti — apoplectique , est le
Romarin.

Anti-Asthmatiques. On nomme ainsi les plantes que l'on
croit douées des vertus contraires à l'asthme , telles que la
Mélisse - Citronelle , le Romarin , la Racine du *Meum* , la
Bulbe de la Squille ; l'Ambrosie-Thé du Mexique , l'Herbe
et les Feuilles de la Camphrée.

Anti-Dyssentériques. Toutes les plantes qui peuvent
s'opposer aux progrès de la Dyssenterie sont appelées Anti-
Dyssentériques ; de ce nombre est la grande Consoude.

Anti-Emétiques. Comme les plantes ou parties des plantes
Emétiques provoquent le vomissement , de même les Anti-
Emétiques s'y opposent et en arrêtent le cours. De ce nombre sont la Menthe-Frisée , l'Anet , les grande et petite Absinthes , la Menthe-Coq et le Fruit cru du Coignassier.

Anti-Epileptiques. C'est ainsi qu'on a nommé toutes les
plantes ou leurs parties , qu'on a cru des remèdes spécifiques
contre l'épilepsie : on attribue cette vertu au Caille - Lait
jaune , à la Valériane-Sauvage , à la Ballotte ou Marrube
noir , à la Racine de l'Hellébore blanc , et aux Pivoines
mâle et femelle.

Anti-Hypocondriaques. L'hypocondriacie est une maladie

qui, selon beaucoup de gens de l'art, a une grande analogie avec la passion hystérique, et qui n'en diffère que par
le plus ou le moins de sensibilité qui se trouve entre les sexes
différens. Elle attaque principalement le genre nerveux ;
elle a son siége au-dessous des fausses côtes, dans la région
des hypocondres. Les plantes qui ont été reconnues avoir
quelque succès contre cette maladie., sont la Racine de
l'Hellébore blanc, la Fumeterre, la Racine d'Aune, toutes
en infusion ou dans du petit-Lait ; la Racine de Patience-
Sauvage, celle de Bardane, d'Arrête-Bœuf, de Chardon-
Roland, d'Enule-Campane, les Feuilles de Chicorée, de
Scolopendre et de Cresson : ces dernières en décoction.

Anti-Hystériques. Les plantes ou parties de plantes réputées Anti-hystériques, sont celles dont on fait usage dans
le traitement des affections vaporeuses, hypocondriaques
et spasmosdiques ; telles sont la Ballotte ou le Marrube
noir, la Livèche, l'Armarinte, la Racine du Glaïeul-
Puant, celle de l'Ail vulgaire, l'Ambrosie, la Racine de
l'Armoise, l'Arroche-Fétide et le Bois-Puant.

Anti-Narcotiques. Si les plantes narcotiques provoquent au sommeil, qui quelquefois peut avoir des suites
fâcheuses, les Anti-Narcotiques sont le remède à cette
espèce de stupeur ; nous ne connoissons d'autres plantes
qui soient réputées avoir cette vertu, que la Racine de la
Carline.

Anti-Scorbutiques. On donne cette épithète aux plantes
ou à quelques-unes de leurs parties, que l'on emploie,
comme remèdes, pour la guérison du scorbut. Les plantes
réputées avoir cette vertu, sont le Ménianthe ou Trèfle-
d'Eau, le Bécabunga, la Cataire ou Herbe au Chat, le
Thlaspi, la Semence du Thlaspi à odeur d'Ail, le Cresson
alénois et le cultivé, l'Herbe aux Cuillers, *Cochlearia
officinalis* (par excellence), le grand Raifort-Sauvage, la

Roquette de Mer ou le Coquillier, l'herbe de Sainte-Barbe, le Cresson des Fontaines , la racine et les feuilles de la Roquette des Jardins , la semence, en poudre, de la Moutarde , le Vélar ou Tortelle, la Rave , la Masse-au-Bédeau, la Rue des Jardins, la Vermiculaire-Brûlante , la petite Chélidoine , l'herbe de la Fumeterre, la Grande-Capucine , les feuilles de l'Estragon , l'Oseille des Prés et la Ronde , la racine de la Parelle , les feuilles du Pourpier de Mer , le Poivre-d'Eau et les bourgeons de Sapin.

Anti-Scrophuleuses. Ces espèces de plantes sont réputées un antidote contre le vice qui constitue la maladie appelée écrouelles, contre les humeurs qui sont altérées par ce vice, et enfin elles passent pour un remède efficace pour les malades qui en sont attaqués. Nous ne connoissons aucun végétal auquel on suppose cette vertu , que la racine de la Filipendule.

Anti-Septiques. Les remèdes Anti-Septiques sont toutes les substances capables d'arrêter ou de prévenir les effets de la putréfaction ou de la gangrène. De ce nombre sont l'Héliotrope ou l'Herbe-aux-Verrues , le fruit du Poivre de Guinée, la Marjolaine commune , le Scordium, les grande et petite Absinthes, les Orties grande et romaine (extérieurement), le Houblon , la résine du Sapin, les feuilles de la Sabine , les feuilles et les baies du Laurier, les baies et les semences du Sumac ; toutes les parties, la racine exceptée, du Citronnier , et les feuilles du Pêcher.

Anti-Spasmodiques. Les plantes dont la vertu est capable de dissiper les spasmes , les contractions et le roidissement des fibres musculaires, se nomment Anti-Spasmodiques ; telles sont les fleurs du Muguet des bois, le Caille-Lait jaune, la racine de la grande Valériane , la Marjolaine commune, les fleurs du Giroflier ou Violier jaune, les feuilles et les fruits du Pavot des Jardins, les fleurs du

(567)

oquelicot , laRue-des-Jardins , la semence de la Nielle-
oute-épice , les Pivoines mâle et femelle , le Fenouil-
Queue-de-Pourceau , les racines et les semences de la Berse ,
Camomille-Puante , les fleurs du Tilleul ; toutes les par-
es , les racines exceptées , de l'Oranger et du Citronnier ,
les fleurs du Faux-Acacia.

Anti-Ulcéreuses. Ces sortes de plantes sont réputées pro-
res à s'opposer à la formation ou aux progrès des ulcères ;
e ce nombre sont les fleurs et les feuilles de la Digitale-
ourprée , les feuilles du faux Dictame , la Soude ordinaire ,
l'herbe ainsi que les fleurs de la Jacée-des-Prés.

Anti-Vermineuses. Tout remède propre à extirper le
vain des vers qui peuvent se former dans l'intérieur du
rps , est nommé Anti-Vermineux ; on attribue cette vertu
la Rue-des-Jardins , à l'Angélique et aux grande et petite
bsinthes.

Apéritives. On donne cette épithète aux plantes ou aux
rties des plantes qui , considérées relativement aux par-
s solides du corps humain , rendent le cours des liqueurs
us libre dans les vaisseaux qui les renferment , en détrui-
nt les obstacles qui s'y opposent , par les oscillations
'elles y excitent. Ce sont des médicamens qui enlèvent
obstructions et atténuent les humeurs , et qui , les ayant
énuées , les évacuent ordinairement par les urines. Nous
içons parmi les Apéritives , la racine du Houx-Frelon ,
le du Sceau-de-Notre-Dame , celle de la Garence , le
ateron , la Samolée-Mouron-d'Eau , la Saxifrage dorée ,
tiges de la Morelle grimpante , la racine fraîche du
in-de-Pourceau , la Pimprenelle , la racine de l'Aristo-
he ronde , la Menthe frisée , les feuilles de la Mélisse des
is , la Sarriette Vraie , l'Origan Sauvage , la Cataire ou
rbe-au-Chat , le Basilic , la Bugle , le Thlaspi , la sence du Thlaspi à odeur d'Ail , la Grande Passe-Rage ,

la semence de l'Herbe de Sainte-Barbe, la racine du Raifort, l'herbe et la racine de la Chélidoine ou Eclaire, la
Soude ordinaire, la Saxifrage ronde ou le *Geum*, la Saxifrage grenue, le fruit de la Croix-de-Chevalier, les racines,
les feuilles et le fruit du Fraisier; les racines de l'Asperge,
l'Aigremoine, toutes les parties de la plante du Persil commun, la racine du Céleri des Jardins, les semences de l'Anis,
la Carotte, les racines du Chervi, les semences de l'OEnanté
aquatique, le Cerfeuil, la racine et les semences du Mouron
commun, l'Angélique, la Perce-Pierre, le Fenouil-Queue-
de-Pourceau, les racines et les semences de la Berce, l'E-
cuelle-d'Eau (intérieurement), le Béhen rouge, la racine
du Glayeul-Puant, la bulbe de la Squille, la semence du
Poireau, celle de l'Orobe printanier, le Pied-d'Oiseau, le
Sainfoin d'Espagne, la racine de l'Arrête-Bœuf, la Luzerne,
l'herbe de la Fumeterre, la racine de la Gaude, celle de
l'Ancolie vulgaire, l'Ambrosie, le Chardon-Marie, la racine de l'Artichaut, le Chardon-Hémorrhoïdal, la racine
de la Grande-Centaurée, la Bardane, les fleurs et les semences du Chardon-Bénit, la Conize, l'Eupatoire, les
feuilles de l'Estragon, la racine de l'Armoise, la Menthe-
Coq, la Boulette-Echinope, la Scabieuse-des-Prés, les
feuilles et les racines du Pissenlit, la Laitue Sauvage, le
Laitron, la racine du Salsifix, la Cupidone (intérieurement), la Chicorée-Sauvage, la Camomille-Puante, l'Ambrosie-Thé du Mexique; l'herbe et les feuilles de la Camphrée, la racine du Chiendent, le Chanvre mâle et femelle,
la racine des Fougères mâle et femelle, celle du Polypode,
le Capillaire de Montpellier, l'Hépatique des Fontaines,
les fleurs et les feuilles de la Bruyère, les feuilles du Tilleul, l'écorce intérieure de la Bourgène, le Raisin, les
feuilles de l'Azédarac; toutes les parties, excepté les feuilles,
du Tamarin, et les cendres du Genêt d'Espagne.

(369)

Aphrodisiaques. Les plantes ou parties de plantes Aphrodisiaques sont celles qui ont , ou que l'on croit avoir la propriété d'exciter la secrétion de la semence ; de ce nombre
sont la Sarriette des Jardins et celle de Crête , la Roquette
des Jardins , la Rave, l'Oignon , et la racine des Satirions
mâle et femelle.

Aromatiques. On appelle plantes Aromatiques toutes
celles qui ont une odeur forte, et en même temps agréable.
Toutes les plantes de cette espèce peuvent être d'un grand
secours dans plusieurs maladies , surtout dans celles
qui dépendent du relâchement des fibres de l'estomac et
des intestins ; telles sont la racine du Dompte – Venin , le
fruit du Poivre de Guinée , l'Aristoloche Clématite , les
feuilles de la Menthe aquatique , la Sarriette , la Marjolaine commune , l'Hyssope , la Cataire ou Herbe-au-
Chat, le Scordium , la racine du Céleri sauvage, les semences du Persil de Macédoine , celles de l'Anis , la racine
du Carvi, les semences du Sison aromatique, la racine du
Fenouïl commun , la semence du Séseli de Marseille , les
feuilles du Cerfeuil, la racine du Cerfeuil musqué , celle de
l'Impératoire , l'Angélique , la semence du grand Persil de
Montagne , l'Armarinte , les stygmates du pistil du Safran ,
le Galéga–Rue–de–Chèvres , le Mélilot–Lotier odorant ,
l'Ambrosie , la Conise , les grande et petite Absinthes , la
racine de l'Armoise , celle de l'Enule–Campane , celle du
Doronique , la Camomille romaine , la Mille–Feuille , la
racine du Cabaret , le Piment *Botrys* , l'Ambrosie--Thé du
Mexique ; la racine du Polypode , la semence du Frêne ,
les baies du Genièvre , les feuilles du Laurier , le fruit du
Framboisier , les feuilles , et surtout les fleurs de l'Oranger
et du Citronnier ; l'Abricotier , les fleurs du Pêcher , celles
du Myrte ordinaire , celles de l'Aubépine et les fleurs du
faux Acacia.

Assoupissantes. Epithète que l'on donne aux plantes Narcotiques, qui ont la vertu de procurer le sommeil, et une diminution de mouvement et de sentiment quelquefois funeste ; de ce nombre sont l'écorce de la Mandragore, la Spigélie Anthelmintique, la Jusquiame, la Pomme - Epineuse, les Pivoines mâle et femelle, et l'Anet.

Astringentes. On nomme ainsi les plantes ou leurs parties qui ont la vertu de froncer les fibres, de rendre les pores plus petits, d'arrêter par conséquent les hémorrhagies, les cours de ventre, les écoulemens excessifs et contre nature ; de remédier à l'atonie et au relâchement des différentes parties dont le corps humain est composé. Les plantes douées de ces facultés sont la racine du Sceau-de-Salomon, les feuilles du Laurier - Alexandrin, le Mélinet, la racine du Rapontic, le Caille-Lait jaune, la Croisette – Velue, les feuilles des grande et petite Pervenches, celles de l'Oreille-d'Ours, les Plantins, la Pulmonaire, la grande Consoude, la Corneille, la Nummulaire, les fleurs de l'Eufraise, la Brunelle, les fleurs de l'Archangélique ou Ortie blanche, la Moldavique, la Moluque ou Mélisse des Moluques, la Menthe frisée, les feuilles de la Crapaudine *Sideritis-Hirsuta*, le Lierre-Terrestre, la Bugle, les Sisimbres, les feuilles du Ciste Hélianthème, le Salicaire vulgaire, les feuilles de la Pirole, le Ciste de Montpellier, les feuilles des grande et petite Joubarbes, celles de l'Orpin reprise, la racine de l'Orpin-Rose, la Reine-des-Prés, les feuilles du Bec-de-Grüe sanguin, l'Herbe-à-Robert, les semences du Pigamon jaune, l'Hépatique des Jardins, les racines de la Filipendule, celles de la Bénoîte, celles du Fraisier, celles de la Quinte-Feuille, celles de la Tormentille, l'Argentine, l'Aigremoine, la semence de la Terre-Noix, la Perce-Feuille ou Oreille de Lièvre, la Statice-Gazon d'Espagne, la farine de la Vesce (intérieurement),

le Fer-à-Cheval vivace et annuel , le Lotier-Trèfle jaune ,
les feuilles du petit Glouteron , l'herbe et les fleurs de la
Jacée des Prés , les fleurs du Bluet-Aubifoin , les feuilles
de l'Herbe à Coton , la Piloselle , la Mille-Feuille , la racine
de l'Oseille des Prés et de la ronde , celle de la Patience ,
les feuilles et la racine de la Parelle , l'Herbe aux Panaris ,
la racine du Pied-de-Lion , la Persicaire , la Renouée-
Trainasse , la grande Bistorte , les Prêles , les Orties grande
et romaine (intérieurement) ; la racine des Fougères mâle
et femelle , celle de la Sauve-Vie , le Capillaire de Montpellier , les feuilles du Cétérac , la plante sèche de la Langue
de Cerf , la moëlle de la racine de l'Osmonde , les jeunes
branches du Raisin-de-Mer mâle et femelle , les chatons et
les fleurs du Noisetier ; les feuilles , le gland , le calice et
l'écorce du Chêne , l'écorce extérieure du Liége , les feuilles
du Hêtre , les fleurs et les fruits du Mélèse , le fruit des
Cyprès mâle et femelle , l'écorce et les feuilles de l'Aune ;
l'écorce , la racine et le fruit du Mûrier noir ; les feuilles
du Platane d'Orient , l'écorce du Saule blanc , la racine du
Baumier (extérieurement) ; les feuilles du Troëne , l'Arbousier , les baies de la Busserole , l'écorce et les racines
de l'Orme , les feuilles et les baies de la Viorne , les baies et
les semences du Sumac , les baies et les fruits du Tilleul ,
les feuilles et les fleurs du Micocoulier , les feuilles du
Lierre , les pepins de l'Epine - Vinette , les feuilles et les
jeunes pousses , ainsi que le fruit de la Ronce ; la racine ,
les tiges et les feuilles du Paliure ; les feuilles du *Spirea-
Opulifolia* , l'écorce fraîche du Tamarin , le fruit du Prunelier , celui du Cerisier encore vert , celui cru du Coignassier , celui du Sorbier , les fleurs du Grenadier , l'écorce du
fruit du Grenadier à Fruits , les feuilles du Rosier de Provins , les feuilles du Rosier sauvage ; les feuilles et les fruits
du Myrte ordinaire , le fruit du Cornouillier , celui du

Néflier, la pulpe du fruit de l'Aubepin, et enfin le fruit du Gaînier.

Atténuantes. Les plantes Atténuantes sont celles ou qui détrempent les molécules des fluides, ou qui divisent et fondent l'épaississement des humeurs, en rompant la cohésion trop forte de leurs parties intégrantes, ou en agissant sur les viscosités des fluides contenus dans le ventricule et dans les intestins, ou enfin en agissant sur les solides par une irritation, une augmentation de leurs vibrations. Il en est néanmoins qui n'exercent leur énergie que sur les fluides seuls. Sont réputées Atténuantes les feuilles de la Mandragore, les fleurs du Muguet des Bois, la Sarriette des Jardins, celle de Crête, la semence du Persil commun, la grande Marguerite et les baies du Genièvre.

B.

BALSAMIQUES. On donne le nom de Balsamiques aux plantes ou aux parties de plantes douces et tempérées, qui n'ont rien d'âcre, de salé, d'acide, ni d'amer, qui ne sont ni trop fortes, ni trop violentes : ces espèces de plantes sont composées de principes aqueux, onctueux et sulfureux, propres à adoucir l'acrimonie des humeurs, à incarner et consolider les plaies, étant analogues au suc nourricier qui fait la régénération des chairs. De ce nombre sont la Pomme de Merveille, la résine du Sapin, celle du Mélesse et l'écorce fraîche du Tamarin.

Béchiques. Les plantes Béchiques sont celles qui calment la toux, facilitent l'expectoration, adoucissent l'acrimonie des humeurs, et relâchent les fibres de la gorge ; ces mêmes plantes sont aussi pectorales, parce qu'elles conviennent aux maladies de la poitrine. Les plantes que l'on croit douées de ces vertus, sont les fleurs de la Bourrache, celles de la

(373)

Buglosse, celles du Bouillon-Blanc, la plante entière du Polygale vulgaire, le Cerfeuil musqué, la semence du Lin, le suc des feuilles de l'Aloès succotrin (extérieurement); la fleur de la Violette, celle du Pied-de-Chat, le Tussilage Pas-d'Ane, le Politric, la chair du fruit de l'Abricotier, et le fruit du Pommier.

C.

CALMANTES. Les vertus attachées aux plantes Calmantes consistent en ce qu'elles font cesser les douleurs, soit en émoussant le sentiment, et en produisant une espèce de stupeur dans les organes des sensations, soit en procurant le sommeil. Les fleurs du Bouillon-Blanc, la petite Ciguë (à l'extérieur), et l'écorce du Peuplier-Blanc mâle et femelle, sont réputées Calmantes.

Carminatives. D'après leur étymologie, les plantes Carminatives seroient celles qui dissiperoient les douleurs comme par enchantement; mais en trouva-t-on jamais de cette espèce? — Les Carminatives sont donc celles qui, en déterminant l'estomac et les intestins à de plus fortes contractions, et en le fortifiant, procurent la sortie des vents, et excitent la transpiration. Ces espèces de plantes sont encore Stomachiques; elles rétablissent l'estomac, lorsqu'il a été affoibli par des maladies chroniques, ou par des pertes et des hémorrhagies considérables qui ont eu lieu par quelque voie que ce soit, par des sueurs excessives, etc. Elles calment les douleurs spasmodiques, et guérissent les maladies nerveuses, ainsi que les vapeurs hypocondriaques et hystériques. Les Carminatives sont la grande Scrophulaire, les feuilles du Calament, le Thym de Crête, le Serpolet, la Sarriette vraie, les fleurs et les feuilles de la Lavande femelle, la Marjolaine commune, l'Alliaire, la Rue-des-

Jardins , le Cumin sauvage , la semence de l'Ammi , celle du Persil de Macédoine , celle de l'Anis , celle du Carvi , la Carotte , les semences du Sison aromatique , le Bupleurum en arbre , le Fenouil commun , la semence du Séséli de Marseille , la racine du *Meum* , la Livêche , la racine et les semences du Macéron commun , la semence de la Coriandre , la racine de l'Impératoire , l'Angélique , l'Anet , la semence du grand Persil de montagne , les racines et les semences de la Berce , le Mélilot-Lotier odorant , la Conise , l'Aurone mâle , la Tanaïsie , la Menthe-Coq et les Camomilles romaine , commune et puante.

Caustiques. On donne ce nom aux plantes âcres , corrosives et brûlantes , qui forment un escharre à l'endroit sur lequel on les applique ; telles sont l'écorce et la racine de la grande Esule , le Rossolis , l'Anémone sauvage , la Renoncule des marais , la Clématite , la racine de l'Ail vulgaire , le Poivre-d'Eau et l'Auréole mâle et femelle ou Garou , ainsi que la Camelée.

Céphaliques. On désigne par cette épithète les plantes dont on fait usage dans les maladies de la tête. De ce nombre sont le Caille-Lait jaune , la racine de la grande Valériane , le Mouron , la racine de l'Aristoloche ronde , les fleurs de l'Eufraise , les Sauges , la Moldavique , la Moluque ou Mélisse des Moluques , la Mélisse Citronnelle , le Romarin , le Thym de Crête , le Serpo et , la Sarriette vraie , les fleurs et les feuilles de la Lavande femelle , la Marjolaine commune , l'Hyssope , la Cataire ou l'Herbe-au-Chat , la Bétoine , le Basilic , les fleurs du Giroflier ou Violier jaune , la Rue-des-Jardins , la racine de l'Orpin rose , les Pivoines mâle et femelle , la racine de l'Impératoire , l'Ambrosie , la Menthe-Coq , la racine du Doronic , le Souchet long , les fleurs du Jasmin , celles du Tilleul , et toutes les parties , la racine exceptée , du Citronnier et de l'Oranger.

(375)

Cordiales. Les plantes Cordiales sont celles qui relèvent
les forces du cœur, débilitées par une maladie, ou par quelques autres accidens. Leur effet est donc de ranimer le genre
nerveux, d'augmenter l'oscillation des vaisseaux, et de rendre la circulation plus active. Nous admettons, parmi les
Cordiales, les fleurs de la Primevère, les Sauges, la Moldavique, la Moluque ou Mélisse des Moluques, la Mélisse
Citronelle, le Romarin, le Thym de Crête, la Marjolaine
commune, l'Hyssope, la racine de la Bétoine, celle de
l'Impératoire, l'Angélique, l'OEillet, les stygmates du
pistil du Safran, l'Ambrosie, la racine des Oseilles des
prés et de la ronde, les feuilles et les baies du Laurier, les
fleurs du Jasmin, et toutes les parties de l'Oranger et du
Citronier, la racine exceptée.

Corrosives. On donne le nom de Corrosives aux plantes
ou aux parties de plantes qui sont capables de ronger, de
corroder et de consumer les parties, au moyen des molécules salines, âcres ou acides, dont elles sont pourvues.
Telles sont la Dentelaire ou Herbe-au-Cancer, le fruit du
Poivre de Guinée, et la racine du Pied-de-Veau, lorsqu'elle
est fraîche.

Cosmétiques. Par cette épithète, on désigne les plantes
qui servent à l'embellissement de la peau, et à tenir le teint
frais. Nous ne connoissons de ces espèces que le grand Raifort sauvage et l'Hépatique des jardins.

D.

DÉLAYANTES. Les plantes Délayantes tirent leur principale vertu de leur eau, qui a la propriété de rendre les humeurs plus fluides : ces espèces de plantes peuvent être
d'un aussi grand secours dans les maladies aiguës que dans
les chroniques ; car elles calment les douleurs, diminuent

l'ardeur excessive du sang ; elles humectent et amollissent les parties devenues trop roides et trop sèches. Telles sont les feuilles du Nombril-de-Vénus , la semence de la Citrouille, la Laitue-Pommée , la Poirée, la Betterave , le Bon-Henri , la Blette rouge et le fruit du Prunier.

Dépilatoires. Par Dépilatoires , nous comprenons ici les plantes dont la propriété est de faire tomber les poils qui couvrent les parties sur lesquelles on les applique en topique. Nous ne connoissons de cette espèce que le suc de l'Epurge , et les fleurs , ainsi que les feuilles de la Bruyère.

Dessicatives. On donne ce nom aux plantes ou aux parties de plantes qui ont la propriété de dessécher , lorsqu'on les applique; elles ont la vertu , quand on les emploie en topique, d'accélérer le clôture des vaisseaux , de les raffermir , et de procurer la concrétion des sucs qui abreuvent une plaie ; et , lorsqu'on les administre intérieurement , elles se chargent des sérosités superflues. De ce nombre sont la Pomme-de-Merveille , les feuilles de l'Héliotrope ou Herbe-aux-Verrues , l'Hépatique des jardins , l'Argentine , l'Aigremoine et la Cupidone (extérieurement.)

Détersives. Epithète qu'on donne aux plantes ou aux parties des plantes qui , appliquées extérieurement , ont la vertu de mondifier , de nétoyer , de purger une plaie , un ulcère , et d'enlever tout ce qui pourroit faire obstacle à leur guérison. On compte parmi les Détersives , la grande Gentiane , les grand et petit Lizerons , le Ménianthe-Trèfle-d'Eau , la Nicotiane ou Tabac , la petite Centaurée , l'Héliotrope ou Herbe - aux - Verrues , la Dentelaire ou l'Herbe-au-Cancer , la Numulaire , le Mouron , les tiges de 'a Morelle grimpante , le fruit du Poivre de Guinée ; les feuilles de Véronique mâle , de celle des prés et de celle en épi ; le Bécabunga , la Pimprenelle , la racine du Pied-

de-Veau , celle de l'Aristoloche ronde et de l'Aristoloche
clématite , le *Phlomis Fructicosa* , la Brunelle , la Ballote
ou Marrube noir , les feuilles de la Crapaudine , le Marrube blanc , l'Origan sauvage , la Verveine officinale ,
l'Hyssope , la Bétoine , la semence du Thlaspi à odeur
d'Ail , le Cresson alénois et autres espèces , l'Herbe - aux-
Cuillers *Cochlearia Officinalis* , le grand Raifort sauvage,
la racine des grande et petite Lunaires , les fleurs du Giroflier ou Violier jaune , l'Herbe de Sainte - Barbe , le
Cresson de fontaine , les Sisimbres , la racine et les feuilles
de la Roquette des jardins , la racine du Raifort , la Saxifrage ronde ou le *Geum* , la Salicaire vulgaire , le Pavot
cornu , la Rue-des-Jardins , la racine de l'Orpin-Reprise ,
le fruit de la Croix de Chevalier , le Souci des Marais , la
Pulsatille ou Coquelourde , la Renoncule des marais , la
Sagittaire aquatique , l'Aigremoine , l'Herbe-aux-Anes ,
le petit Laurier – Rose , la racine du *Meum* , l'Ecuelle-
d'Eau , la Sapouaire officinale , les racines de l'Iris-Flambe ,
le suc des feuilles de l'Aloës succotrin , la semence du Lupin
blanc , celle de l'Orobe printanier , le Sainfoin d'Espagne ,
le Trèfle-Triolet des prés , l'herbe de la Fumeterre , la
semence de la Staphisaigre , la grande Capucine ; la double
feuille , les fleurs du Pied-de-Chat , l'Eupatoire , l'Aurone
mâle , la racine de l'Armoise , la Tanaïsie , les feuilles et
les racines du Pissenlit , la Piloselle , la Laitue sauvage , la
racine de l'Enule-Campane , la Verge-d'Or , la Jacobée ,
les fleurs et les feuilles de la Paquerette ou petite Marguerite , l'Herbe-à-Eternuer , la racine de la Carline , celle
de la Parelle , les feuilles du Pourpier-de-Mer , le Pied-
de-Lion , la Persicaire , le Poivre-d'Eau , le Sonchet long ,
les Prêles , les Epinards (en décoction) ; les Orties grande
et romaine (intérieurement) , l'Hépathique des fontaines ,
la résine du Térébinthe , l'écorce extérieure du Liége , les

feuilles du Bouleau, les baies du Genièvre, les feuilles
de la Sabine, l'écorce et la racine du Mûrier noir, les
fleurs du Troëne, les feuilles et les baies du Laurier, les
feuilles du Laurier rose, le Chèvrefeuille, le suc exprimé
des feuilles de ce dernier, l'écorce verte de la Bourgène,
les feuilles et les racines du Lierre, la Camelée, les feuilles
et les jeunes pousses de la Ronce, le fruit du Fusin, les
baies du Myrte ordinaire, les fleurs, les feuilles et les
semences du Genêt des teinturiers.

Diaphorétiques. Toutes les plantes capables d'exciter
dans les liqueurs du corps un mouvement doux et pai-
sible, dont la suite est l'excrétion des impuretés les plus
subtiles de la masse du sang, sont les Diaphorétiques: ces
plantes sont particulièrement le Stachis à épi fleuri, le
Thym de Crète, le Serpolet, le Basilic, le Scordium, le
Thlaspi, la semence en poudre de la Moutarde, les Pivoines
mâle et femelle, la Renoncule des marais, la racine du
Persil commun, l'OEillet, les stygmates du Pistil du
Safran, le suc de la plante de la Gaude, l'Immortelle
jaune, la Garderobe, la racine de la Scorsonère, les
feuilles de l'Arbousier, les feuilles séchées du Sureau et
les feuilles ainsi que les fruits du Groselier à fruit noir.

Digestives. Ce nom se donne aux plantes et à leurs
parties qui, lorsqu'elles sont appliquées extérieurement
sur les plaies, hâtent et procurent le dégorgement de la
matière du pus, sollicitent la fonte des humeurs et secon-
dent les efforts de la suppuration; tels que le fruit du
Poivre de Guinée.

Discussives. Les plantes Discussives sont des remèdes
dont la propriété générale est de diviser, d'inciser, d'at-
ténuer des humeurs crasses, visqueuses, concrètes, obs-
truantes, coagulées, croupissantes, ou de les déterminer
et de les pousser aux couloirs destinés pour leur évacua-

tion : ce sont, strictement parlant, les mêmes, quant aux
vertus, que les Résolutives : nous n'en connoissons qu'un
petit nombre; savoir, les feuilles de la Mandragore, celles
de l'Herbe-à-Coton et le bois de Frêne.

Diurétiques. On entend par plantes ou parties de
plantes Diurétiques, celles qui ont la vertu d'exciter le
cours des urines. Parmi les Diurétiques sont placées les
feuilles du Nombril-de-Vénus, celle du Dompte-Venin,
les racines de la Guimauve ordinaire, celles de l'Alcée,
la Coulevrée-Brione, la semence de la Citrouille, la
racine de la Garance, le Grateron, le Ménianthe Trefle
d'eau, la racine de la grande Valériane, les feuilles de la
Bourrache, celles de la Buglosse, celles des Véroniques
mâles, des prés et en épi, le Bécabunga, le Coqueret-Alké-
kange, la Linaire ou Lin sauvage, la racine du Polygale
vulgaire, les feuilles de la Menthe aquatique, celles de
la Sauge, celles de la Mélisse des bois, la Sarriette des
jardins, ainsi que celle de Crête, les Cressons alénois et
cultivé, l'Herbe-aux-Cuilliers *Cochlearia - Officinalis*,
le grand Raifort sauvage, la racine des grande et petite
Lunaires, les fleurs du Giroflier ou Violier jaune, l'Alliaire (extérieurement), le Cresson des Fontaines, la Roquette des jardins, la semence en poudre de la Moutarde,
le Vélar ou Tortelle, la Rave, le Navet. la Masse-au-
Bedeau, le Pourpier (Diurétique froid), la Soude ordinaire, la Saxifrage Grenue, le Pavot cornu, le Mille-
Pertuis vulgaire, l'Ascyrum, la semence de la Nielle
toute épice, la Vermiculaire brûlante, les racines du
Pigamon jaune, celles du Fraisier, ainsi que ses feuilles
et ses fruits, les racines de l'Asperge, la semence de
l'Ammi, celle du Persil commun, la racine du Céleri des
jardins, la semence du Persil de Macédoine, celle du
Carvi, la Carotte, la racine du Sison aromatique, le

Fenouil commun, la semence du Séséli de Marseille, la racine du *Meum*, le Cerfeuil, la racine et la semence du Maceron commun, la Perce-Pierre, le Fenouil-Queue-de-Pourceau, la semence du grand Persil de Montagne, le Laser, la racine du Peigne-de-Vénus, celle du Chardon-Roland; celle du Panicaut de mer, la Saponaire-Officinale, le Lin purgatif, la racine du Jonc odorant, la bulbe de la Squille, la racine et la semence du Poireau, l'Oignon, la racine de l'Ail vulgaire, celle de la Réglisse ordinaire, le Pied – d'Oiseau, la racine de l'Arrête-Bœuf, la semence de la Violette, l'herbe de la Fumeterre, la grande Capucine, la semence du petit Glouteron, le Chardon Etoilé, la racine de l'Artichaut, les semences de la Bardane, la Garderobe; les têtes et les racines du Chardon à Bonnetier, la racine du Pissenlit, celle de la Scorsonère, la Pariétaire, la racine du Chiendent, le Souchet long, le Houblon, l'écorce du Frêne, la résine du Térébinthe, le suc de la racine fraîche du Noyer, la résine du Sapin; celle du Mélesse, les baies du Génièvre, les feuilles de la Sabine, l'écorce du Peuplier blanc mâle et femelle, les baies de la Busserole, les fleurs et les feuilles de la Bruyère, les feuilles du Sureau, le fruit du Paliure, les noyaux du Cérisier, le fruit du Pommier, celui du Rosier sauvage, les feuilles et les fruits du Groselier à fruit noir, les semences du Néflier, celles de l'Azérolier, les fleurs, les feuilles et les semences du Genêt des teinturiers.

Drastiques. Cette épithète désigne des plantes purgatives qui agissent violemment et promptement ; telles sont la Camelée, l'Aloès et le Jalap.

E.

Echauffantes. Epithète qu'on donne aux plantes ou à

(381)

leurs parties capables d'exalter la chaleur du corps, comme
la racine du Pied-de-Veau, les feuilles des grande et
petite Lunaire, l'Armarinthe, les fleurs du Lis blanc et
la résine du Sapin.

Emétiques. Nom générique de toutes les plantes qui
font vomir. De ce nombre sont l'Epurge, la Nicotiane ou
Tabac, l'Aristoloche-Clématite, les fleurs et les feuilles
de la Digitale pourprée, les feuilles de la Gratiole, la
semence de la Violette, celle des Arroches, les Chatons
du Noyer, l'écorce verte de la Bourgène, le fruit du
Fusin et la semence du Genêt des teinturiers.

Emménagogues. Par cette épithète, on désigne les
espèces de plantes évacuantes, dont la principale vertu
est d'exciter l'écoulement menstruel, celui des Lochies,
et de favoriser la sortie du fœtus. On connoît un grand
nombre de ces plantes, plus ou moins efficaces ; savoir,
la racine du Houx-Frelon, les feuilles du Dompte-Venin,
la Coulevrée-Brione, le Concombre sauvage, la racine
de Garance, celle de la grande Valériane, celle de l'Aristoloche ronde, l'Aristoloche-Clématite, l'Ortie morte des
bois et celle à fleurs jaunes, le Stachis à épi fleuri, le
Marrube blanc, la Sarriette des jardins et celle de Crête,
les fleurs et les fenilles de la Lavande femelle, l'Aurigau
sauvage, le Dictame de Crête, la Cataire ou Herbe-au-
Chat, le Basilic, la Germandrée ou petit Chêne, le Scordium, les Cressons alénois et cultivé, le grand Raifort
sauvage, la grande Passerage, la racine des grande et
petite Lunaires, celle du Raifort, la Rue des jardins,
la semence de l'Ammi, la racine du Céleri des jardins,
la semence du Persil de Macédoine, celle du Séséli de
Marseille, la racine du *Meum*, la Livèche, la décoction
du Cerfeuil musqué, la racine de l'Impératoire, l'Angélique, la Perce-Pierre, la semence du grand Persil de

montagne , le Séséli de montagne , le Laser , la racine du Chardon-Roland , celle du Panicaut de mer , la Saponaire Officinale , la racine de l'Asphodèle jaune , les stygmates du pistil du Safran , la racine de l'Iris flambe , le suc des feuilles de l'Aloès-Succotrin , la racine du Poireau , celle de la Fraxinelle , l'Ambrosie , les feuilles de l'Estragon , la racine de l'Armoise , la Matricaire , le Cabaret , l'Arroche fétide , l'herbe et les feuilles de la Camphrée , le Souchet long , les feuilles du Noyer , celles de la Sabine , toutes les parties , la racine exceptée , de l'Oranger et du Citronier et enfin le Bois-Puant.

Emollientes. Les plantes Emollientes sont celles qui , par une humidité tempérée , aidée d'une chaleur douce , ramollissent les duretés , les tumeurs , les enflures , etc. , et relâchent les fibres trop tendues. On regarde comme Emollientes les Mauves ; la semence de Citrouille , l'herbe aux Puces , *Plantago Cynops* , le Gremil Officinal , le Cynoglose Officinal , les fleurs du Bouillon – Blanc , la grande Scrophulaire , la Linaire ou Lin sauvage , l'Acanthe-Brancursiue , la petite Chélidoine , la semence du Lin , la racine de l'Asphodèle jaune ; le Colchique , l'oignon de la Tulipe , la semence du Pois-Chiche , celle du Pois cultivé , le Mélilot-Lotier-Odorant , le Fenu Grec , les semences du Haricot , les feuilles de la Violette , le Seneçon , la Lampsane , la Poirée – Bette ; la Betterave , la Blette-Rouge , la Pariétaire , la farine de la semence dn Blé-Noir , ou Sarrasin , celle du Froment , du Seigle , de l'Orge , du Maïs-Blé-de-Turquie , les Epinards en décoction , les Mercuriales , les boutons du Peuplier noir mâle et femelle , la décoction de la racine et de l'écorce du Houx , et les fleurs du faux Accacia.

Emulsives. Les Emulsives sont des plantes qui contiennent une liqueur laiteuse qui les rend délayantes ,

(383)

rafraîchissantes et tempérantes : nous ne connoissons que la semence de la Coloquinte et l'amande de l'Abricotier qui soient douées de la vertu émulsive.

Errhines. Le mot Errhines désigne les plantes, ou les parties de plantes, qui opèrent une irritation sur la membrane pituitaire, et déterminent une évacuation par ses couloirs, en excitant, avec plus ou moins d'énergie, l'excrétion de l'humeur qu'elle sépare ; telles sont la Nicotiane ou Tabac, le Mouron, la racine fraîche du Pain-de-Pourceau, celle de l'Iris-Flambe, le Cabaret et les semences du Marronier d'Inde.

Etourdissantes. Nous comprenons ici, sous le dénomination d'Etourdissantes, lés plantes qui causent dans le cerveau quelqu'ébranlement qui trouble, qui suspend, en quelque sorte, les fonctions des sens : les feuilles de la Pomme épineuse produisent cet effet.

Expectorantes. Par cette épithète on désigne les plantes ou quelques-unes de leurs parties, qui ont la propriété de faire sortir, par les crachats, les humeurs nuisibles qui sont dans les poumons et dans la trachée-arthère. On estime Expectorantes les feuilles de la Bourrache et de la Buglosse, les tiges de la Morelle grimpante, le Lierre-Terrestre, l'Hyssope, la Cataire ou Herbe-au-Chat, les feuilles du Chou pommé blanc, l'Alliaire, le Vélar ou Tortelle, la racine du Raifort, la Masse-au-Bedeau, les stygmates du pistil du Safran, l'Eupatoire de Mésué, le Piment *Botrys*, l'herbe et les feuilles de la Camphrée et le fruit du Jujubier.

F.

Fébrifuges. Les Fébrifuges sont des plantes ou des parties de plantes auxquelles on accorde la vertu de guérir les fièvres : telles sont la grande Gentiane , la racine de la Gentiane-Croisette, le Ménianthe ou Trefle d'eau , les feuilles des grande et petite Pervenches , la petite Centaurée , la Toque , le Romarin , la Verveine Officinale , la Germandrée ou petit Chêne , le Scordium, les Sysimbres , l'herbe et la racine de la Chélidoine ou Eclaire , les feuilles de la Pirole , la semence de la Nielle toute épice , la Vermiculaire brûlante , la racine de la Bétoine , celle de la Quintefeuille , l'Argentine , le Chardon-Etoilé , le Chardon-Marie , la Bardane , les fleurs et les semences du Chardon bénit , les grande et petite Absynthes , les Camomilles commune , romaine et puante, l'écorce du Frêne, les feuilles du Noyer , le fruit des Cyprès mâle et femelle , l'écorce du Saule blanc , le fruit du Prunier , les feuilles du Pêcher et les Amandes amères.

Fondantes. On doit entendre par plantes Fondantes toutes celles qui divisent ou atténuent les humeurs du corps épaissies et les rendent propres à circuler. Nous ne connoissons de Fondantes que la Rue des jardins, la racine du Glayeul puant et la Camomille puante.

Fortifiantes. Sous l'épithète de plantes Fortifiantes, nous comprenons toutes celles qui , prises intérieurement ou appliquées extérieurement, peuvent augmenter le jeu et l'action des fibres et des organes. Quoique , sans doute , il y en ait de plusieurs espèces , nous ne connoissons que les fleurs du Rosier de Provins.

H.

Hémorrhoïdales. On donne cette épithète à certaines plantes qui passent pour être bonnes contre les hémorrhoïdes : on accorde cette vertu au suc de l'Aloès-Succotrin.

(385)

Hépatiques. Les plantes Hépatiques sont celles auxquelles les anciens, comme les modernes, ne balancent
pas d'accorder une utilité réelle dans le traitement des
maladies du foie, soit que ces maladies attaquent le tissu
vasculeux de ce viscère, soit qu'elles dépendent du vice
des liqueurs qui l'arrosent. Le Marrube blanc, l'Eupatoire, les feuilles et les racines du Pissenlit, la Chicorée
sauvage et la racine du Polypode sont réputés Hépatiques.

Hydragogues. On entend par Hydragogues les plantes
ou quelques-unes de leurs parties que l'on a reconnues
propres à évacuer les eaux accumulées, contre nature,
dans le corps, comme dans l'Hydropisie. Ce mot Hydra-
gogue est formée de deux mots grecs, dont le premier,
udor, signifie *eau*, et le second, *ago*, veut dire *je pousse*,
je chasse. Les Hydragogues sont la Soldanelle, l'Epurge,
la Coulevrée-Brione, la racine du Sceau-Notre-Dame, le
Concombre sauvage, la racine du Jalap ou Belle-de-
Nuit, les feuilles de la Gratiole, les racines de l'Iris-
Flambe, la semence de la Violette, les baies du Nerprun, et la seconde écorce du Sureau.

Hystériques. On a donné l'épithète d'Hystériques aux
plantes qui sont consacrées, comme remèdes, aux affections de la matrice, soit qu'ils procurent l'écoulement
menstruel, supprimé ou diminué, soit qu'ils aident la
sortie du fœtus et des vidanges: on croit encore que ces espèces de plantes, dont nous ne connoissons qu'un petit nombre,
sont propres à favoriser la conception. On donne cette
réputation à la Sarriette vraie, à la Cataire ou Herbe-
au-Chat, et à la Matricaire.

I.

Incisives. On doit entendre, par plantes Incisives;

25

celles qui ont la faculté de diviser les humeurs concrètes ou épaissies, et de les disposer, par là, à rentrer dans le torrent de la circulation, ou à être chassées du corps par quelque émonctoire. Un assez grand nombre de plantes sont réputées Incisives ; savoir, la Coulevrée - Brione, le fruit du Poivre de Guinée, la racine du Pied-de-Veau, la plante entière du Polygale vulgaire, le Marrube blanc, les feuilles du Calament, le Thym de Crète, le Serpolet, l'Hyssope, la Cataire ou Herbe-au-Chat, la Germandrée ou petit Chêne, le Thlaspi, la semence du Thlaspi à odeur d'ail, les Cressons alénois et cultivé, l'herbe aux Cuillers, *Cochlearia-Officinalis*, la grande Passerage, les feuilles du Chou pommé blanc, les fleurs du Giroflier ou Violier jaune, l'Alliaire, la Roquette de mer ou le Caquillier, le Vélar ou Tortelle, le Navet, la semence de la Nielle toute épice, la Pulsatile ou Coquelourde, la racine de la Filipendule, celle du *Meum*, le Cerfeuil commun, le Cerfeuil musqué, les racines et les semences de la Berce, le Sainfoin d'Espagne, les fleurs du Pied-de-Chat, l'Eupatoire de Mésué, le Piment *Botrys*, l'herbe et les feuilles de la Camphrée, le Perce-Mousse, les baies du Laurier, et toutes les parties, les feuilles exceptées, du Tamarix.

Incrassantes. L'efficacité de ces plantes est diamétralement opposée à celle des Incisives ; car celles-ci divisent les humeurs concrètes et épaissies, tandis que les Incrassantes, au contraire, épaississent le sang et les humeurs. Nous ne connoissons d'Incrassantes que la racine des Satyrions mâle et femelle.

Inflammatoires. Sous l'épithète d'Inflammatoires, on comprend les plantes, ou quelques-unes de leurs parties, qui sont capables de causer de l'inflammation : telles que l'écorce et la racine de la grande Esule et la semence du Ricin.

L.

Laxatives. Epithète qu'on donne aux plantes ou à leurs parties, qui lâchent légèrement le ventre : telles sont les Mauves, la racine de la Guimauve ordinaire, l'Alcée, les feuilles du Chou pommé blanc, la racine de la Réglisse ordinaire, la semence du Pois cultivé, celle de la Gesse, le Fenu Grec, la Poirée et la Betterave, les Epinards en décoction, les Mercuriales, le fruit et les feuilles du Cerisier, les Amandes douces et le fruit cru du Coignassier.

Lithontriptiques. Les Lithontriptiques sont des plantes que l'on croit douées de la vertu de briser la pierre dans les reins et dans la vessie : on dit la Perce-Pierre susceptible de cette propriété.

M.

Masticatoires. Les plantes Masticatoires sont une espèce d'apophlegmatisme par la bouche, ou de remède propre à exciter une évacuation par les glandes salivaires : de ce nombre sont les fleurs et les feuilles de la Lavande femelle, la semence de la Staphisaigre et le Souchet long.

Maturatives. Par cette épithète on désigne des plantes qui disposent l'humeur d'un abcès à se rassembler en un foyer et à suppurer. On compte parmi les Maturatives la racine de l'Asphodèle jaune, celle du Lis blanc, l'Oignon, la racine de l'Ail vulgaire et le Fenu Grec.

Modificatives. Les plantes Modificatives sont celles que l'on regarde comme très-propres à cicatriser promptement les plaies et les ulcères. Le Scordium, l'Eupatoire aquatique et les feuilles du buis sont réputées avoir cette vertu.

(388)

Mucilagineuses. On donne l'épithète de Mucilagineuses
à des plantes ou parties de plantes qui ont les qualités
des mucilages, c'est-à-dire, d'une liqueur épaisse et
gluante ; ces espèces de plantes sont utiles dans les maladies de poitrine : celles qui ont la propriété Mucilagi-
neuse sont la Corneille, la semence de la Terre-Noix,
celle du Lin, la racine de la Réglisse ordinaire, le Fenu
Grec, la graine du Froment, celle de l'Avoine et du Maïs
Blé-de-Turquie, les feuilles du Cétérac, le fruit du Caroubier, celui de l'If, l'écorce et les feuilles de l'Orme et
les semences du Coignassier.

N.

Narcotiques. On donne l'épithète de Narcotique à toute
substance simple ou composée qui provoque le sommeil ;
mais on entend surtout par ce mot les somnifères les plus
actifs ; tels que ceux qui se tirent de l'écorce de la Mandragore, de la Belladone, des feuilles de la Pomme épineuse, des feuilles et des fruits du Pavot des jardins, de
la racine du Nénuphar blanc *Nymphæa*, de la grande
Ciguë et du Chanvre mâle et femelle. Ces remèdes ne peuvent opérer leur effet, sans produire sur les nerfs une
espèce de stupeur qui émousse le sentiment. On ne doit
donc y avoir recours qu'avec la plus grande réserve, puisqu'ils diffèrent peu de ce qu'on appelle *poison*, agissant
avec la plus grande promptitude, quoique donnés en
petite quantité.

Nauséeuses. On appelle plantes Nauséeuses celles dont
l'odeur ou le goût désagréables occasionnent des envies de
vomir : telles que la racine de la Rhubarbe, celle du Concombre sauvage, celle du Jalap ou Belle-de-Nuit, les
grande et petite Ciguës, le Colchique, la bulbe de la

(389)

Squille, la racine de la Jacée des prés, celle du Cabaret,
les feuilles de l'If, les baies du Houx, les semences du
Marronier d'Inde, le fruit du Fusin , les feuilles et les
follicules du Séné, les feuilles du Baguenaudier à vessies,
ainsi que celles de l'Emérus ou Séné bâtard.

O.

Odontalgiques. L'Odontalgie est une douleur de dents
aiguë, violente et insupportable. Les remèdes, que nous
ne croyons que palliatifs de cette maladie , sont le suc
ou le lait de la grande Esule, la racine du grand Persil
de montagne et le suc des feuilles du Peuplier blanc mâle et
femelle , que pour cette raison on a nommées plantes Odontalgiques.

Ophtalmiques. Les plantes Ophtalmiques sont des remèdes destinés à guérir les maladies des yeux et à fortifier
la vue. C'est sous cette dénomination que les anciens les
ont connues ; cependant, à prendre ce mot strictement,
il ne devroit s'entendre que des plantes qui sont principalement destinées, comme médicamens, contre l'Ophtal-
mie, qui est une inflammation ou rougeur de la conjonc-
tive , quelquefois avec tumeur ardente ot un écoulement de
larmes, et quelquefois sans l'un et l'autre. Les plantes, ou
parties de plantes, réputées Ophtalmiques , sont donc les
fleurs de l'Eufraise , celles du Bluet-Obifoin, l'eau dis-
tillée de la Bruyère et les semences du Guainier.

P.

Pectorales. Les plantes Pectorales sont celles qui sont
considérées comme des remèdes salutaires dans les maladies de la poitrine : la Pulmonaire , la Cynoglosse-

Officinale , les fleurs du Coquelicot , la racine du Sálsifix , le fruit du Caroubier , celui du Châtaignier et le suc de l'Erable blanc sont réputés avoir cette vertu.

Purgatives. C'est le nom que portent certaines plantes qui , prises comme remèdes par la bouche, procurent des évacuations par les selles. Tout le monde sait que ces médicamens diffèrent entr'eux par le degré ou l'intensité de leur action purgative ; c'est pourquoi nous avons divisé les plantes qui sont douées de cette vertu en Purgatives douces et en Purgatives violentes , et ces dernières ne doivent être mises en usage que dans des cas graves.

Purgatives douces. Ce sont le Grand Lizeron , la Soldanelle , la racine de Rhubarbe, le suc de la Scamomée-de-Montpellier , les racines et les feuilles du Pigamou jaune , la racine de la Sanicle femelle , le Lin purgatif, les Hermodactes, le suc des feuilles de l'Aloès-Succotrin , la bulbe de la Squille , la racine de la Patience , la semence des Arroches, les feuilles du Buis , la résine du sapin, les feuilles et la seconde écorce du Sureau , les baies et les graines de l'Yéble , les semences du Marronier d'Inde , les feuilles et les follicules du Séné , la pulpe de la Case , le Tamarin , les fleurs du Pêcher, les feuilles du Rosier de Provins , celles du Rosier sauvage, et les fleurs du Genêt d'Espagne.

Purgatives violentes. L'écorce de la Mandragore, l'Epurge, l'écorce et la racine de la grande Esule , l'Apocin-Ouette, la Coulevrée-Brione , le Concombre sauvage, la Nicotiane ou Tabac , la racine du Jalap ou Belle-de-Nuit , la Lobélie , la racine fraîche du Pain-de-Pourceau , les feuilles de la Gratiole , l'herbe et la racine de la Chélidoine ou Eclair, les feuilles des Hellébores noir et vert, le Souci des marais , la Clématite , le suc de la racine du Raisin d'Amérique , la semence de la Staphisaigre , la ra-

cine de l'Eupatoire , le Cartame ou Safran bâtard , le
Turbith blanc , le Cabaret , la semence du Ricin , le suc
de la racine fraîche du Noyer , les baies du Nerprun ,
celles du Houx , les feuilles du Laurier rose, l'écorce
moyenne de la racine de l'Yéble , les baies du Laurier
thym , l'écorce intérieure de la Bourgène , les baies du
Lierre , la Camelée , le fruit du Fusin , la semence du
Genêt des teinturiers, les feuilles et les semences du Baguenaudier à vessies , et celles de l'Emérus ou *Séné bâtard*.

R.

Rafraîchissantes. Epithète qu'on donne à tous les
remèdes qui éteignent la trop grande chaleur du corps et
calment l'agitation des humeurs et l'érétisme des fibres.
Plusieurs plantes sont réputées avoir ces vertus : de ce
nombre sont le Mélinet, l'Alleluia à fleurs jaunes , les
feuilles du Nombril-de-Vénus , la Pomme-de-Merveille,
le Concombre ordinaire , la semence de la Mache ou
Blanchette, la Morelle à fruit noir , appliquée extérieurement , encore doit-on en excepter la racine , le Coqueret-
Alkékange, le Pourpier , la Morgeline , la racine du Nénuphar blanc , *Nymphæa* , les feuilles des grande et
petite Joubarbes , la racine de l'Orpin reprise , le fruit du
Fraisier , la Luzerne , la fleur de la Violette , la racine
de l'Ancolie vulgaire , le Seneçon , la Lampsane , les
feuilles des Oseilles des prés et de la Ronde, les Arroches,
le Bon-Henri , la Blette rouge , la farine de la semence
du Blé noir on Sarrasin , celle de l'orge ou de l'avoine,
la racine du Chiendent , le Raisin de mer , les feuilles du
Hêtre , le fruit du Mûrier noir , les feuilles et les chatons du Saule blanc , la poudre de la semence de l'Agnus-
Castus , les feuilles et les baies de la Viorne , les baies de

l'Airelle ou Myrtille , les baies et semences du Sumac , le fruit du Micoucoulier , celui de l'Epine – Vinette , celui de la Ronce, ainsi que celui du Prunier , l'amande de l'Abricotier , la chair du fruit du Pêcher , le fruit du Cerisier , celui du Pommier , le suc du fruit du Grenadier , les fruits du Groselier à grappes rouges, du Cornouillier , de l'Azerolier et du Gaînier.

Répercussives. On donne ce nom à des plantes, ou à quelques – unes de leurs parties , dont la vertu est de détourner ou de repousser une humeur qui commence à aborder une partie , afin qu'elle n'y forme point de tumeur en y affluant trop abondamment. Ces plantes ont aussi la vertu de chasser d'une partie l'humeur qui s'y est fixée , et de la déterminer à se porter ailleurs ; telles sont la Morelle à fruit noir, appliquée extérieurement et sans racine , la Menthe frisée , l'Ambrosie, extérieurement , les feuilles de l'Herbe-à-Coton, l'Auréole mâle , les feuilles de l'Estragon , les fleurs du Sureau , le fruit du Prunelier , les feuilles du Rosier de Provins et celles du Rosier sauvage.

Résolutives. Par cette épithète on désigne les plantes qui ont la vertu de détourner les humeurs des parties où elles sont fixées, et de les appeler vers des parties différentes et quelquefois opposées. Les plantes douées de cette vertu sont les feuilles de la Mandragore, le grand Lizeron , le suc de la Scamomée de Montpellier , la racine du Sceau-Notre-Dame , la Croisette velue , le Ménianthe-Trefle-d'eau , la Nicotiane ou Tabac , la Jusquiame , les feuilles de la Pomme épineuse , l'Héliotrope ou Herbe-aux-Verrues , les tiges seulement de la Morelle grimpante , les feuilles de la Pomme-de-terre , la racine fraîche du Pain-de-Pourceau , celle de l'Aristoloche ronde , la grande Scrophulaire , la Linaire ou Lin sauvage , la ra-

(393)

cine du Polygale , l'Ormin , l'Orval , les feuilles du Calamant , le Romarin , le Thym-de-Crête , le Serpolet ,
l'Origan sauvage , la Marjolaine commune , la Verveine
Officinale , la Bugle , le Thlaspi , l'herbe et la racine de
la Chélidoine ou Eclair , le Raisin-de-Renard , le Pavot
cornu , le Mille-Pertuis vulgaire , l'Ascyrum , la Rue
des jardins , la semence de la Nielle tonte épice , la racine
de l'Orpin reprise , les feuilles du Raisin d'Amérique ,
celles du Persil commun , les grande et petite Ciguës , le
Fenouil commun , la semence du Séséli de Marseille , la
Livèche , le Cerfeuil , l'Anet , le Fenouil-Queue-de-Pourceau , le Laser , la Saponaire-Officinale , la semence du
Pois-Chiche , la farine de la Lentille , le Sainfoin ordinaire , la farine de la Fève de Marais , la semence du
Lupin blanc , celle de l'Orobe printanier , la farine de la
Vesse , le Mélilot-Latier-Odorant , les semences du Haricot , le Réséda , la grande Capucine , les feuilles du
petit Glouteron , l'Ambrosie extérieurement , le Chardon
hémorrhoïdal , la racine du Pétasite , l'Aurone mâle , la
Menthe-Coq , la racine de l'Enule-Campane , les fleurs
et les feuilles de la Paquerette-petite-Margueritte , les
Camomilles romaine et commune , le Mille-Feuille ,
l'Herbe à éternuer , l'Eupatoire-de-Mésué , extérieurement , le Cabaret , les feuilles des Oseilles des prés et
ronde , le Piment *Botrys* , le Poivre d'eau , la farine dé
la semence du Blé noir ou Sarrasin , celle du Froment ,
du Seigle et de l'Avoine , le Chanvre mâle et femelle ,
le Houblon , l'écorce et les feuilles de l'Aune , les feuilles
du Bouleau , les baies du Genièvre , les feuilles et les
baies du Laurier , la décoction de la racine et de l'écorce
du Houx , les feuilles et les sommités de l'Agnus-Castus ,
extérieurement , les feuilles du Laurier rose , les fleurs du
Sureau , l'écorce et les feuilles du Poivre du Pérou , les

racines du Lierre , le fruit du Fusin , celui du Prunelier et les feuilles du Bois puant.

S.

Savoneuses. On entend par plantes Savoneuses celles qui semblent approcher, par leur nature, de celle du savon, c'est-à-dire, être une composition de substance saline et huileuse ; elles doivent être conséquemment douées des mêmes propriétés que lui ; or le savon étant un des principaux apéritifs et incisifs, et par là même très-propre contre les obstructions du foie et des autres viscères , il s'en suit donc que le Ménianthe-Trefle-d'eau , qui est la seule plante savoneuse que nous connoissons , doit être propre contre les obstructions du foie.

Sialogogues ou *Salivantes.* Ce sont des plantes qui donnent un mouvement violent aux liqueurs lymphatiques et salivaires , et les font sortir par la bouche ; telles sont le Mouron, les Sauges et la semence en poudre de la Moutarde.

Sternutatoires. On donne ce nom à toutes les plantes ou à leurs parties, qui excitent l'éternuement : la membrane pituitaire qui tapisse l'intérieur des narrines est tellement susceptible d'irritation, à cause des ramifications du nerf olfactif qui rampent sur toute sa surface , qu'aucun corps ne sauroit la toucher sans produire cet effet. Mais les Sternutatoires par excellence sont l'Orvale, les Sauges, les fleurs et les feuilles de la Lavande femelle, la Marjolaine commune , la Bétoine , le Basilic, les Cressons alénois et cultivé , la semence en poudre de la Moutarde, la racine de l'Hellébore blanc, la semence de la Staphisaigre , l'Eupatoire aquatique , l'Herbe à éternuer *Achillea Ptarmica* , les feuilles du Laurier rose et les semences du Marronier d'Inde.

Stimulantes. Les plantes stimulantes sont des remèdes âcres, irritans, dont l'énergie est très-considérable : elles sont indiquées dans tous les cas où l'atonie de nos fibres est trop grande, et où la viscosité de nos humeurs obstrue nos vaisseaux, au point d'empêcher leur oscillation. Nous ne connoissons qu'un petit nombre de plantes Stimulantes ; savoir, l'Orvale et les Orties grande et romaine appliquées extérieurement.

Stomachiques. C'est l'épithète que portent les plantes qui sont propres aux maladies particulières de l'estomac. On donne encore ce nom à celles de ces plantes qui fortifient l'estomac et facilitent, par là, la digestion. De ce nombre sont la grande Gentiane, la racine de la Gentiane-Croisette, celle de la Rhubarbe, la petite Centaurée, les feuilles des Véroniques mâles des prés et en épi, l'Ormin, l'Orvale, les Sauges, la Toque, la Menthe frisée, les feuilles des Menthes aquatique et sauvage, le Thym de Crète, le Serpolet, la Sarriette des jardins et celle de Crète, l'Hyssope, le Basilic, le Marrube blanc, les feuilles du Calamant, la racine et les feuilles de la Roquette des jardins, la semence de l'Ammi, celle de l'Anis, celle du Carvi, le Fenouil commun, la semence du Séséli de Marseille, la racine du *Meum*, la Livèche, la semence de la Coriandre, la racine de l'Impératoire, l'Angélique, l'Anet, le Laser, les stygmates du pistil du Safran, le suc des feuilles de l'Aloès-Succotrin, la racine du Jonc odorant, la liqueur du Mélianthe, la racine de la grande Centaurée, les grande et petite Absynthes, l'Aurone mâle, les feuilles de l'Estragon, la Garderobe, la Tanaisie, la Menthe-Coq, les feuilles et les racines du Pissenlit, la racine du Salsifix, celle de l'Enule-Campane, la Matricaire, les Camomilles commune et romaine, l'Herbe-à-Eternuer, l'Eupatoire-de-Mésué, la racine de la Carline, celle de la Patience et de la Parelle, les feuilles du Pourpier de mer, le Piment *Botrys*, l'Ambrosie-Thé-du-Mexique, le Souchet long, le Houblon, les bourgeons du Sapin, les baies du Genièvre, celles du Laurier, du Poivrier du Pérou, toutes les parties, la racine exceptée, de l'Oranger et du Citronier, les Amandes amères, le fruit cru du Coignassier, celui du Rosier sauvage et les feuilles ainsi que les fruits du Groselier à fruit noir.

Stupéfiantes. On désigne par cette épithète les plantes ou leurs parties qui engourdissent et diminuent le sentiment. Nous ne connoissons d'autres plantes qui soient reconnues avoir cette propriété que le Houblon.

Sudorifiques. Par cette dénomination on désigne les plantes qui provoquent la sueur. Celles qui sont réputées avoir cette propriété sont les tiges de la Morelle grimpante, la racine du Polygale vulgaire, le Pouliot, la Marjolaine commune, la Germandrée ou petit Chêne, la Reine des prés, la racine de la Bétoine, celle du Séléri des jardins, le Fenouil commun, la racine du *Meum*, la Livèche, la racine de l'Impératoire, le Galiga Rue-de-Chèvre, le Chardon-Marie, les fleurs et la semence du Chardon-Bénit, la racine du Pétasite, les Scabieuses des prés et des bois, les têtes et les racines du Chardon-Bonnetier, la racine de la Carline, l'herbe et les feuilles de la Camphrée, le Perce-Mousse, les feuilles du Buis et les chatons du Noyer.

T.

Tempérantes. On appelle plantes Tempérantes celles qui ont la vertu de modérer l'érétisme des solides et de calmer l'effervescence des fluides : elles sont très-propres à éteindre une chaleur contre nature ; elles sont conséquemment très - utiles dans les fièvres comme dans les inflammations. De ce nombre sont l'Alléluia à fleurs jaunes, la semence de la Citrouille, la racine de la Buglosse ordinaire, en décoction; la Morgeline et le Pois-de-Merveille.

Toniques. Par l'épithète de Toniques, on entend, en médecine, les plantes qui, soit qu'elles soient appliquées extérieurement, soit qu'elles soient prises intérieurement, sont capables de fortifier, c'est-à-dire, de maintenir, de rétablir ou d'augmenter le ton ou tension naturelle, soit du système général des solides, soit de quelque organe en particulier : ces plantes sont la grande Gentiane, la racine de la Rhubarbe, le Ménianthe-Tréfle-d'eau, la petite Centaurée, les feuilles de la Véronique mâle, de celle des prés et de celle en épi, les Sauges, la Menthe frisée, le Romarin, la Marjolaiue commune, la Bétoine, la Germandrée ou petit Chêne, les fleurs et les semeuces du Chardon-Bénit, l'Aurone mâle, la racine de l'Enule-Campane et les baies du Poivre du Pérou.

Vénéneuses. Vénéneux se dit de tout ce qui a des qualités nuisibles aux êtres vivans; c'est la même chose que Vénimeux ; mais on se sert particulièrement de la première dénomination pour désigner la qualité d'une substance inanimée. Ainsi les plantes Vénéneuses sont la Jusquiame, l'Atrope, la Morelle noire, la Pomme-d'Amour, l'Herbe de Saint – Christophe, la petite Ciguë, l'OEnanté aquatique, l'oignon de la Couronne Impériale, la semence de la Staphisagre, le fruit de l'Azédarac et celui du Fusin, lorsque ces plantes sont prises intérieurement.

V.

Vermifuges. Les plantes Vermifuges sont celles qui font

mourir les vers et les chassent hors du corps. Celles qui ont cette vertu sont la grande Gentiane , la Coulevrée-Brionne , la petite Centaurée , la racine fraîche du Pain-de-Pourceau , les feuilles de la Gratiole , la Menthe frisée , le Marrube blanc , la Germandrée ou petit Chêne , le Scordium , la semence du Chou - Pommé blanc , les Sisymbres , le Mille - Pertuis vulgaire , l'Ascyrum , la semence de la Nielle toute épice , le suc des feuilles de l'Aloès-Succotrin , la racine de l'Ail vulgaire , celle de la Fraxinelle , le Seneçon , les grande et petite Absynthes , l'Aurone mâle , la Garde-Robe , le Tanaisie , la semence de la Menthe-Coq , la racine de l'Enule-Campane , la Matricaire , les Camomilles romaine , commune et puante , la racine de la Carline , la semence du Ricin appliquée sur l'estomac , la racine des Fougères mâle et femelle , le Capillaire de Montpellier , les feuilles du Noyer , celle de la Sabine , l'écorce et la racine du Mûrier noir , toutes les parties , les racines exceptées , de l'Oranger et du Citronier , les fleurs du Pêcher , et la semence du Poirier.

Vertigineuses. La Belladone , qui est reconnue avoir cette propriété malfaisante , lorsqu'elle a été prise intérieurement , fait que le malade qu'elle affecte semble voir les objets tourner et croit tourner lui-même : ses yeux s'obscurcissent et se couvrent de nuages ; il éprouve des palpitations de cœur , qui sont souvent les avant-coureurs de la mort.

Vésicatoires. Ce sont , en général , les remèdes qui ont la propriété de faire élever sur la peau des ampoules ou des vessies pleines de sérosité , et de procurer un écoulement aux humeurs qui auroient de la disposition à se fixer. L'écorce et la racine de la grande Esule , la semence en poudre de la Moutarde , et l'écorce du Garou sont reconnues avoir cette vertu.

(399)

Vomitives. Les plantes Vomitives ou Emétiques sont celles qui font vomir : telles que la Spigélie anthelmintique, la Lobélie, la Vermiculaire brûlante, les Hermodactes, la bulbe de la Squille et les semences du Bois puant.

Vulnéraires. C'est l'épithète que l'on donne aux plantes, ou à quelques-unes de leurs parties, qui sont propres à la guérison des plaies ou des ulcères. Il y en a un grand nombre, parmi lesquelles nous signalons la racine du Sceau-de-Salomon, les feuilles du Laurier alexandrin, les grand et petit Lizerons, les feuilles du Dompte − Venin, la Pomme-de-Merveille, la Croisette velue, la Nicotiane ou Tabac, les feuilles des grande et petite Pervenches, celles de l'Oreille − d'Ours, celles de la Primevère, les Plantins, la Pulmonaire, la grande Consoude, la Cyno-glosse-Officinale, la Dentelaire ou Herbe-au-Cancer, la Corneille, la Nummulaire, le Mouron, les feuilles de la Véronique mâle des prés et de celle en épi, le Bécabunga, la Saxifrage dorée, la Pimprenelle, l'Aristoloche − Clématite, les fleurs et les feuilles de la Digitale pourprée, les feuilles de la Scrophulaire aquatique, le Mufle-de-Veau, le *Phlomis − Fructicosa*, l'Ormin, la Brunelle, les fleurs de l'Archangélique ou Ortie blanche, la Moldavique, l'Ortie morte des bois, celle à fleurs jaunes, la Moluque ou Mélisse des Moluques, la Menthe frisée, les feuilles de la Crapaudine *Sideritis Hirsuta*, celles de la Mélisse des bois, le Lierre terrestre, la Verveine-Officinale, la Bétoine, la Bugle, l'Herbe-de-Sainte-Barbe, les Sisymbres, les feuilles du Ciste-Hélianthême, la Saxifrage ronde ou le *Geum*, la Salicaire vulgaire, le Mille-Pertuis vulgaire, l'Ascyrum, les feuilles de la Pirole, celles de l'Orpin reprise, la Reine − des − Prés, les feuilles du Bec-de-Gruë-Sanguin, l'Herbe-à-Robert, les

racines du Pigamon jaune , le Souci des marais , la Pulsatille ou Coquelourde , l'Hépatique des jardins , la racine de la Quinte-Feuille , celle de la Tormentille , l'Argentine , l'Aigremoine , l'Herbe-aux-Anes , le petit Laurier rose , les feuilles du Persil commun , les racines du
Carvi , la Perce-Feuille ou Oreille – de – Lièvre , l'Angélique , la racine du Peigne-de-Vénus , l'Ecuelle d'Eau
extérieurement , la Saponaire-Officinale , la Statice-Gazon
d'Espagne , le Béhen rouge , la Vulnéraire rustique , le
Fer-à-Cheval vivace et l'annuel , le Sainfoin d'Espagne
extérieurement , le Tréfle – Triolet des prés , la Double-
Feuille , le Chardon – Etoilé , la Sarrette , la racine de la
grande Centaurée , la Bardane , la racine du Pétasite ,
l'Immortelle jaune , la Conise , la racine de l'Armoise extérieurement , l'Atanaisie , la Menthe-Coq , la Scabieuse
des bois , la Piloselle , la Pulmonaire des Français , la
Cupidone extérieurement , la Verge-d'Or , la Jacobée , les
fleurs et les feuilles de la Paquerette-petite-Marguerite ,
la grande Marguerite , la Mille-Feuille , l'Eupatoire de
Mésué extérieurement , l'Herbe – aux – Panaris , la racine
du Pied-de-Lion , la Persicaire , la Renouée - Traînasse ,
la grande Bistorte , la moëlle de la racine de l'Osmonde ,
la Langue-de-Serpent intérieurement et extérieurement ,
l'Hépatique des fontaines , les feuilles du Frêne , la racine
du Térébinthe , celle du Sapin , du Mélesse , l'écorce et
les feuilles de l'Aune , les feuilles du Plantane-d'Orient ,
la racine du Baumier extérieurement , la liqueur contenue
dans les vessies de l'Orme , le suc exprimé du Chèvre-
Feuille , les feuilles du *Spiræa – Opulifolia* , et celles du
Rosier de Provins , comme celles du Rosier sauvage.

**FIN DU TABLEAU ALPHABÉTIQUE DES VERTUS MÉDICINALES
DES PLANTES.**

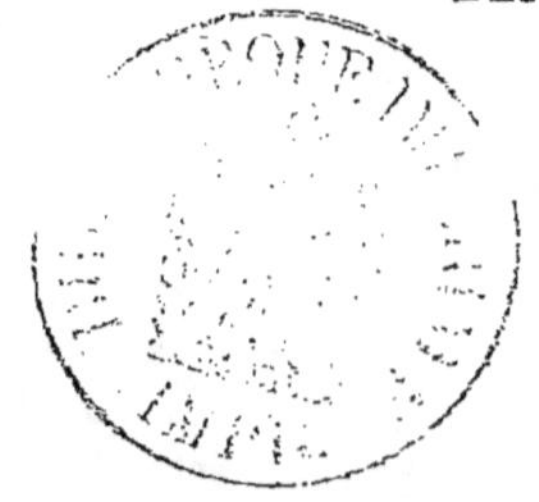

TABLE.

(1) L'étendue de cette Table des matières, quant aux méthodes botaniques, ne pourroit manquer de paroître ridiculement prolixe, si je laissois ignorer que je ne l'ai faite ainsi que dans l'intention de fournir aux jeunes élèves les moyens de se rappeler, dans un instant, à la mémoire, les caractères des classes, des ordres ou des sections de chacun des systèmes que j'ai exposés dans cet ouvrage.

PREMIÈRE DIVISION.

PLANTES ACOTYLÉDONES,

dont l'embryon est nu et dépourvu de lobes. *id.*

SECONDE DIVISION.

PLANTES MONOCOTYLÉDONES,

dont l'embryon de la graine est composé d'une radicule, d'une plumule et d'un seul cotylédon. *id.*

FIN DE LA TABLE DES MATIÈRES.

EXPLICATION DES FIGURES.

PLANCHE Iere.

Fig. I. — A, semence *aigrettée*, ou couronnée d'un grand nombre de filamens, comme dans celle du *pissenlit*. Cette première aigrette est *simple*; c'est-à-dire, que chaque filet qui la compose n'a ni divisions, ni appendices quelconques; elle est *pédiculée*, c'est-à-dire, portée sur un prolongement de la semence. B, deux semences *réunies*, *striées* ou *sillonées*, c'est-à-dire, marquées de raies étroites, serrées et peu profondes; *crénelées*, c'est-à-dire, garnies sur leurs bords d'espèces de dents arrondies : elles sont couronnées par les débris du calice. C, semence *aigrettée*, à aigrette simple et *sessile*; c'est-à-dire, que l'aigrette repose immédiatement sur la semence. D, semence membraneuse, *ailée des deux côtés opposés*; c'est-à-dire, pourvue, de chaque côté, d'une membrane assez légère pour être emportée par le vent. E, semence *étoilée*. F, semence *ailée d'un seul côté*, ou qui n'est pourvue que d'une seule membrane légère, tendant aux mêmes fins que celle qui est munie de deux ailes. G, semence *échinée*, ou hérissée de pointes, à peu près semblables à celles qui recouvrent cette espèce de coquille, à laquelle les Conchyliologistes ont donné les noms d'*oursin*, d'*hérisson* et de *châtaigne-de-mer*. H, semence aigrettée, à aigrette *plumeuse*; c'est-à-dire, dont chaque filets principaux, d'abord simples, sont ensuite garnis, de chaque côté, par d'autres petits filets disposés à peu près comme les barbes d'une plume. L'aigrette, dans cette espèce de semence, est aussi pédiculée. (1)

Fig. II. — Graine d'un haricot qui commence à germer. A, la *radicule* ou la partie inférieure de la plantule, destinée à s'enfoncer dans la terre et y devenir la racine. B, la *plumule*, ou la partie supérieure de la plantule, qui, en s'élevant vers le ciel, deviendra la tige du végétal. C, les *cotylédons*, ou espèces de lobes, dont la substance, réduite en une sorte de bouillie laiteuse par l'humidité de la terre, est à la plante une espèce de mamelle destinée à allaiter sa première enfance. D, portion du *testa*, ou de la membrane qui sert de première enveloppe à la graine.

Fig. III. — Graine d'un haricot, ouverte pour montrer la structure d'un embryon à deux cotylédons. A, *radicule*. B, *plumule*. C, C, *cotylédons*. On voit, dans cette semence ouverte, les *vaisseaux nourriciers*, dont les ramifications viennent aboutir, en A, à la radicule.

Fig. IV. — Autre graine d'un haricot qui germe, dont la *plumule courbée*, A, commence à s'étendre et à se développer, ainsi que la

---

(1) Je n'ai dessiné et fait graver qu'un petit nombre d'espèces de semences de feuilles et d'autres parties de végétaux, dans la crainte qu'en multipliant les gravures, je ne fisse trop hausser le prix de ces Élémens. Les jeunes élèves qui désireront acquérir, sur ces différentes parties, les connoissances dont je n'ai donné qu'une esquisse, ne pourront mieux faire que de consulter le dictionnaire de *Philibert*, dans lequel ce savant distingué a fait graver avec soin toutes les parties des végétaux.

radicule B. C, C, sont les deux *cotylédons* qui sont encore appliqués l'un contre l'autre, par leur surface intérieure, et qui n'adhèrent entr'eux que par le seul point D.

Fig. V. — Racine *rameuse*, ou racine qui donne naissance à de petits rameaux qui affectent différentes directions dans la terre, comme
celles des arbres.

Fig. VI. — Racine *tubéreuse palmée*. Cette racine est ainsi nommée
à raison de sa division en plusieurs lobes, qui imitent en quelques
sorte une main ouverte, comme dans quelques espèces d'*orchis*.

Fig. VII. — Racine *en chapelet*, ou racine tubéreuse formée de
nœuds distans les uns des autres, et réunis les uns aux autres par de
petits filets. Telle est celle de la *filipendule*.

Fig. VIII. — Racine *chevelue* ou *fibreuse*. C'est une espèce de racine simple, qui, sans aucune espèce de divisions, présente une
multitude de racines menues et fibreuses, comme dans le *lin ordinaire*.

Fig. IX. — Racine *pivotante* ou *fusiforme*. C'est celle qui, ayant la
forme d'un fuseau, descend perpendiculairement dans la terre,
comme la *rave* et la *carotte*.

Fig. X. — Racine *scrotiforme* ou *didyme*. C'est une racine tubéreuse, dans laquelle on remarque deux tubercules presqu'arrondis,
très-rapprochés l'un de l'autre, et adhérens entr'eux par leur sommet, comme dans quelques espèces d'*orchis*.

Fig. XI. — Racine *fasciculée*, en partie grumeleuse. Cette espèce
est aussi une racine tubéreuse, dont un grand nombre des portions
réunies partent d'un centre commun en s'alongeant, comme une
botte de raves. Telle est celle de l'*asphodèle*.

Fig. XII. — Racine *entièrement grumeleuse*, ou formée de la réunion de plusieurs grumeaux, ou d'un certain nombre de petites
portions grumeleuses adhérentes entr'elles, comme dans la *renoncule*.

Fig. XIII. — Racine *articulée*, *écailleuse* et *horizontale*. On désigne sous le nom d'*articulée*, la racine qui, de distance en distance,
présente des nœuds ou des articulations; d'*écailleuse*, celle qui est
recouverte d'espèces d'écailles; enfin, d'*horizontale*, celle qui, sous
terre, suit une direction parallèle à l'horizon.

Fig. XIV. — Racine *tubéreuse tronquée*. Celle-ci est en masse
charnue et épaisse, qui paroît comme rongée; elle porte, de distance en distance, des nœuds ou articulations, comme dans la *mos-
catelline*.

Fig. XV. — Racine *horizontale*, *rampante*, *stolonifère*. On désigne sous ces noms différens les racines qui tracent, en rampant, à
la surface de la terre, et qui produisent çà et là des rejets enra-
cinés, comme le *fraisier*.

Fig. XVI. — Autre racine *horizontale rampante*.

Fig. XVII. — Racine *tubéreuse*. Cette racine consiste dans un
corps charnu, solide, ordinairement arrondi, des nœuds de laquelle
partent de petites racines fibreuses, comme dans la *pomme-de-terre*.

(413)

Fig. XVIII. — Racine *tubéreuse tronquée*. Quoique cette racine ait l'air d'avoir été tronquée par sa base, elle n'en est pas moins naturellement conformée ainsi : telle est celle du *topinambour*.

Fig. XIX. — Racine *bulbeuse*. Celle-ci, que l'on appelle encore *bulbe* ou *oignon*, est un corps tendre, succulent, ordinairement rond, composé de plusieurs *tuniques* qui se recouvrent les unes les autres A. Cette racine est terminée inférieurement par une *portion charnue* B, d'où partent de petites racines fibreuses : telle est celle de la *jacinthe*.

Fig. XX. — Bulbe *prolifère*. Cette épithète annonce que cette bulbe a donné naissance à d'autres *bulbes* A, semblables à elle, et qui, dans la suite, en produiront elles-mêmes de pareilles. B, *portion charnue*.

Fig. XXI. — Bulbe coupée horizontalement. Cette racine, comme on le voit, est entièrement composée de *tuniques concentriques* A ; comme dans l'*oignon ordinaire*. B, est une *ex-croissance charnue* d'où partent toutes les fibres radicales.

Fig. XXII. — Racine *ligneuse, succulente*, ou d'une consistance analogue à celle du bois, renfermant une espèce de mucilage sucré : telle est celle de la *réglisse*.

Fig. XXIII. — A, *tige d'herbe*, telle que celle du *verâtre noir*. B, *tige proprement dite* d'un arbrisseau, telle que celle du *nerprun*.

Fig. XXIV. — Fleur *sessile*, ou qui repose immédiatement sur sa racine, comme le *muguet des bois*.

Fig. XXV. — Tronc d'arbre coupé horizontalement, dans lequel on distingue la *moëlle* A, les *couches corticales* ou le *liber* B, ainsi que l'*écorce* C. D, est la *division du tronc* qui donne naissance à une branche.

Fig. XXVI. — Hampe, ou tige sans feuilles, *uniflore*, ou qui ne porte qu'une seule fleur : elle est sessile ou, ce qui est la même chose, elle s'élève immédiatement du collet de la racine.

Fig. XXVII. — A, est un *épi de seigle*. B, est une *tige de graminée*, nommée *chaume*.

PLANCHE II.

Fig. I. — Tige du *lizeron*, qui est une plante susceptible de s'entortiller autour des corps qui l'avoisinent, d'où on lui a donné le nom de *volubile*.

Fig. II. — A, deux *vrilles* partant du même point, dont l'une, B, se roule sur elle-même, et l'autre, C, s'entortille autour d'un corps étranger. D, est une de ces plantes qui s'accrochent à tous les corps qui se trouvent dans leur voisinage, au moyen de leurs *vrilles*.

Fig. III. — A, *aiguillons* simples courbés en dehors. B, *aiguillons* simples fléchis en dedans. C, *aiguillons* géminés ou doubles, aussi courbés en dedans. D, *aiguillons* ternés ou triples, également tournés en dedans.

Fig. IV. — A , *épines* simples. B , *épines* ramifiées.

Fig. V. — A , *bouton à bois* ou à feuilles, renfermant l'une et l'autre ces deux productions que le printemps fait éclore : sa forme est, de toutes celles des autres boutons, la plus alongée. B , *bouton mixte*, c'est-à-dire, contenant en même temps les rudimens des fleurs et ceux des feuilles ; il est d'une forme plus grêle que celle du suivant. C , *bouton à fleurs et à fruits* ; il est plus court et plus épais que le précédent ; il est aussi communément plus tendre et plus obtus à son sommet.

Fig. VI. — A , *lame* ou superficie la plus large d'une feuille développée. B , *pétiole*, ou partie de la plante qui soutient les feuilles, et que l'on nomme vulgairement la queue. C , feuilles *sessiles*, ou qui partent immédiatement de la tige sans pétiole, et qui sont en même temps amplexicaules ; c'est-à-dire qu'elles embrassent la tige par leur base. D , feuilles *raméales*, ou qui appartiennent à des rameaux.

Fig. VII. — Feuilles *géminées*, distinctes, opposées, denticulées en scie et portées sur un pétiole commun. B , feuilles *ternées*, également denticulées en scie, dont le même pétiole porte trois folioles, comme dans le *trèfle*. C et D sont les *pétioles* de ces feuilles.

Fig. VIII. — A , B , C , D , feuilles *opposées*, ou qui sont placées, sur la tige , vis-à-vis l'une de l'autre, en partant de deux points diamétralement en opposition. E , F , G , H , feuilles *alternes* : ce sont celles qui, étant opposées l'une à l'autre, s'élèvent l'une après l'autre comme des degrés.

Fig. IX. — A , feuilles *verticillées* : ce sont celles qui sont disposées , en forme d'anneau, autour d'une branche, comme dans la *garance*. B , feuilles *imbriquées* : on nomme ainsi les feuilles qui se recouvrent les unes les autres, à peu près comme les écailles des poissons. C , feuilles *fasciculées*, *distiques* et *linéaires* ; les *fasciculées* sont celles qui, partant plusieurs ensemble, d'un même point, forment un petit faisceau ; les *distiques* sont celles qui naissent sur tous les points de la tige et qui se rejettent sur les côtés, comme celles du *pin* ; les *linéaires* sont celles que l'on ne nomme ainsi que parce qu'elles sont presque égales dans toute leur longueur, et toujours menues.

Fig. X. — A et B , feuilles *caulinaires* : ce sont celles qui sont attachées à la tige. C , feuilles *éparses* : ce sont celles qui sont placées çà et là, et sans ordre, sur la tige.

Fig. XI. — Feuilles *peltées* ou en parassol : ce sont celles dont le pétiole ou la queue s'implante dans leur milieu, sans cependant les perforer. A , est une de ces feuilles vue en dessous, et B , en est une autre vue en dessus.

Fig. XII. — A , feuille *perforée*, ou qui est traversée par la tige. B , feuille *engaînante*, ou qui embrasse la tige, par sa base qui est alongée.

Fig. XIII. — A , feuilles *connées* ou conjointes : ce sont deux feuilles opposées, tellement réunies ensemble par leur base, qu'elles paroissent n'en formr qu'une seule. B , feuille *ovale renversée*, ou dont la longueur surpasse la largeur, et qui est arrondie à son sommet.

Fig. XIV. — A , feuille *elliptique* ou ovale : on nomme ainsi celles dont la longueur surpasse la largeur , et qui sont arrondies à leur sommet et à leur base. B, feuille *lancéolée* , dont la largeur diminue insensiblement de la base à la pointe; ce en quoi elle ressemble à un fer de lance.

Fig. XV. — A , feuille *orbiculaire* , échancrée à sa base. B, feuille *entièrement orbiculaire* , ou qui est aussi longue que large , et arrondie.

Fig. XVI. — A , feuille *lunulée* ou en croissant; cette feuille, qui est d'abord presque orbiculaire, est creusée à sa base, qui offre deux pointes, une de chaque côté et une troisième à son sommet. B, feuille *réniforme* , ou qui a la forme d'un rein.

Fig. XVII. — A , feuille *en doloire* : cette espèce de feuille, qui tire son nom de la ressemblance qui se trouve entr'elle et un instrument dont les tonneliers font usage , est cylindrique dans sa partie inférieure, et va en s'élargissant insensiblement vers son sommet; elle est d'ailleurs épaisse d'un côté, et amincie comme un tranchant de l'autre. B, feuille *ponctuée, petiolée , cordiforme* et à *sommet obtus*. On nomme ponctuée une feuille dont la surface est parsemée de petits points nombreux , creux et quelquefois transparens ; pétiolée , celle qui est pourvue d'une queue ; cordiforme , celle dont la base est arrondie sur les bords , et qui est sensiblement creusée dans son milieu ; enfin, à sommet obtus, celle dont le sommet est un peu arrondi.

Fig. XVIII. — A , feuille *sagittée en cœur ;* c'est celle qui est triangulaire , un peu arrondie à son sommet , et profondément échancrée à sa base. B , feuille *triangulaire* ou *deltoïde , tricuspidée ;* cette espèce de feuille se nomme triangulaire ou deltoïde (ce sont deux mots qui sont ici synonymes , ou qui signifient la même chose), parce qu'elle est remarquable par trois angles saillans ; tricuspidée, parce qu'elle est terminée par trois pointes un peu roides. C , feuille *sagittée* et comme *mucronée ;* la feuille sagittée est en fer de lance ; on la dit mucronée, parce que son sommet est terminé en pointe piquante.

Fig. XIX. — A , feuille *trilobée ;* une feuille trilobée est celle qui est à trois lobes, qui sont plus ou moins profondément échancrés, et plus ou moins marqués , suivant les différentes espèces de plantes. B, feuille *hastée ;* la feuille hastée, ou en fer de pique , est celle qui est triangulaire et échancrée à sa base, de manière que les échancrures se trouvent être parallèles au plan de position.

Fig. XX. — A, feuille *quinquéfide* ou *quinquélobée ;* c'est celle qui est partagée en cinq lobes, comme on nomme *quadrilobée,* B , celle qui l'est en quatre.

Fig. XXI. — A, feuille *digitée* ou composée de cinq folioles, qui tirent leur origine du même point du pétiole. B , feuille *palmée ;* c'est celle qui est divisée en lobes profonds , tous réunis à leur base, et qui imitent les doigts d'une main ouverte.

Fig. XXII. — A , feuille *échancrée* et comme *rongée* , ou qui présente sur ses bords des entailles et des sinus quelquefois profonds, qui sont de forme et de grandeur différentes. **B**, feuille *plissée* a sept lobes peu profonds et denticulés.

Fig. XXIII. — **A**, feuille *ondée* ou *ondulée*. On nomme ainsi celle dont les bords s'élèvent et s'abaissent alternativement, de manière à y former des dents obtuses. **B**, feuille *crépue* ; c'est celle dont la circonférence se trouvant plus grande que le disque, est forcée de se contracter en replis nombreux et comme chiffonnés : celle-ci est à neuf lobes arrondis, peu profonds et denticulés.

Fig. XXIV. — **A**, feuille *sinuée dentée* et *crénelée* : on nomme une feuille *sinuée*, celle dont les côtés sont echancrés d'une manière arrondie et très-ouverte ; *dentée*, celle dont les bords sont garnis de pointes horizontales et séparées les unes des autres ; *crénelée*, celle qui est garnie sur ses bords de dents arrondies. **B**, feuille *sinuée*, *multilobée* : on appelle *multilobée* une feuille qui est formée de plusieurs lobes.

Fig. XXV. — **A**, feuille *lancéolée*, *dentée en scie* : on dit d'une feuille qu'elle est lancéolée, lorsqu'elle diminue insensiblement en largeur de la base au sommet ; on la dit dentée en scie, ou *serrée*, lorsque ses bords sont garnis de petites dents aiguës, tournées vers le sommet. **B**, feuille *ovale*, dentée finement et régulièrement en scie.

Fig. XXVI. — **A**, feuille *arrondie*, *ovale* et *doublement dentée* ; elle est dite doublement dentée, lorsque les dents de ses bords sont elles mêmes dentées. **B**, feuille *arrondie*, *ovale* et *dentée simplement*.

Fig. XXVII. — **A**, feuille *ovale*, *pointue*, *trinervée*, ou qui présente sur sa surface trois nervures saillantes, qui partent de la base pour s'élever vers le sommet, sans se ramifier. **B**, feuille *ovale*, *mucronée* : on donne cette dernière dénomination aux feuilles dont le sommet se termine en une pointe aiguë.

Fig. XXVIII. — **A**, feuille *ovale*, *alongée*, dentée en scie et mucronée. **B**, feuille *en cœur*, finement *denticulée en scie*.

Fig. XXIX. — **A**, feuille *panduriforme*, échancrée ou sinuée sur ses côtés, à sinus obtus : on est convenu de donner le nom de panduriformes (en forme de violon) aux feuilles oblongues, dont la base s'élargit, et qui se rétrécissent ensuite dans leurs flancs. **B**, feuille en *cœur renversé* : cette feuille, qui est ovale, diffère de celle en cœur proprement dite, en ce qu'au lieu d'avoir, comme elle, sa base arrondie sur ses côtés, et fortement creusée dans son milieu, elle a, au contraire, sa base étroite, et les bords de son sommet élargis, taillés en rond sur les côtés, et creusés dans leur milieu.

Fig. XXX. — **A**, feuille en lyre ou *lyrée*. On nomme feuille *lyrée*, celle dont les bords sont découpés en lobes, dont les plus voisins de la base sont les plus petits, et qui vont en augmentant en largeur, à mesure qu'ils approchent du sommet qui se termine en un seul qui est sensiblement plus large que les autres. **B**, feuille *ellyptique*, *ovale* et *crénelée*. Ellyptique ou ovale sont ici deux mots synonymes ; ainsi, une feuille de cette forme est celle qui est plus longue que large, et qui est arrondie à ses extrémités.

(417)

PLANCHE III.

Fig. I. — A , feuille partagée en sept lobes. B , feuilles *sagittées* , embrassantes , alternes et sessiles : on sait qu'une feuille sagittée est celle qui est triangulaire et échancrée à sa base; nous avons expliqué dans la planche précédente les feuilles embrassantes ou amplexicaules , ainsi que les alternes et les sessiles.

Fig. II. — A , feuille *hastée à double oreillette.* On nomme feuille hastée celle qui, étant d'abord triangulaire et échancrée à sa base , a ses échancrures un peu saillantes en dehors. B , feuille *runcinée ;* on appelle ainsi les feuilles en lyre ou lyrées, qui ont le sommet de leurs lobes pointu , et fléchi vers la base de la feuille.

Fig. III. — Feuille divisée en cinq parties *laciniées ,* ou , ce qui est la même chose , découpées en lanières.

Fig. IV. — A , feuille *cunéiforme* ou en forme de coin ; *sinnée ,* c'est-à-dire , marquée de plusieurs échancrures arrondies et très-ouvertes. B , feuille *spatulée* et *oreillée :* on nomme spatulée une feuille qui est arrondie à son sommet , qui est sensiblement plus large que sa base ; on la dit oreillée, lorsque cette même base présente deux oreillettes ou appendices, C , D , qui paroissent séparés du corps de la feuille.

Fig. V. — A , feuilles *cylindriques* et *fistuleuses ;* la cylindrique est celle qui est parfaitement ronde dens toute sa longueur ; la fistuleuse est celle qui est creuse ou vide dans son centre. B , feuille *triangulaire , sagittée* et *rongée ;* on dit d'une feuille qu'elle est triangulaire, lorsque l'ensemble de sa surface présente trois angles saillans ; sagittée , lorsqu'etant triangulaire , elle offre une base échancrée : ce qui lui imprime la forme d'un fer de flèche ; rongée , lorsque l'on aperçoit sur ses bords des sinus de forme et de grandeur différentes.

Fig. VI. — A , feuille *pennée sans impaire :* lorsqu'un pétiole porte de chaque côté plusieurs folioles , on dit , dans ce cas , que la feuille est pennée ou ailée, ce qui est la même chose ; et quand ce pétiole n'est terminé par aucune production , alors on dit que la feuille est ailée ou pennée sans impaire. B , feuille *pennatiforme avec interruption :* c'est ainsi qu'on nomme une feuille dont les folioles placées de chaque côté du pétiole , ont entr'elles d'autres folioles sensiblement plus petites , qui interrompent la série régulière des premières

Fig. VII. — A , feuille *pennée avec impaire ;* c'est-à-dire , qu'elle est terminée par une seule foliole. B , feuille à quatre folioles ovales et dentées en scie.

Fig. VIII. — A , feuille *pennée , sans impaire , à folioles alternes ;* on sait que les folioles, de même que les feuilles, sont dites alternes , lorsque leur disposition est telle sur le pétiole commun qui les porte , qu'elles y sont placées alternativement , et de distance en distance , comme des espèces d'échelons. B , feuille à neuf folioles *digitées ;* on a donné l'épithète de digitées aux feuilles comme aux folioles qui , par leur arrangement , ainsi que par leur longueur respective , ont quelque ressemblance avec les doigts d'une main ouverte.

27

Fig. IX. — A, feuille *pennée* à folioles alternes avec une impaire.
B . feuille à cinq folioles ovales, *renversées* et dentées en scie : les
feuilles et les folioles sont dites renversées, lorsque leur face, qui
doit regarder le ciel, est tournée vers la terre, et *vice versâ,* quand
celle qui doit être tournée vers la terre regarde le ciel.

Fig. X. — A, feuille *pennée* à folioles opposées, *rongées et terminées par une ou plusieurs vrilles :* on a donné le nom de *rongées*
aux feuilles, de même qu'aux folioles dont les bords paroissent
avoir été rongés par quelques insectes ; on les dit terminées par une
vrille, lorsqu'au lieu de l'être par une foliole, elles le sont par une
ou plusieurs de ces productions filamenteuses. B, feuille à huit folioles *lancéolées,* ou dont la largeur diminue insensiblement vers le
sommet, dentées en scie, et disposées en pédale ou en couronne.

Fig. XI. — A, feuille à deux folioles opposées, lancéolées, à *stipules.* C, D, *sagittées,* et à pétiole prolongé en vrille. On sait que
les stipules sont des productions membraneuses, foliacées, qui se
trouvent placées sur la tige au point où les feuilles prennent naissance ; lorsqu'elles ont la forme d'un fer de flèche, on dit qu'elles
sont sagittées. B, tige ailée, articulée, avec des feuilles sessiles, E,
aux articulations.

Fig. XII. — A, stipules *latérales,* C, D, E, F ; on appelle stipules
et feuilles latérales, celles de ces productions qui ont leur point
d'insertion sur les côtés de la tige ou des rameaux. B, stipules *intermédiaires,* G, H ; on dit des stipules qu'elles sont *intermédiaires,*
lorsque les feuilles entre lesquelles elles se trouvent placées, sont
opposées, et lorsqu'elles-mêmes, étant aussi opposées, coupent la
direction de ces feuilles en angle droit.

Fig. XIII. — A, feuilles *biternées,* ou dont le pétiole commun se
partage en se divisant en trois pétioles, qui portent chacun une foliole en cœur, et qui sont terminées par une impaire. B, feuille à
six folioles *pennées,* ou qui porte de chaque côté de son pétiole trois
folioles sans impaire ; et dans ce cas ce pétiole est dit ailé.

Fig. XIV. — A, feuilles *bipinnatiformes* à folioles inégales : on
nomme ainsi les feuilles qui sont composées de deux rangs de folioles, disposées de chaque côté d'un support commun, sur lequel
elles sont sessiles, et presque toujours de grandeur inégale. B, feuilles
triternées, ou dont le pétiole se divise en trois autres pétioles, dont
chacun est encore sous-divisé en trois, qui portent chacun une foliole
ovale et aigue.

Fig. XV. — A, feuilles *décomposées.* B, feuilles *tripennati-
formes* et comme découpées à leur bord.

Fig. XVI. — Feuilles *bipinnées,* sans impaire : les feuilles *bipinnées* sont celles qui sont attachées sur et de chaque côté d'un pétiole
commun par un petit pétiole particulier, sur lequel sont insérées les
folioles qui y sont disposées en manière d'ailes, d'où elles ont pris
aussi la dénomination de feuilles deux fois ailées.

Fig. XVII. — Feuilles *tripinnées :* c'est ainsi que l'on est convenu
de nommer les feuilles dont les seconds pétioles, au lieu de porter
les folioles, se divisent eux-mêmes en d'autres pétioles, sur lesquels
seulement les folioles sont attachées.

PLANCHE IV.

Fig. I. — A , B , C , sont des *pédoncules simples* , ou des pédoncules qui ne se divisent point, et qui ne portent qu'une seule fleur. D et E sont des *pédoncules composés* , ou qui se partagent pour se ramifier en plusieurs autres pédoncules simples , dont chacun prend le nom de *pédoncule partiel* ou de *pédicelle*.

Fig. II. — A, B, C, D, sont des *bractées* : on appelle de ce nom de petites feuilles qui sont placées dans le voisinage des fleurs , et qui diffèrent des autres feuilles de la plante qui les porte , en ce qu'outre qu'elles ont ordinairement une autre forme , c'est que toujours elles sont placées dans le voisinage de la fleur , dont elles empruntent les nuances de sa couleur.

Fig. III. — A , *involucre* ou *colerette universelle* : on nomme ainsi la réunion circulaire de plusieurs petites feuilles (souvent ce n'est qu'une seule feuille) qui entourent le point d'où partent, en divergeant, les pédoncules des fleurs *ombellifères*. B , est l'*involucelle* ou *colerette partielle* , qui entoure la base des petits rayons , dans les mêmes *ombellifères*.

Fig. IV. — A. On voit, sous l'indication de cette lettre , une *spathe* , qui est une espèce de feuille , comme membraneuse et sèche, qui recouvre et enveloppé les fleurs de plusieurs *liliacées* , avant qu'elles ne soient épanouies , comme dans la *jonquille* , le *Narcisse* , etc.

Fig. V. — A , B , C , D , E , sont des *calices* ou *périantes* : on désigne sous ces noms l'enveloppe la plus extérieure des fleurs; elle environne les pétales, ainsi que les parties de la fructification ; quoique sa couleur la plus ordinaire soit le vert, néanmoins, dans plusieurs espèces de fleurs , elle est teinte d'une autre couleur, et quelquefois assez vivement. Le *calice* , de quelque couleur qu'il soit, est produit par le prolongement de l'écorce du pédoncule , qui s'épanouit pour le former.

Fig. VI. — A , *sphathe* monophylle ou d'une seule pièce qui entoure les parties de la fructification d'une fleur d'*arum*. B , *spadice* , ou assemblage des étamines et des pistils , réunis autour d'un axe commun.

Fig. VII. — A , B , C , sont des fleurs du saule , appelées *amentacées* ou *à chatons* , qui sont disposées autour et le long d'un axe mou et pliant. Ces fleurs, ordinairement unisexuelles, sont nommées *incomplètes* pour cette raison.

Fig. VIII. — Le *cône* : les Botanistes donnent ce nom au fruit de la plupart des arbres résineux, que l'on nomme vulgairement *pomme de pin*. C'est une espèce de péricarpe qui est composé d'écailles de nature ligneuse , qui sont appliquées en recouvrement les unes sur les autres , et dont la base est fixée autour d'un axe commun.

Fig. IX. — La *grappe* La grappe est une espèce de panicule plus ou moins serrée , qui est toujours dans une situation perpendiculaire , de haut en bas , comme la *groseille*, l'*épine-vinette* , etc.

(420)

Fig. X. — La *thyrse*. Quoique la thyrse soit formée d'un axe commun , comme la grappe et l'épi , elle diffère néanmoins de l'une et de l'autre , en ce que cet axe est garni , dans toute sa longueur , de pédoncules ramifiés qui portent chacun une fleur , et dont l'ensemble forme des groupes redressés , comme dans le *lilas commun*.

Fig. XI. — La *panicule* : on distingue facilement la panicule par ses fleurs éparses , placées sur des pédoncules divisés et sous-divisés d'une manière diverse , comme dans le *riz*.

Fig. XII. — Le *corymbe* ; cette inflorescence se distingue par la disposition des fleurs , qui est telle , que les pédoncules , quelle que soit leur longueur , s'élèvent tous à la même hauteur , et forment un plan dont le sommet est presque toujours arrondi , comme dans le *mille-feuille*.

Fig. XIII. — L'*ombelle*. La divergeance de plusieurs pédoncules partant d'un même point , et non ramifiés de certaines plantes , à la manière , à peu près , des branches d'un parassol , lorsqu'il est ouvert , se nomme *ombelle* L'ensemble de toutes ces pédoncules , A , porte le nom d'*ombelle générale* , et celui des petits rayons , B , qui partent de l'extrémité de chacun des premiers pédoncules , s'appelle *ombelle partielle*, comme dans l'*angélique*.

Fig. XIV. — La *cyme* : c'est la réunion de plusieurs pédoncules , qui , partant d'une même point , se divisent en trois , quatre , etc. , et s'élèvent à des hauteurs inégales , comme dans le *sureau* , l'*yèble* , etc.

Fig. XV. — Le *verticille*. On nomme *verticille* la disposition d'un certain nombre de fleurs autour d'une tige , en forme d'anneau , comme dans l'*ortie blanche*.

Fig. XVI. — Les *fleurs en tête* ; elles consistent dans la réunion de plusieurs fleurs groupées en tête , comme dans l'*échinope commun* , l'*artichaut* , etc. Quoique celles de la plante représentée ici soient plus écartées que celles de l'*artichaut* , elles n'en sont pas moins pour cela des *fleurs en tête*.

PLANCHE V.

Fig. I. — Corolle *polypétale du rhododendrum*. Une corolle *polypétale* est celle qui est composée de plusieurs pétales séparés les uns des autres , de manière que l'on peut les détacher les uns après les autres du lieu de leur insertion , sans déchirer la corolle : celle qui est représentée ici est développée de manière à laisser voir toutes les parties de la fructification. A , sont les *étamines* , ou les parties mâles , et B est le *pistil* , ou la partie femelle.

Fig. II. — A , est une corolle du *lizeron* , qui est *monopétale* , ou , ce qui est la même chose , formée d'une pièce unique , dans laquelle , s'il se trouve des divisions , elles ne sont point prolongées jusqu'à la base de cette corolle , de sorte qu'on peut l'enlever toute entière du lieu de son insertion. B , est une corolle de la même plante , qui est extraite de son calice , et dans laquelle on distingue le limbe ou le

(421)

sommet B. Sa partie notée C , est le tube ou le tuyau , et celle marquée D , en est l'*entrée* ou le fond.

Fig. III. — Corolle d'*œillet* , qui est *polypétale* , ou formée de la réunion de plusieurs pétales dans un seul et même calice. A , est un pétale extrait et séparé de cette même corolle. B , est le *limbe* ou le sommet de ce pétale ; C, en est le *corps* , et D, l'*onglet*.

Fig. IV — A , est la fleur d'une *tulipe* , et B , est celle d'un *lis*. On a réuni , dans un même encâdrement , ces deux fleurs , comme étant les plus propres a offrir à la vue les parties de la fructification. On a détaché de la tulipe A , tous les pétales ou feuilles coloriées 1 , 2 , 3 , 4 et 5 , afin de laisser à découvert , dans son centre , cette espèce de colonne verte , C , qui est le *pistil* , ainsi que les six autres D , qui l'entourent , et qui sont les *étamines*. Chacune de ces six colonnes , que nous avons notées F , dans le lis , se termine en une pointe aigue , notée E , dans la fleur de la tulipe ; cette pointe enfile dans son milieu l'*anthère* G , qui consiste en une espèce de petit sac membraneux renfermant le *pollen* , ou poussière fécondante , qui , dans le *lis* , est marqué H. On a donné le nom de *stygmate* au sommet I , du *pistil* C , dont la base L , que l'on appelle l'*ovaire* , repose sur le *placenta* K ; on nomme *style* le corps du pistil M.

Fig. V. — Cette figure offre les formes diverses des *étamines* et des *pistils* ; dix-neuf numéros représentent différentes espèces d'*étamines* , et les dix suivans offrent des pistils. 1 , Etamine à anthère globuleuse. 2 , Etamine à anthère globuleuse et à filet velu. 3 , Etamine à anthère alongée et sillonnée. 4 , Etamine à anthère en cœur. 5 , Etamine à anthère réniforme. 6 , étamine à anthère adhérente, par sa surface inférieure , à un filet qui est dilaté à sa base. 7 , Etamine à anthère latérale. 8 , Etamine à anthère pendante , et attachée à un filet courbé à son sommet. 9 , Etamine à anthère didyme , ou à deux anthères qui ont une insertion commune. 10 , Etamine à anthère bifide , ou fenduc à ses deux extrémités. 11 , Etamine à anthère arrondie à sa base , et divisée en pointe à son sommet. 12 , Etamine à filet coudé , et à anthères didymes et globuleuses. 13 , Etamine à anthère prismatique , à quatre sillons. 14 , Etamine à anthère bifurquée , ou formant la fourche à son sommet. 15 , Etamine à anthère bifurquée à son sommet , et bifide à sa base. 16 , Etamine à anthère sagittée ou triangulaire et échancrée à sa base. 17 , Etamines à deux rangs concentriques. 18 , Etamines diadelphes , ou réunies en deux corps par leurs filets. 19 , Etamines triadelphes , ou réunies en trois corps par leurs filets.

Fig. ead. — Les *pistils*. 1 , Pistil à stygmate arrondi , à style court et à ovaire globuleux. 2 , Pistil à style court , à trois divisions et à ovaire ovale. 3 , Pistil à ovaire didyme , ou ayant une insertion commune , et doublement arrondi. 4 , Pistil à stygmate pétaliforme ou en forme de pétale. 5 , Pistil à ovaire triangulaire , et à stygmate sessile à trois lobes. 6 , Demi-fleuron à ovaire avorté. 7 , Demifleuron hermaphrodite. 8 , Pistil d'un fleuron , séparé des étamines et du périanthe (espèce de calice.) 9 , Demi-fleuron femelle. 10 , Demifleuron mâle.

Fig. VI. — A , *noix* ou noyau du fruit du prunier. B , enveloppe *pulpeuse* de cette noix.

Fig. VII. — A , *follicules* ou *péricarpes* secs formés d'une seule pièce, qui sont fermés, parce qu'ils n'ont point encore atteint leur degré de maturité. B , *follicule* qui , parvenue à sa maturation , s'est fendue longitudinalement d'un seul côté, et laisse apercevoir les semences qu'elle renferme : ces semences, qui se recouvrent les unes les autres, sont ordinairement velues.

Fig. VIII. — *Légumes* ou *gousses* à deux valves alongées ; à deux sutures opposées, A , B , portant leurs semences , C , D , attachées alternativement à l'une et à l'autre valves.

Fig. IX. — A et B , *siliques* proprement dites, dont le caractère qui les distingue des *silicules* consiste en ce qu'elles ont beaucoup plus de longueur que de largeur , tandis que les *silicules* ont au moins autant de largeur que de longueur. C , *silicule* en cœur renversé. D , *silicule* triangulaire ouverte et échancrée à son sommet. E , *silicule* ailée , et marquée d'un sinus profond à son sommet. F , *silicule* globuleuse. G , *silicule* ovale et aigue.

Fig. X. — *Cocque* de hêtre , montrant son fruit A à découvert.

Fig. XI. — *Drupes* , ou enveloppes succulentes et charnues qui renferment, dans leur intérieur , un noyau dur et ligneux , comme la *cerise* A , et la *cornouille* B. On voit , en C , une *cornouille* ouverte , qui laisse voir son noyau D , et son enveloppe succulente E.

Fig. XII. — A , *grappe de groseille* ; on donne le nom de *grappe* aux fleurs comme aux fruits , qui , étant pédonculés, adhèrent à un filet commun qui leur sert d'axe ; on nomme ces sortes de *fruits* , B , B , *baies*. C , C , sont les deux *baies* ou fruits de l'atrope *Belladone*, dont une est ouverte pour laisser voir l'arrangement des semences. D , est une *baie* du *fraisier*. E , poire coupée perpendiculairement, afin que l'on distingue les alvéoles F , dans lesquels étoient renfermés les pépins I. G , pomme coupée horizontalement, pour montrer les séparations cartilagineuses qui contiennent les semences ou pépins.

PLANCHE VII.

Fig. I. — *Fleurs campaniformes*. A , corolle en cloche du *lizeron*. B , corolle en grelot du *muguet de mai*. C , corolle campaniforme du *melon* , évasée et partagée , ou divisée jusqu'auprès du calice. D , corolle en bassin de la *campanule gantelée*.

Fig. II. — *Fleurs infundibuliformes* , ou en forme d'entonnoir. A , corolle du *tabac*. B , corolle de la *corneille* , ou lysimachie vulgaire.

Fig. III. — *Fleurs personnées*. A , corolle d'*arum* ou pied-de-veau. B , corolle d'*aristoloche clématite*. C , corolle de *bignone*.

Fig. IV. — *Fleurs labiées*. A , corolle du *lamion blanc* , vulgairement *ortie blanche*. B , corolle de la *lavande commune* , grossie.

Fig. V. — *Fleurs cruciformes*. A , corolle de la *lunaire annuelle*. B , corolle du *giroflier de murailles*.

(423)

Fig. VI. — *Fleurs rosacées.* A , corolle de coquelicot. B , corolle de *fraisier.*

Fig. VII. — *Fleur ombellifère.* Corolle de l'*angélique des jardins.*

Fig. VIII. — *Fleur caryophillée.* Corolle d'*œillet.*

Fig. IX. — *Fleurs liliacées.* A , corolle de la *colchique d'automne.* B , corolle du *lis martagon.*

Fig. X. — *Fleur papillionacée.* Corolle du *lotier.*

Fig. XI. — *Fleur anomale.* Corolle de la *grande capucine.*

Fig. XII. — *Fleur flosculeuse.* Corolle du *bluet.*

Fig. XIII. — *Fleurs semi-flosculeuses.* A et B , corolles de *chico-racées.*

Fig. XIV. — *Fleur radiée.* Corolle du *souci.*

Fig. XV. — *Fleurs à étamines.* A , *maïs cultivé.* B , tête de *houblon.*

Fig. XVI. — *Apétales sans fleurs.* A , *polypode commun.* B , *fougère aquiline.* C , *capillaire à feuilles de coriandre.*

Fig. XVII. — A , *champignon.* B , *mousses* en fleur et en semence.

Fig. XVIII. — Branche du *frêne* commun en fleur.

Fig. XIX. — Branche de *chêne* en fleur.

Fig. XX. — A , branche d'*orme* en fleur. B , une fleur séparée et grossie.

Fig. XXI. — Branche du *fustet* en fleurs et en semences.

Fig. XXII. — Branche du *genêt à balets* en fleurs.

PLANCHE VII.

Cette planche VIIe. paroît suffisamment expliquée dans les détails que l'on en trouve à l'article de la *formation d'un jardin de botanique*, ci-devant pag. 339.

PLANCHE VIII.

Fig. I. — Est un montant en bois de chêne, tourné, et haut de deux pieds et demi hors de terre ; sa partie inférieure, A , après avoir été passée au feu pour la préserver de la pourriture, s'enfonce en terre , à dix-huit pouces de profondeur au moins, et jusqu'au collet B. Ce montant est couronné par une planche , C , D , qui a deux pieds de longueur sur six pouces de largeur ; l'un et l'autre sont peints de plusieurs couches de couleur grise à l'huile. Cette planche est un peu inclinée sur son montant, soit pour l'écoulement des eaux de la pluie, soit pour faciliter la lecture de l'écriteau qu'il porte en gros caractères peints en noir, qui indiquent le nom et l'ordre numérique de la classe, en tête de laquelle ce montant est placé.

Fig. II. — Modèle des étiquettes en faïence, (on peut les faire en tolle peinte à l'huile) que l'on place en avant de chaque plante, et qui indique la classe, l'ordre ou la section de *Tournefort*, de *Linné* et de *Jussieu*, en même temps les noms latin et français de cette plante. On donne à chacune de ces plaques trois pouces de surface en longueur, sur deux un quart de largeur.

Fig. III. — A, modèle des petits tenons en cartes ou en papier fort, que l'on emploie pour assujétir les plantes, lorsqu'elles sont parfaitement desséchées, sur chaque feuille de papier. B, est un de ces tenons, dont les espèces de lances de chaque extrémité sont ployées sur elles-mêmes, afin qu'elles passent facilement à travers de la petite entaille que l'on a faite dans la feuille de papier, de chaque côté de la partie de la plante que l'on désire assujétir.

Fig. IV. — A, sont les lances des tenons redressés au *verso* de la feuille.

Fig. V. — Est une feuille de papier blanc, ou d'un gris-bleu céleste, entourée d'un petit encâdrement, (A) qui concourt à la proprété et à l'élégance de l'herbier, et qui ne diminue rien de son utilité. La plante, (B) figurée sur cette feuile, est le *muguet de mai*, qui y est assujéti, après sa parfaite dessication, au moyen des tenons, (C) dont on voit au *verso* de la figure IV les petites lances A, qui, par suite de leur déploiement, ne peuvent plus sortir des petites entailles de cette feuille.

Au haut de la feuille, (fig. V) on écrit, en gros caractères, le nom français, vulgaire de la plante, suivant TOURNEFORT; la section de la méthode de cet auteur; les signes de convention qui indiquent la durée de la vie de la plante. Plus bas, la classe et l'ordre de LINNÉ, et enfin la classe et l'ordre de JUSSIEU.

Au bas de la plante on en inscrit le signalement, tel qu'il est ici représenté, et lorsque l'espace n'est pas suffisant pour toute la description, on la continue sur le *verso*, comme on le voit à la fig. IV.

C'est de cette manière que l'on se forme un herbier de luxe, en même temps qu'il est fort instructif.

FIN DE L'EXPLICATION DES FIGURES.

A Paris, de l'Imprimerie d'A. ÉGRON. — 1805.

ADDITION à faire à l'explication de la planche *VIII.*,
page 424, et qui est relative aux fig. *IV* et *V* (1).

Le *Muguet* de mai est une fleur monopétale, campaniforme, en grelot, découpée en six segmens repliés, sans calice ; sa tige, qui est une hampe, est nue et s'élève à un demi-pied ; elle porte plusieurs fleurs disposées en grappe, rangées d'un seul côté et de couleur blanche : le fruit qui leur succède est sphérique, mou, rouge, et rempli d'une pulpe qui contient trois semences dures.

Cette plante, qui croît dans les bois, est vivace ; elle fleurit à la fin de mai ; elle n'a ordinairement que deux feuilles ovales, lancéolées, radicales et amplexicaules par leur base ; sa racine est ligneuse, horizontale, traçante et noueuse.

Ses fleurs ont une odeur pénétrante, très-agréable, et d'une saveur un peu amère ; elles sont aromatiques, anti-spasmodiques, et tiennent le premier rang parmi les céphaliques ; on en distille une eau simple.

Le *Muguet* est de l'*hexandrie*, classe VI de Linné, parce que sa corolle renferme six étamines, d'égale longueur, et qui sont libres entr'elles : il est du premier ordre de cette classe, de la *Monogynie*, parce que chacune de ces fleurs ne contient qu'un seul pistil.

Le *Muguet*, enfin, est du deuxième ordre de la III*e*. classe de Jussieu, de celle des *Monocotylédones*, parce que ses étamines sont *périgynes*, et ses fleurs *hermaphrodites*, et enfin parce que l'embryon de sa graine est composé d'une radicule, d'une plumule et d'un seul lobe ou cotylédon.

---

(1) On avoit essayé de graver, au bas de la plante représentée figure V. sa description ; et de là continuer sur le *verso*, fig. IV. lorsqu'il ne se trouva pas suffisamment d'espace entre la plante et le bas de la première feuille, ainsi que l'auteur le pratique pour son Herbier ; mais cette multitude de lettres presque imperceptibles y produisoit une confusion désagréable, qui a fait préférer de placer ici cette description que l'on a donnée pour modèle de celles de toutes les plantes d'un Herbier.

Fautes d'impression à corriger avant la lecture.

Page	Ligne	Au lieu de	Lisez
7	4 du chap.	auxquels	auxquelles
14	8 de la note	sissure	fissure
35	13	les uns	les unes
39	17	la plante	la feuille
44	*dern.*	Oouette	Ouate
76	3	les uns et comme	les uns comme
77	9	à terre	à la terre
197	4	niotage	nictage
241	2	les mâles on	les mâles ont
261	17	n'appartenoit pas	n'appartient pas
277	1	Trufle	Truffe
Ead.	*dern.*	l'acrostique	l'acrostic
279	17	Rostère	Zostère
291	7	l'Argusier	l'Argousier
Ead.	21	Stratiote	Struthiote
292	12	Mogori	Mongori
301	20	Bronale	Brovalle
Ead.	22	Luduigue	Ludwige
Ead.	*Id.*	Gauta	Gaura
302	16	l'Allise	l'Ellise
304	12	Sisame	Sésame
314	15	l'Oranthe	l'Hortense
319	9	Baccone	Boccone
320	3	l'Alysse	l'Alysson
325	14	Milochie	Mélochie
Ead.	16	Gnarume	Guazume
333	24	Parkinset	Parkinsone
Ead.	*dern.*	l'Aspalet	l'Aspalathe
334	6	Couragon	Caragan
Ead.	11	Copan	Copaier
Ead.	20	Manglier	Manguier
Ead.	23	l'Aynante	l'Aylante
336	14	Xylaphylle	Xylophylle
Ead.	15	Déléchamp	d'Aléchamp

Planche 1ere
Fig. 1. H. F. E. C. A. D. B. G.
Fig. 2. D. C. B. A.
Fig. 3. C. B. A. C.
Fig. 4. A. B. C. C.
Fig. 5.
Fig. 6.
Fig. 7.
Fig. 8.
Fig. 9.
Fig. 10.
Fig. 11.
Fig. 12.
Fig. 13.
Fig. 14.
Fig. 15.
Fig. 16.
Fig. 17.
Fig. 18. A.
Fig. 19. A. B.
Fig. 20. A A A A A A B.
Fig. 21. A A A A A A B.
Fig. 22.
Fig. 23. A. B.
Fig. 24.
Fig. 25. A B C D.
Fig. 26.
Fig. 27. A. B.
Gerardin delin.
Delvaux fils sculpsit

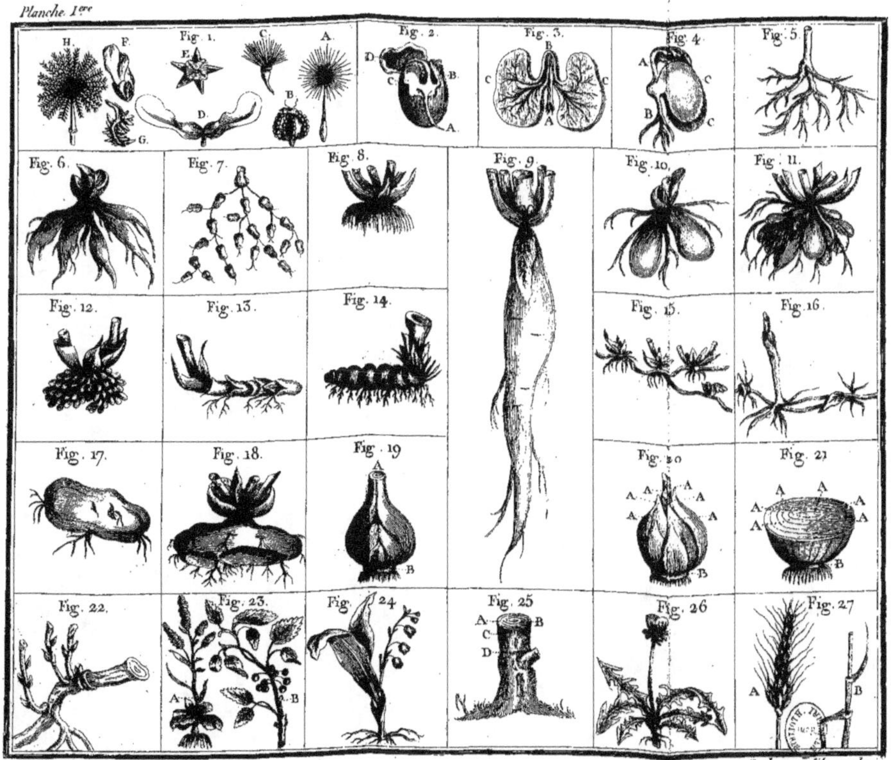

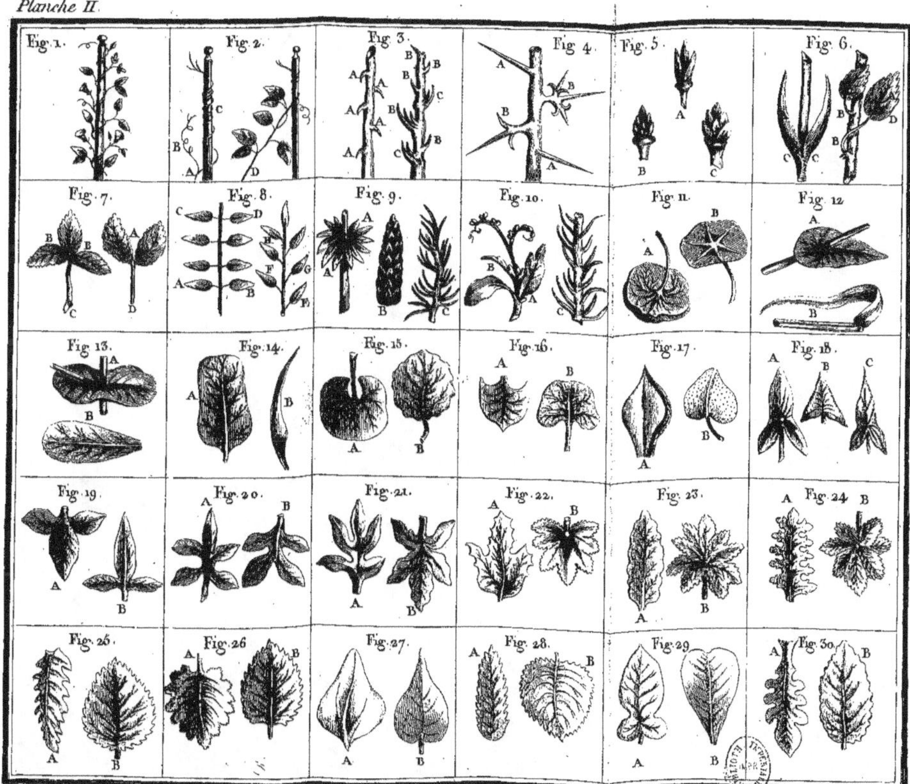

Gérardin delineavit.

Delvaux fils sculpsit.

Planche III.

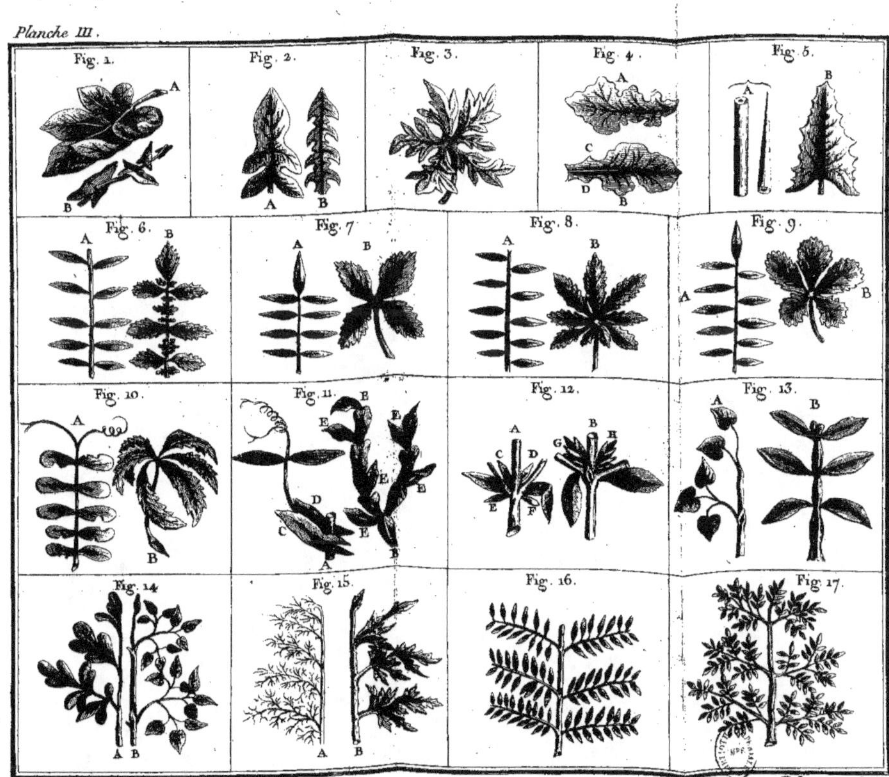

Fig. 1.
Fig. 2.
Fig. 3.
Fig. 4.
Fig. 5.
Fig. 6.
Fig. 7.
Fig. 8.
Fig. 9.
Fig. 10.
Fig. 11.
Fig. 12.
Fig. 13.
Fig. 14.
Fig. 15.
Fig. 16.
Fig. 17.

Gérardin delineavit
Delvaux sculpsit

Planche IV.
Fig. 1.
Fig. 2.
Fig. 3.
Fig. 4.
Fig. 5.
Fig. 6.
Fig. 7.
Fig. 8.
Fig. 9.
Fig. 10
Fig. 11.
Fig. 12.
Fig. 13.
Fig. 14.
Fig. 15.
Fig. 16.
Gérardin delineavit
Delvaux fils sculpsit

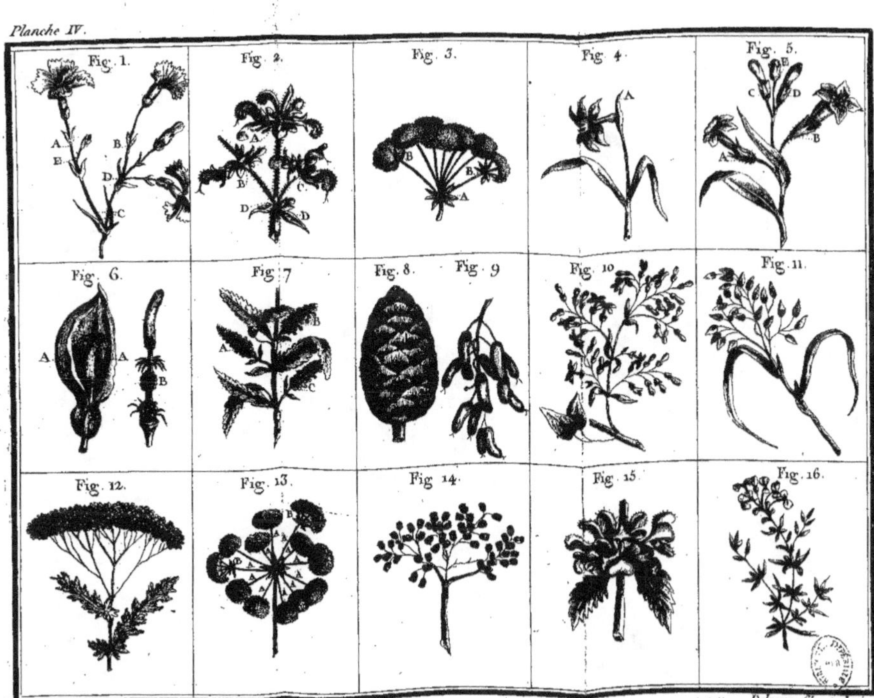

Planche V.

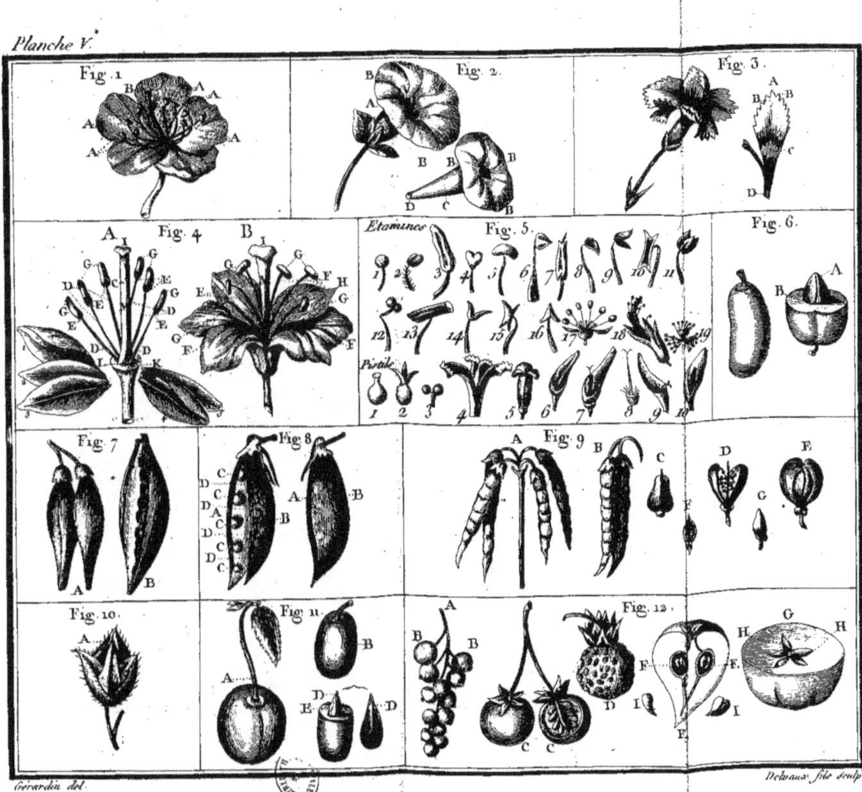
Planche V.
Fig. 1.
Fig. 2.
Fig. 3.
Fig. 4.
Etamines
Fig. 5.
Fig. 6.
Pistile
Fig. 7.
Fig. 8.
Fig. 9.
Fig. 10.
Fig. 11.
Fig. 12.
Gérardin del.
Delvaux fils sculp.

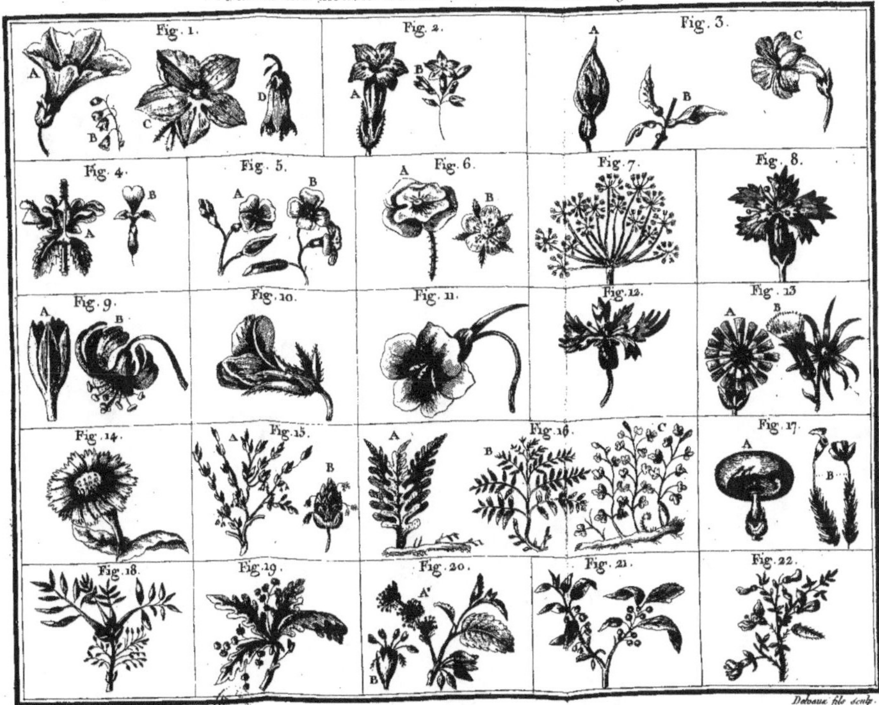

Goussardin del.

Delvaux fils sculp.